Sparkによる実践データ解析

大規模データのための機械学習事例集

Sandy Ryza
Uri Laserson
Sean Owen
Josh Wills

著

石川 有　監訳
Sky 株式会社 玉川 竜司　訳

本書で使用するシステム名、製品名は、それぞれ各社の商標、または登録商標です。
なお、本文中では、™、®、©マークは省略しています。

Advanced Analytics with Spark

Sandy Ryza, Uri Laserson, Sean Owen, and Josh Wills

Beijing · Cambridge · Farnham · Köln · Sebastopol · Tokyo

© 2016 O'Reilly Japan, Inc. Authorized Japanese translation of the English edition of "Advanced Analytics with Spark". © 2015 Sandy Ryza, Uri Laserson, Sean Owen, and Josh Wills. This translation is published and sold by permission of O'Reilly Media, Inc., the owner of all rights to publish and sell the same.

本書は、株式会社オライリー・ジャパンがO'Reilly Media, Inc.との許諾に基づき翻訳したものです。日本語版についての権利は、株式会社オライリー・ジャパンが保有します。

日本語版の内容について、株式会社オライリー・ジャパンは最大限の努力をもって正確を期していますが、本書の内容に基づく運用結果について責任を負いかねますので、ご了承ください。

序文

　私たちがバークレーでSparkのプロジェクトを立ち上げて以来、私は単に高速な並列システムを構築することに対してではなく、これまで以上に多くの人々が大規模なコンピューティングを活用する手助けをすることに対して興奮を覚えていました。それは、本書が生まれたことを私がとても喜んでいる理由でもあります。本書は、データサイエンスの4人のエキスパートによる、Sparkを使った高度な分析に関する書籍です。Sandy, Uri, Sean, Joshは、長い間Sparkに関わっており、説明とサンプルと共に素晴らしい内容をまとめ上げました。

　本書で私が最も気に入っているのは、サンプルに焦点を当てている点です。これらのサンプルは、すべて実際のデータセットを扱う本物のアプリケーションから取られたものです。ビッグデータを扱いながら、読者のノートPC上でも動作させることができるサンプルを見つけることは、10どころか1つであっても難しいことです。しかし本書の著者たちは、そうしたサンプルのコレクションを生み出し、それらをすべてSpark上で動作させられるようにしました。さらには、著者たちは中核となるアルゴリズムのみならず、本当に良い結果を得るために必要な、データの準備やモデルのチューニングの難しさまでも取り上げています。これらのサンプルの概念は、そのまま取り入れて読者のみなさま自身の課題に適用できるはずです。

　今日のコンピューティングにおいて、ビッグデータの処理が最もエキサイティングな領域の1つであることは疑いありません。そしてこの領域では、進化がとても速く進んでおり、新しい考え方が次々と登場してきています。本書が、このエキサイティングな新しい分野に読者のみなさまが足を踏み入れる手助けとなることを願っています。

——Matei Zaharia
Databricks社CTO、Apache Sparkバイスプレジデント

訳者まえがき

"Advanced Analytics with Spark"の全訳をお送りします。

本書は、Sparkそのものよりも、Sparkを使ったデータ解析の実践例を紹介しています。Sparkそのもののみならず、それぞれの事例の領域についての知識があったほうが深く理解できると思いますが、実践的なSparkの利用方法を知る手引きとして、どの章にも読者の皆さんのお役に立つ内容が含まれています。

Sparkのように活発に開発が進んでいるソフトウェアの場合、翻訳を進める間にどうしてもバージョンが変わっていってしまいます。本書はSpark 1.2をベースに書かれていますが、翻訳時点では監訳者の石川様に1.5での動作確認を行っていただき、多少の修正を加えています。

本書の訳出につきましては、本当に多くの素晴らしい方々のお力添えをいただきました。本書は単純に技術のことだけが書かれているわけではなく、それぞれの章の分野の用語や言い回しが頻出します。正直なところ、訳者だけではとても出版にこぎ着けることはできませんでした。ご協力いただいた皆様に、心から感謝いたします。

Sparkのエキスパートであり、MLlibの開発者でもある株式会社リクルートテクノロジーズ社Advanced Technology Labの石川有様には、本書全体を通して監訳を受け持っていただきました。

株式会社三菱UFJトラスト投資工学研究所の阿部一也様には「9章 モンテカルロシミュレーションによる金融リスクの推定」を、日本オラクル株式会社 クラウド・テクノロジー事業統括 下道高志様、山中遼太様には「10章 ゲノムデータの分析とBDGプロジェクト」をレビューしていただきました。特にこの9章、10章については、レビューを引き受けていただいた皆様のお力をいただけたおかげで、世に出せる文章になったと思います。ありがとうございました。

本書には、現時点でSparkを使う上で不足している情報を補うため、日本語版独自に2つの付録を収録させていただきました。

Sparkそのものを書くために使われている言語であるScalaを、そのままデータ解析にも使うのがもっとも効率的である、というのが本書の主張ですが、一方でPythonやRといった、データ処理で広く使われている言語から利用できることもSparkの特徴の1つです。Pythonについては、1つの章がありますが、Rについては原書にも記載がなく、まとまった日本語の情報そのものがまだまだ少ない状況です。そこで、株式会社リクルートコミュニケーションズの高柳慎一様、ヤフー

株式会社の牧山幸史様にはSparkRについての記事を寄稿いただきました。RからSparkを利用したいと考えておられる方も多いことでしょう。

　Sparkの実行基盤となっているのはJVMですが、ガベージコレクションをはじめとする様々な設定は、Sparkのパフォーマンスに大きな影響を及ぼします。日本アイ・ビー・エム株式会社東京基礎研究所の千葉立寛様、小野寺民也様には、こうした設定によるパフォーマンスチューニングについての記事を執筆していただきました。Sparkの運用周りについては、コミュニティ全体としてもまだまだこれからノウハウをためていかなければならない状況ですが、この付録も多くの方々の参考になることと思います。

　Sparkの利用はこれからさらに広がっていくことと思います。読者の皆様のデータ分析に、本書をぜひご活用ください。

2016年1月
玉川 竜司

はじめに

―― Sandy Ryza

　私は、自分があまり多くの後悔を抱えていると考えたくはありませんが、2011年の怠惰だったあの時期から、何か良いものが生まれたと信じるのは、難しいことです。その頃私は、コンピュータ群のクラスタにおける、強い離散最適化の問題の配分方法を調べていました。私の指導教官は、彼が耳にしたSparkという目新しい存在について説明してくれましたが、私は基本的に、その概念を話がうますぎると書き、MapReduceで卒業論文を書く作業にすぐに戻ってしまいました。それ以来、Sparkも私も少しは成熟しましたが、そのうちの片方は彗星のようなきらめきを放ち始め、「スパークする」といっただじゃれを言わずにはいられないほどになりました。そして2年後には、Sparkは注目に値するものであることは、誰の目にも明らかになりました。

　MPIからMapReduceの長きにわたる、Sparkの祖先の系譜は、分散システムの中核にある詳細を抽象化しながら、大量のリソースを活用するプログラムを書くことを可能にしてきました。データ処理への要求がこうしたフレームワークの開発を促してきたことから、ある意味でビッグデータの分野とこういったフレームワークとは、フレームワークが扱える範囲によってビッグデータの分野のスコープが決まってしまうような関係になって来ました。Sparkが約束しているのは、これをさらに一歩進め、通常のプログラムを書くことと同じような感覚で、分散プログラムを書けるようにすることです。

　Sparkは、2つの点でETLパイプラインに多大な貢献をすることができます。それは、パフォーマンスという点と、MapReduceのプログラマーにHadoopの神々に向かって絶望の歌「なぜ？なぜなんだあああ！」を口ずさませている苦痛の一部を和らげる、という点です。しかし、私が常に興奮させられてきたのは、複雑な分析を行う上で、Sparkがこれまでさまざまな扉を開いてきたからこそです。イテレーティブなアルゴリズムと、インタラクティブな探求をサポートするパラダイムを持つことによって、Sparkは最終的に、大規模なデータセットを扱うデータサイエンティストに生産性をもたらすオープンソースフレームワークとなったのです。

　データサイエンスを最もうまく学ぶ方法は、サンプルを使うことでしょう。そのため、私は同僚と共に、アプリケーションの本をまとめ、大規模な分析において最も広く使われているアルゴリズム、データセット、デザインパターンの間のインタラクションに言及することを試みました。本書

は、始めから最後まで通して読まれることを意図したものではありません。読者のみなさまが実現しようとしていることに似た内容の章、あるいは単に興味をかき立てられた章をご覧ください。

本書の内容

1章は、データサイエンスやビッグデータの分析における広い観点の中でSparkを位置づけます。その後の各章は、Sparkを使った分析を取り上げており、それぞれの章ごとにまとまっています。2章では、データのクレンジングのユースケースを通じて、SparkとScalaによるデータ処理の基本を紹介します。その後の数章は、Sparkを使った機械学習の基本に踏み込み、標準的な応用分野に対し、最も一般的なアルゴリズムのいくつかを適用します。残りの章はやや多彩な内容になり、例えばテキスト中の潜在的な意味の関係性を通じたWikipediaに対するクエリやゲノム情報の分析といった、もう少し風変わりな応用例にSparkを適用します。

表記

本書では、以下の表記を使用しています。

太ゴシック

強調、参照先、図版、表、新しい用語などを示します。

 このアイコンとともに記載されている内容は、ヒント、提案、または一般的な注意事項を表します。

コードサンプル

本書の補完資料（コードサンプルや練習問題など）は、**https://github.com/sryza/aas**からダウンロードできます。

本書が目標としているのは、読者のみなさまが仕事をやり遂げる手助けをすることです。一般に、本書に含まれているサンプルコードは、読者のみなさまのプログラムやドキュメンテーションで使っていただいてかまいません。本書のコードを相当部分を再利用しようとしているのでなければ、私たちに連絡して許可を求める必要もありません。例えば、プログラムを書く際に本書のコードのいくつかの部分を使う程度であれば、許可は不要です。コードのサンプルCD-ROMの販売や配布を行いたい場合は、許可が必要です。本書のサンプルコードの相当量を、自分の製品のドキュメンテーションに収録する場合には、許可が必要です。

お問い合わせ

本書に関する意見、質問等は、オライリー・ジャパンまでお寄せください。連絡先は次の通りです。

株式会社オライリー・ジャパン
電子メール japan@oreilly.co.jp

この本のWebページには、正誤表やコード例などの追加情報が掲載されています。次のURLを参照してください。

http://shop.oreilly.com/product/0636920035091.do（原書）
http://www.oreilly.co.jp/books/9784873117508/（和書）

この本に関する技術的な質問や意見は、次の宛先に電子メール（英文）を送ってください。

bookquestions@oreilly.com

オライリーに関するその他の情報については、次のオライリーのWebサイトを参照してください。

http://www.oreilly.co.jp
http://www.oreilly.com/（英語）

謝辞

言うまでもなく、Apache SparkとMLlibが存在しなければ、読者のみなさまに本書を読んでいただくこともありませんでした。すべての筆者は、Sparkを作り上げ、オープンソース化したSparkのチームと、Sparkに貢献を寄せた数百人に及ぶコントリビュータのみなさまに感謝します。

エキスパートの視線を持って、本書の内容のレビューに多くの時間を割いてくださったみなさま、Michael Bernico、Ian Buss、Jeremy Freeman、Chris Fregly、Debashish Ghosh、Juliet Hougland、Jonathan Keebler、Frank Nothaft、Nick Pentreath、Kostas Sakellis、Marcelo Vanzin、そしてJuliet Houglandにはさらにもう一度、感謝いたします。みんな、ありがとう！私たちは、あなた方に借りができました。おかげで、できあがった本書の構成と質は、大きく改善されました。

私（Sandy）は、リスクの章の背景となっているいくつかの理論について助けてくれた、Jordan Pinkus及びRichard Wangにも感謝します。

本書を出版し、読者のみなさまのお手元に届けるにあたり、その経験と素晴らしいサポートをくださったMarie BeaugureauとO'Reillyに感謝します。

目 次

序文 v
訳者まえがき vii
はじめに ix

1章　ビッグデータの分析 1
　　1.1　データサイエンスの挑戦 3
　　1.2　Apache Spark の紹介 4
　　1.3　本書について 7

2章　Scala と Spark によるデータ分析の紹介 9
　　2.1　データサイエンティストのための Scala 10
　　2.2　Spark のプログラミングモデル 11
　　2.3　レコードのリンク 12
　　2.4　始めてみよう：Spark シェルと SparkContext 13
　　2.5　クラスタからクライアントへのデータの転送 19
　　2.6　クライアントからクラスタへのコードの配信 22
　　2.7　タプルとケースクラスを使ったデータの構造化 23
　　2.8　集計 28
　　2.9　ヒストグラムの作成 29
　　2.10　連続変数のための要約統計 30
　　2.11　再利用可能な要約統計処理のコードの作成 32
　　2.12　単純な変数の選択とスコアリング 36
　　2.13　今後に向けて 38

3章　音楽のレコメンドと Audioscrobbler データセット 41
- 3.1　データセット 42
- 3.2　交互最小二乗法によるレコメンデーションのアルゴリズム 43
- 3.3　データの準備 46
- 3.4　最初のモデルの構築 48
- 3.5　抜き取りによるレコメンデーション 51
- 3.6　レコメンデーションの質の評価 53
- 3.7　AUC の計算 55
- 3.8　ハイパーパラメータの選択 57
- 3.9　レコメンデーションの実行 59
- 3.10　今後に向けて 60

4章　決定木を使った森林被覆の予測 63
- 4.1　回帰の解説を駆け足で 63
- 4.2　ベクトルと特徴 64
- 4.3　トレーニングの例 65
- 4.4　決定木とランダムフォレスト 66
- 4.5　Covtype データセット 69
- 4.6　データの準備 69
- 4.7　最初の決定木 70
- 4.8　決定木のハイパーパラメータ群 75
- 4.9　決定木のチューニング 76
- 4.10　質的特徴再び 78
- 4.11　ランダムフォレスト 80
- 4.12　予測の実行 83
- 4.13　今後に向けて 83

5章　K 平均クラスタリングを使ったネットワークトラフィックにおける異常の検出 85
- 5.1　異常検出 86
- 5.2　K 平均クラスタリング 86
- 5.3　ネットワーク侵入 87
- 5.4　KDD Cup 1999 データセット 88
- 5.5　初めてのクラスタリング 89
- 5.6　K の選択 91
- 5.7　R での可視化 94
- 5.8　特徴の正則化 96

	5.9	質的変数	99
	5.10	エントロピーとラベルの利用	100
	5.11	クラスタリングの実際	101
	5.12	今後に向けて	103

6章　潜在意味解析を使ったWikipediaの理解 ... 105

	6.1	語 - 文書行列	106
	6.2	データの入手	108
	6.3	データのパースと準備	108
	6.4	レンマ化	110
	6.5	TF-IDFの計算	111
	6.6	特異値分解	114
	6.7	重要な概念の発見	115
	6.8	低次元での表現を使ったクエリとスコアリング	119
	6.9	語と語の関連度	120
	6.10	文書と文書の関連度	122
	6.11	語と文書の関連度	123
	6.12	複数語のクエリ	124
	6.13	今後に向けて	126

7章　GraphXを使った共起ネットワークの分析 ... 127

	7.1	MEDLINEの引用索引：あるネットワーク分析	128
	7.2	データの入手	129
	7.3	ScalaのXMLライブラリを使ったXMLドキュメントのパース	131
	7.4	MeSHの主要なトピック群とその共起の分析	133
	7.5	GraphXによる共起ネットワークの構築	136
	7.6	ネットワーク構造の理解	139
		7.6.1　連結成分	139
		7.6.2　次数分布	142
	7.7	ノイズのエッジのフィルタリング	144
		7.7.1　EdgeTripletsの処理	145
		7.7.2　フィルタリング後のグラフの分析	147
	7.8	スモールワールドネットワーク群	148
		7.8.1　クリークとクラスタリング係数	149
		7.8.2　Pregelを使った平均パス長の計算	151
	7.9	今後に向けて	156

8章　ニューヨーク市のタクシーの移動データに対する地理空間及び履歴データ分析 ... 157
- 8.1　データの入手 ... 158
- 8.2　Sparkにおける履歴及び地理空間データの処理 ... 159
- 8.3　JodaTimeとNScalaTimeでの時系列データ ... 159
- 8.4　Esri Geometry API及びSprayでの地理空間データ ... 161
  - 8.4.1　Esri Geometry APIを調べる ... 162
  - 8.4.2　GeoJSONの紹介 ... 163
- 8.5　ニューヨーク市のタクシーの移動データの準備 ... 165
  - 8.5.1　大規模な環境での不正なレコードの処理 ... 167
  - 8.5.2　地理空間分析 ... 171
- 8.6　Sparkでのセッション化 ... 174
  - 8.6.1　セッションの構築：Sparkでのセカンダリソート ... 175
- 8.7　今後に向けて ... 179

9章　モンテカルロシミュレーションによる金融リスクの推定 ... 181
- 9.1　用語の定義 ... 182
- 9.2　VaRの計算の方法 ... 182
  - 9.2.1　分散共分散法 ... 183
  - 9.2.2　ヒストリカルシミュレーション法 ... 183
  - 9.2.3　モンテカルロシミュレーション法 ... 183
- 9.3　本章のモデル ... 184
- 9.4　データの入手 ... 185
- 9.5　前処理 ... 185
- 9.6　ファクター重みづけの決定 ... 189
- 9.7　サンプリング ... 191
  - 9.7.1　多変量正規分布 ... 194
- 9.8　試行の実施 ... 195
- 9.9　リターンの分布の可視化 ... 198
- 9.10　結果の評価 ... 199
- 9.11　今後に向けて ... 201

10章　ゲノムデータの分析とBDGプロジェクト ... 203
- 10.1　モデルからのストレージの分離 ... 204
- 10.2　ADAM CLIを使ったゲノムデータの取り込み ... 207
  - 10.2.1　Parquetフォーマットと列指向ストレージ ... 213
- 10.3　ENCODEデータからの転写因子結合部位の予測 ... 215

	10.4	1000 ゲノムプロジェクトからの Genotypes に対するクエリ	222
	10.5	今後に向けて	224

11 章　PySpark と Thunder を使った神経画像データの分析　　227

	11.1	PySpark の概要	227
		11.1.1　PySpark の内部	229
	11.2	Thunder ライブラリの概要とインストール	231
	11.3	Thunder でのデータのロード	233
		11.3.1　Thunder の中核のデータ型	239
	11.4	Thunder を使った神経の分類	241
	11.5	今後に向けて	246

付録 A　Spark の詳細　　247

	A.1	シリアライゼーション	249
	A.2	アキュムレータ	249
	A.3	Spark とデータサイエンティストのワークフロー	250
	A.4	ファイルフォーマット	253
	A.5	Spark のサブプロジェクト群	254
		A.5.1　MLlib	254
		A.5.2　Spark Streaming	255
	A.6	DataFrame（Spark SQL）	255
	A.7	GraphX	256

付録 B　MLlib Pipelines API　　257

	B.1	単なるモデリングを超えて	257
	B.2	Pipelines API	258
	B.3	テキストの分類の例	260

付録 C　SparkR について　　263

	C.1	SparkR とは	263
	C.2	はじめての SparkR	264
		C.2.1　SparkR を使用するための準備	264
		C.2.2　DataFrame の内容の確認	265
		C.2.3　SparkR によるデータ操作	267
	C.3	SparkR と RStudio サーバーを AWS 上で使用する方法	270
	C.4	SparkR を活用したデータ分析 (一般化線形モデル)	273
		C.4.1　SparkR で線形回帰分析	274

		C.4.2	SparkRでロジスティック回帰分析	275
	C.5		まとめ	279
	C.6		SparkRで使用できる関数一覧	279
		C.6.1	集約関数	279
		C.6.2	標準関数	280
		C.6.3	数学関数	280
		C.6.4	文字列操作関数	282
		C.6.5	日時操作関数	283
	C.7		参考	285

付録D　SparkのJVM、OSレベルのチューニングによる高速化　　287

	D.1		はじめに	287
	D.2		実験環境とベンチマークアプリケーション	287
	D.3		JVMレベルのチューニング	289
		D.3.1	ガベージコレクション（GC）	289
		D.3.2	JVMオプション	291
		D.3.3	Executor JVM数の調整	293
	D.4		OSレベルのチューニング	295
		D.4.1	NUMA	295
		D.4.2	ラージページ	297
	D.5		まとめ	298

索引　　301

1章
ビッグデータの分析

Sandy Ryza

> （データアプリケーションというものは）ソーセージのようなものだ。
> 作られているところは見ない方が良い。
> ——Otto von Bismarck

- 数千の特徴と、数十億のトランザクションを使って、クレジットカード詐欺を検出するモデルの構築
- 数百万人のユーザーに対する数百万の製品のインテリジェントなレコメンデーション
- シミュレーションによる、数百万の金融商品を含むポートフォリオの財務リスクの推定
- 数千の人ゲノムのデータを容易に操作することによる、疾病と遺伝子の関連性の検出

　これらのタスクは、5年から10年前であれば、簡単には実現できなかったことです。人々が、私たちは「ビッグデータ」の時代に生きていると言うとき、それが意味するのは、これまでは聞いたことがなかったような規模の情報を、収集し、保存し、処理するツールを私たちが手にしているということです。こうした機能の背景にあるのは、大量のデータを飲み込む、コモディティなコンピュータによって構成されたクラスタを活用する、オープンソースソフトウェアのエコシステムです。Apache Hadoopのような分散システムはメインストリームに躍り出て、ほとんどあらゆる分野の組織で広く利用されるようになりました。

　しかし、ノミと石のブロックがあれば彫刻ができるわけではないように、そういったツールやこうしたあらゆるデータにアクセスできるということと、それらを使って有益な何かを行うということの間には、隔たりがあります。そこで登場するのがデータサイエンスです。彫刻が、道具と素材を彫刻家以外の人々に関係する何かに変えることであるように、データサイエンスは、ツールと生のデータをデータサイエンティスト以外の人々が注目しうるものに変えることなのです。

　しばしば、何か役に立つこととは、データにスキーマを与え、SQLを使って「登録プロセスの3ページ目に進んだ莫大なユーザーの中で、25歳以上の人は何人いるか？」といった質問に答えることを意味します。データウェアハウスを構築し、こうした質問に容易に回答できるように情報を構成するという分野には多くのことがありますが、本書ではこうした複雑なことの大部分は避けていきます。

場合によっては、何かの役に立つために、もう少し手間がかかることがあります。役に立つことをするためのアプローチの核となるのがSQLであることには変わりなくても、データの特異性の面倒を見たり、複雑な分析を行うためには、もう少し柔軟性があり、地に足がついており、機械学習や統計といった領域で豊富な機能を持つプログラミングパラダイムが必要なのです。本書で議論していくのは、こういった種類の分析です。

　長い間、RやPyDataスタック、あるいはOctaveのようなオープンソースのフレームワークのおかげで、小規模なデータセットに対しては素早い分析やモデルの構築を行うことができました。10行にも満たないコードを書くだけで、データセットの半分から機械学習のモデルを構築し、そのモデルで残りの半分のデータに対するラベルの予想をすることができたのです。もう少し手をかければ、失われたデータを補完したり、多くのモデルを試して最適なモデルを見つけたり、あるいはあるモデルの結果を入力として他のモデルに適応させたりすることができます。コンピュータのクラスタを活用して、大規模なデータセットに対して同じことを行うことができるプロセスはどのようなものになるでしょうか？

　適切なアプローチは、これらのフレームワークのプログラミングモデルをそのままに保ちながら、分散環境でうまく動作するようにその心臓部を書き換え、複数のマシン上で動作できるようシンプルに拡張することでしょう。とはいえ、分散コンピューティングは難しいものであり、単一ノード上のシステムで私たちが頼りにしている、基本的な前提の多くを考え直さなければなりません。例えば、データがクラスタ上の多くのノードにパーティショニングされることから、広範囲のデータに対する依存性を持つアルゴリズムは、ネットワークの転送レートがメモリアクセスより何桁も遅いことによって、影響を被ります。ある課題についての処理を行うマシン数が多くなれば、障害の可能性も高まります。こうしたことから、下位層のシステムの性格に対して敏感なプログラミングパラダイムが必要になります。すなわちそれは、不適切な選択肢をとらせず、実行の並列度がきわめて高いコードを簡単に書けるようなパラダイムです。

　もちろん、データ分析に使われるツールは、近年ソフトウェアコミュニティで目立つようになったPyDataやRのような単一マシン上で動作するツールだけではありません。大規模なデータセットを扱うゲノム学のような科学分野では、並列コンピューティングのフレームワークが数十年に渡って活用されてきました。今日こういった分野でデータ処理を行う人の多くは、HPC（ハイパフォーマンスコンピューティング）と呼ばれるクラスタコンピューティング環境になじんでいます。PyDataやRの難点はスケーラビリティにありますが、HPCの難点は、抽象化のレベルが低いことと、使いにくさにあります。例えば、DNA配列が大量に書かれている大きなファイルの読み取りを並列に行おうとすれば、手作業でそのファイルを小さいファイルに分割し、それぞれのファイルに対するジョブをクラスタのスケジューラに投入しなければなりません。ジョブの中に失敗したものがあれば、ユーザーがその失敗を検出し、手作業で再投入をしなければなりません。データセット全体のソートのように、全体に対する処理が必要になる分析の場合、その大規模なデータセットを単一のノードに通すか、あるいはサイエンティストがMPIのような低レベルの分散フレームワークに頼らざるを得なくなりますが、MPIのプログラミングは、C及び分散／ネットワークシステムに関する幅広い知識がなければ難しいものです。HPC環境のために書かれ

たツールでは、インメモリのデータモデルを、低レベルのストレージモデルから分離できていないことがよくあります。例えば、多くのツールはデータをPOSIXのファイルシステムから単一のストリームで読み取ることしかできないため、自然な並列化や、データベースなどの他のストレージバックエンドを使うことが難しくなってしまっています。Hadoopエコシステム中の最近のシステムでは、コンピュータクラスタを単一のコンピュータのように扱えるような抽象化がなされており、自動的にファイルを分割し、多くのマシンのストレージに分配することによって、自動的に処理を小さなタスクに分割し、分散処理できるようにしてくれます。また、障害からの回復も自動的に行えるのです。Hadoopのエコシステムは、大規模なデータセットを扱う際の難しい処理の多くを自動化することが可能であり、しかもHPCよりもはるかに安価なのです。

1.1 データサイエンスの挑戦

　データサイエンスの実践においては、いくつもの厳然たる真実が繰り返し現れるため、それらの真実を広めることは、Clouderaのデータサイエンスチームの大きな役割になっています。巨大なデータの複雑な分析に挑戦するシステムを成功させるためには、こうした真実を踏まえる、あるいは最低でもそれらに反しないことが必要になります。

　まず、分析を成功させるために必要な作業のほとんどは、データの前処理に含まれます。データは汚いものであり、それをクレンジングし、かみ砕き、消化し、あるいはその他多くの動詞で表現されるような処理をすることが、何か有用なことをするための必要条件になるのです。特に大規模なデータセットの場合、人が直接調べることは難しいため、必要な前処理のステップを知るためでさえ、演算処理が必要になることがあります。モデルのパフォーマンスを最適化する時点になっても、典型的なデータパイプラインの処理では、アルゴリズムの選択と作成に比べて、特徴設計及び特徴選択にかかる時間の方がはるかに長くなります。

　例えば、Webサイトで不正な購入が行われたことを検出しようとするモデルを構築する場合、データサイエンティストは、ユーザーが記入しなければならないあらゆるフィールド、IPのロケーション情報、ログインの時刻、ユーザーがサイトを閲覧する際のクリックログといった、数多くの潜在的な特徴から選択を行わなければなりません。これらはどれをとっても、機械学習のアルゴリズムに適合するベクトルへと変換する際に、それぞれに固有の困難が生じます。機械学習のシステムは、倍精度小数の2次元配列を数学的なモデルに変換する以上に柔軟な変換をサポートしなければならないのです。

　第2に、**イテレーション**はデータサイエンスに欠かせない要素です。通常の場合、モデリングと分析を行う上では、同じデータに対して複数回の処理を行う必要があります。これはある面で、**機械学習のアルゴリズムや統計処理そのものの中にある**性質です。確率的勾配降下法や、期待値最大化法といった一般的な処理では、収束に達するために、入力に対して何度も走査を繰り返さなければなりません。イテレーションは、データサイエンティスト自身のワークフロー内でも問題になります。データサイエンティストが初期の調査を行い、データセットの様子をつかもうとする場合、あるクエリの結果によって、次に実行すべきクエリの内容が影響を受けることが普通です。データサイエンティストがモデルを構築する際には、1回やってみただけで適切なモデルを構築すること

はできません。適切な特徴の選択、正しいアルゴリズムの選択、正しい有意差検定の実行、正しいハイパーパラメータの発見といったことには、すべて試行錯誤が必要です。同じデータにアクセスする度にディスクからの読み取りを行わなければならないフレームワークでは、試行錯誤のプロセスの速度低下を招く遅延が生じてしまい、試行の回数が制約されてしまいます。

　第3に、パフォーマンスの優れたモデルが構築できたとして、それでタスクが完了するわけではありません。データサイエンスの意味が、データサイエンティスト以外の人たちにもデータが役立つようにすることにあるのなら、データサイエンティストのコンピュータ上のテキストファイルに回帰加重値のリストとして保存されたモデルは、このゴールを本当に達成しているとは言えないでしょう。データアプリケーションは、データレコメンデーションエンジンや、リアルタイムの不正検知システムが利用できてはじめて成り立つのです。この場合、モデルは実用サービスの一部となり、定期的な再構築や、さらにはリアルタイムでの構築が求められることになるかも知れません。

　こうした状況下では、**研究室**での分析と、**現場**での分析とを区別しておくと良いでしょう。研究室では、データサイエンティストは探索的な分析に従事します。データサイエンティストは、扱うデータの性質を理解しようとし、データを可視化し、大胆な仮説を検証します。彼らは、クラスの異なるさまざまな特徴や、データを拡張するために利用できる外部ソースを使って試行錯誤を行います。どれか1つあるいは2つがうまくいくことを期待して、広範囲のアルゴリズムを試します。現場では、データアプリケーションを構築するにあたって、データサイエンティストはオペレーショナル分析に従事します。彼らは、実世界の判断に情報を提供するサービスへとモデルをパッケージ化します。データサイエンティストは、自分たちが作成したモデルのパフォーマンスを時間の経過と共に追跡し、数パーセントの精度をなんとか向上させるために、小さな調整を行う方法について必死になります。彼らが気にかけるのはSLAと稼働時間です。歴史的に、探索的な分析はRのような言語で行われることが多く、実際のアプリケーションの構築段階になれば、データパイプラインはJavaやC++で完全に書き直されることになります。

　もちろん、元々のモデリングのコードが目的のアプリケーションで実際に使えるなら、それは誰にとっても時間の節約になりますが、Rのような言語の実行速度は低く、実運用のインフラストラクチャのスタックの多くの層との結合性に欠けており、JavaやC++のような言語は、探索的な分析に使えば、貧弱なツールでしかありません。これらの言語には、データをインタラクティブにいじってみるためのRead-Evaluate-Printループ（REPL）環境がなく、単純な変換を表現するためだけでも大量のコードが必要になります。モデリングが簡単にできて、実用にもうまく適用できるシステムには、大きな価値があるのです。

1.2　Apache Sparkの紹介

　Apache Sparkを使ってみましょう。Apache Sparkは、複数のマシンからなるクラスタに渡ってプログラムを分散させるためのエンジンを、そのエンジン上でプログラムを書くための洗練されたモデルと組み合わせたオープンソースのフレームワークです。SparkはUCバークレーのAMPLabで誕生し、Apache Software Foundationに寄贈されたもので、分散プログラミングをデータサイエンティストが本当に利用できるようにした、初めてのオープンソースソフトウェアで

あることに疑いの余地はありません。

　Sparkを理解するための明快な方法の1つは、その先駆者であるMapReduceと比較した場合の利点を見てみることです。MapReduceは、数百から数千台のマシン群に渡って並列に実行できるプログラムを書くためのシンプルなモデルを提供することによって、大規模なデータセットに対する演算処理に革命をもたらしました。MapReduceのエンジンは、データの量が増えた分だけ処理にあたるコンピュータを増やせば、同じ時間でジョブを処理できるという、ほぼリニアなスケーラビリティを実現し、1台のマシンならまれにしか生じない障害が、数千台のクラスタでは常に生じるという事実に対しても耐久性があります。MapReduceは、処理を小さな**タスク**に分割し、タスクの障害があっても、ジョブに影響を与えることなくうまく対処することができます。

　MapReduceのリニアなスケーラビリティと耐障害性を保ちながら、Sparkには3つの重要な拡張が施されています。第1に、Sparkのエンジンは厳密なmap→reduceという形式に依存せず、処理からなる汎用的な有向非循環グラフ（directed acyclic graph = DAG）を実行できます。これはすなわち、MapReduceが中間的な結果を分散ファイルシステムに書き出さなければならない状況でも、Sparkはパイプライン中でその書き出しの処理をスキップして、そのまま次のステップに進めるということです。この点で、SparkはMicrosoft Researchで生まれたMapReduceの後裔であるDryad（http://research.microsoft.com/en-us/projects/dryad/）に似ています。第2に、Sparkはこの機能を、多彩な変換で補完しています。これらの変換を利用することで、ユーザーは演算処理をMapReduceの場合よりも自然に表現することができます。Sparkは開発者に強くフォーカスしており、複雑なパイプラインを数行のコードで表現できる、効率的なAPIを持っています。

　第3に、Sparkはその先駆者たちを、インメモリ処理によって拡張しています。Sparkの耐障害性分散データセット（Resilient Distributed Dataset = RDD）による抽象化によって、開発者は処理のパイプライン中の任意の時点で、クラスタにまたがったメモリ中にデータを実体化できます。これはすなわち、それ以降のステップでは、同じデータセットを扱う際に、演算のし直しや、ディスクからの読み直しの必要がなくなるということです。この機能のおかげで、これまでは分散処理エンジンがアプローチできなかったユースケースに対応できる可能性が出てきました。Sparkは、データセットを何度も走査する、繰り返しの頻度が非常に高いアルゴリズムに適していると共に、大規模なインメモリのデータセットを走査することによって、ユーザーからのクエリに素早くレスポンスを返すような、インタラクティブなアプリケーションにも適しています。

　おそらく最も重要なことは、データアプリケーションの構築における最大のボトルネックは、CPUやディスク、あるいはネットワークでもなく、分析の生産性だということを認めれば、Sparkがデータサイエンスにおける前述のような現実にうまく適合しているということでしょう。前処理からモデルの評価に至る完全なパイプラインを単一のプログラミング環境でまかなえれば、どれだけ開発の速度が上がるかは、いくら強調してもしすぎることはありません。表現力のあるプログラミングモデルを、REPLの下で使える分析用のライブラリ集とともにパッケージ化することによって、MapReduceのようなフレームワークが必要とするIDEとの行き来や、Rのようなフレームワークが必要とするデータのサンプリングやHDFSとの間のデータの移動といったことが不要に

なります。アナリストがデータでの試行錯誤を素早くできるようになればなるほど、そのデータを使って有益なことをできる確率は高まります。

データマンジングとETLに適していることを考えれば、Sparkはビッグデータにおける Matlab というよりは、ビッグデータにおけるPythonに近い立場を目指していると言えるでしょう。汎用の演算エンジンとして、SparkのコアAPIは、統計処理、機械学習、あるいは行列演算などのあらゆる機能から独立した、データ変換のための強力な基盤を提供します。SparkのScala及びPython APIによって、表現力に富んだ汎用の言語でプログラミングが可能になると共に、既存のライブラリへのアクセスも可能となります。

インメモリキャッシングのおかげで、ミクロのレベルでもマクロのレベルでも、Sparkはイテレーションを行う上で理想的なものになっています。トレーニング用のデータセットに対して何度も走査を行う機械学習のアルゴリズムは、そのデータセットをメモリにキャッシュできます。データセットで試行錯誤を行って様子をつかむ際に、データサイエンティストはそのデータセットをメモリ中に保持してクエリを実行し、変換されたデータセットを容易にキャッシュし、ディスクとのやり取りで悩まされずにすみます。

最後に、Sparkは探索的な分析のために設計されたシステムと、オペレーショナル分析のために設計されたシステムとのギャップにまたがるものです。データサイエンティストは、多くの統計学者よりもエンジニアリングの点で優れており、多くのエンジニアよりも統計に強いとよく言われます。最低でも、Sparkは多くの探索的なシステムよりもオペレーショナル分析を始めるのに適しており、オペレーショナルなシステムで一般的に使われている技術よりも、データの探索をうまく行うことができます。Sparkは、そもそもパフォーマンスと信頼性を目標として構築されています。JVM上に置かれていることによって、SparkはJavaのスタックのために構築された運用やデバッグのためのツールの多くを活用できます。

Sparkは、Hadoopエコシステム中のさまざまなツールとの強力な結合を誇ります。Sparkは、MapReduceがサポートしているすべてのデータフォーマットの読み書きが可能なので、AvroやParquet（そして古き良きCSV）といった、Hadoopでデータに保存する際に使われるフォーマットを扱えます。Sparkは、HBaseやCassandraといったNoSQLデータベースの読み書きも可能です。Sparkのストリーム処理ライブラリであるSpark Streamingは、FlumeやKafkaのようなシステムから連続的にデータを取り込むことができます。SparkのSQLライブラリであるSparkSQLはHiveのMetastoreとやり取りすることができ、本書の執筆時点で進行中のあるプロジェクトでは、MapReduceの代わりにSparkをHiveの下位層の実行エンジンとして使えるようにする試みが行われています。Sparkは、Hadoopのスケジューラであり、リソースマネージャであるYARN内で実行させることができ、クラスタのリソースを動的に共有させながら、MapReduceやImpalaといった他の処理エンジンと同じポリシーの下で管理することができます。

もちろん、Saprkも欠点はあります。本書の執筆中にもコアエンジンの成熟度が増しているとはいえ、SparkはMapReduceに比べればまだ若く、バッチ処理の原動力としてMapReduceを超えたとは言えません。ストリーミング処理やSQL、機械学習、グラフ処理に特化したSparkのサブコンポーネント群の成熟度にはばらつきがあり、大規模なAPIのアップグレードが行われている

最中です。例えば、MLlib のパイプラインと変換 API のモデルは、本書の執筆中に作業が進められています。Spark の統計及びモデリングの機能は、単一のマシン上で動作する R には及びもついていません。Spark の SQL の機能は豊富ではありますが、Hive に比べれば大きな遅れを取っています。

1.3 本書について

　この後本書では、Spark の長所や短所については取り上げません。その他にも、取り上げないことはいくつもあります。Spark のプログラミングモデルと Scala の基礎は紹介しますが、Spark のリファレンスは目指すところではなく、詳細な事項をすべてカバーする包括的なガイドを提供しようとするものでもありません。本書は、機械学習、統計、あるいは線形代数の参考書をめざすものでもありませんが、多くの章では、これらを利用する前に多少の背景知識は紹介します。

　本書が目指しているのは、大規模なデータセットの複雑な分析のために Spark を使うということはどういうことなのか、その**感覚**を読者が知る手助けをすることです。本書は、パイプラインの全体をカバーします。モデルの構築と評価のみならず、クレンジングや前処理、データの探索に至るまで、その結果が実稼働のアプリケーションで使われることに注意を払いながら見ていきます。筆者たちは、そのための最良の方法は、例を見ていくことだと信じているので、Spark とそのエコシステムを手短に紹介する章の後には、さまざまな領域におけるデータ分析への Spark の利用の様子を描く、それぞれ独立した章が続きます。

　可能な場合には、ソリューションを提示するだけではなく、完全なデータサイエンスのワークフローを示します。これにはすべてのイテレーション、行き止まり、再開が含まれます。本書は、Scala、Spark、そして機械学習とデータ分析に、今以上になじむための役に立つことでしょう。とはいえ、これらはさらに大きなゴールを達成するためのものであり、筆者たちとしては何にも増して、各章の初めに述べてあるような、それぞれのタスクに対するアプローチの方法を知ってもらいたいと願っています。それぞれの章はわずか 20 ページほどであり、データアプリケーションの一端を構築する方法を可能な限り紹介できるように努めています。

2章
ScalaとSparkによる
データ分析の紹介

Josh Wills

> 退屈に対する免疫があるなら、為し得ないことなど文字通り存在しない。
> ——David Foster Wallace

　データのクレンジングは、あらゆるデータサイエンスのプロジェクトの最初のステップであり、しばしば最も重要なステップです。分析の対象のデータの品質に根本的な問題を抱えていたり、分析にバイアスを及ぼす、あるいはデータサイエンティストを実際には存在していない何かがあるかのように誘導するような成果物を下地としていたりすることによって、多くの賢明な分析が未完に終わっています。

　その重要性にもかかわらず、データサイエンスに関する多くの教科書や授業では、データのクレンジングは取り上げられないか、少し触れられる程度です。その理由は簡単に説明できます。データのクレンジングは、本当に退屈な作業なのです。データのクレンジングは、退屈で面倒な作業ですが、新しい問題に適用してみたくてたまらなかったクールな機械学習のアルゴリズムに手を付ける前に、やっておかなければならないことなのです。多くの新人データサイエンティストは、データを許容できる最低限の状態に急いで持っていきがちですが、その結果、彼らの（潜在的に計算集約型の）アルゴリズムを適用後にデータの品質に関する大問題が発見され、得られた答は出力としての意味を成さないものになる、といったことになってしまいます。

　「入れたのがゴミなら、出てくるのもゴミ」（garbage in, garbage out）という言葉は、誰もが耳にしたことがあるでしょう。しかし、もっと致命的なのは、もっともらしく見えながら、大きな品質の問題を抱えている（ただし一見しただけではわからない）データセットから、もっともらしく見える回答を得てしまうことです。この種の間違いの上に立って大きな結論を導き出してしまうのは、データサイエンティストにとっては首を切られることにつながりかねないようなことです。

　データサイエンティストとして伸ばすことができる最も重要な才能の1つは、データ分析のライフサイクルのあらゆるフェーズにおいて、興味深く、取り組むに値する課題を見つけ出すことです。分析のプロジェクトの初期の段階でスキルと頭脳を投入できればできるほど、最終的な成果に対しても強い自信を持てるようになることでしょう。

　もちろん、口で言うだけなら簡単なことで、これは子供に対して野菜を食べなさい、と言うのと同じようなことを、データサイエンティストに言っているだけなのかも知れません。素晴らしい機械学習のアルゴリズムを構築でき、ストリーミングデータ処理のエンジンを開発でき、Webスケー

ルのグラフを分析できる、Sparkのような新しいツールを使ってみることのほうが、はるかにおもしろいことでしょう。それなら、SparkとScalaを使ったデータの扱い方を紹介するのに、データクレンジングの練習をしてみる以上の方法があるでしょうか？

2.1 データサイエンティストのためのScala

インタラクティブなデータの取り込みと分析をするにあたって、多くのデータサイエンティストには、RやPythonといった好みのツールがあることでしょう。必要なら他の環境で作業をするのもいとわない気持ちはあっても、データサイエンティストは好みのツールからなかなか離れにくいものであり、可能であればどんな作業でも好みのツールでやってしまう方法を探すものです。データサイエンティストに、学ばなければならない新しい構文や、新しい一連のパターンを持つツールを紹介するのは、最高の環境下では難しいものです。

Sparkには、SparkをRやPythonから使うためのライブラリやラッパーがあります。Pythonのラッパーは PySpark と呼ばれるもので、非常に良くできており、この後の章の1つでは、PySparkを使うサンプルを取り上げます。しかし、本書のサンプルの大部分はScalaで書かれています。これは、Sparkそのものを使う上で、その下位層のフレームワークが書かれているのと同じ言語を使う方法を学ぶのは、データサイエンティストにとって多くのメリットがあると考えるからです。

パフォーマンスのオーバーヘッドの少なさ

ScalaのようなJVMベースの言語の上でRやPythonで書かれたアルゴリズムを実行する場合、異なる環境間でコードとデータを渡すために多少の作業が必要になり、しばしばその変換の際に損失が生じます。Sparkでデータ分析のアルゴリズムを書く際にScalaのAPIを使えば、プログラムが意図した通りに動作するということに、はるかに自信を持ちやすくなるでしょう。

最新の、そして最善の環境を利用可能

Sparkの機械学習、ストリーム処理、グラフ分析のライブラリ群はすべてScalaで書かれており、PythonやRのバインディングがこうした新しい機能をサポートするまでには、かなりの時間を要することがあります。Sparkが提供するすべての機能を（Scala以外の言語へのポーティングを待たずに）活用したいのであれば、最小限のScalaは学ぶ必要があります。さらには、自分が扱う新しい問題を解決するためにこうした機能を拡張できるようになりたいのであれば、さらにもう少しの学習が必要になるでしょう。

Sparkの哲学の理解に役立つ

SparkをPythonやRから使う場合でも、そのSparkのAPIには、Sparkの開発に使われた言語であるScalaから継承されたコンピューティングの哲学が反映されています。ScalaからSparkを使う方法を知っていれば、主にSparkを使うのが他の言語からであったとしても、Sparkのシステムを理解し、Sparkで考えやすくなることでしょう。

SparkをScalaで使うことには他の利点もありますが、Sparkは他のデータ分析ツールと異なっていることから、それらの利点の説明は少し難しいことです。これまでに、データベースから取り出したデータをRやPythonで分析したことがあれば、まず必要な情報を取り出すのにSQLのような言語を使い、次に取り出したデータを操作したり可視化したりするのにRやPythonに切り替えたことがあるでしょう。リモートクラスタに保存されている大量のデータの取得と操作を行う言語（SQL）と、自分のマシンに保存されている情報の操作と可視化のための言語（Python/R）が別であることには、もう慣れてしまっているのです。長いことそうしてきているなら、おそらくもうそのことについて考えを巡らすこともなくなっているでしょう。

SparkとScalaを使えば、違った体験をすることになります。これはすなわち、**すべてを同じ言語を使って行う**ことになるからです。Sparkを使って、クラスタからデータを取り出すコードをScalaで書きます。自分自身のマシン上で、ローカルにデータを操作するコードもScalaで書きます。そして、これが本当に素晴らしいところですが、Scalaのコードをクラスタに送信して、ローカルでデータに対して行うのとまったく同じ変換を、クラスタに保存されたデータに対して直接行えるのです。データの処理と分析を、データの保存場所や処理の方法に関係なく、単一の環境で行えるということが、どれほどの変化をもたらすものなのかは、表現することが困難です。これは、体験しなければ理解しがたいたぐいのことであり、本書のサンプルは、筆者たちがSparkを使い始めたときに感じた魔法のような感覚を再現できるようにしたつもりです。

2.2 Sparkのプログラミングモデル

Sparkのプログラミングは、1つないしは複数のデータセットから始まります。通常そういったデータセットは、Hadoop Distributed File System（HDFS）のような、何らかの分散された永続化ストレージに置かれます。普通、Sparkのプログラミングの作成作業は、相互に関連するいくつかのステップからなります。

- 入力データセットに対する一連の変換の定義。

- 変換されたデータセットを永続化ストレージへ出力したり、あるいはドライバのローカルメモリに結果を返したりするアクションの呼び出し。

- 分散処理で演算された結果に対するローカルの演算処理の実行。その結果は、引き続き行われる変換やアクションを決定するために利用できる。

Sparkを理解するということは、Sparkというフレームワークが提供する2つの抽象概念、すなわちストレージと実行の間の共通部分を理解するということです。Sparkでは、これらの抽象概念を洗練されたやり方で組み合わせることで、データ処理のパイプライン中の任意の中間ステップを、後から再利用できるようにメモリにキャッシュできます。

2.3 レコードのリンク

本章で学ぶ問題は、文献や実践の場において、エンティティリゾリューション、レコードの重複排除、マージ&パージ、リスト洗浄といったさまざまな名前で呼ばれます。そのため皮肉なことに、この問題の解決方法の概要をうまく把握するために、文献の中からこの問題に関する研究論文を探すことが難しくなってしまっています。このデータのクリーニングの問題への言及の重複排除をするためには、データサイエンティストの手を借りなければならなくなってしまっているのです! この後本章では、この問題のことを**レコードのリンク**問題と呼ぶことにします。

この問題の大まかな構造を説明しましょう。1つないしは複数のデータソースのシステムに、大規模なレコードの集合があり、それらのレコード群の中には、同じ実体を指しているものがありそうだとします。ここでいう実体とは、例えば顧客や特許、あるいは会社の所在地やイベントの場所といったものです。それぞれの実体には、名前や住所、誕生日といったように、数多くの属性があり、同じ実体を指しているレコードを見つけるためには、こういった属性を使う必要があります。残念ながら、これらの属性の値は完璧ではなく、フォーマットがばらばらだったり、入力ミスがあったり、情報に欠落があったりして、値に対する単純な等価判定では、重複しているレコードの見落としがかなり大量に発生してしまいます。例えば、**表2-1** の企業のリストの比較をしてみましょう。

表2-1 レコードのリンクの課題

企業名	住所	市	州	電話番号
Josh's Coffee Shop	1234 Sunset Boulevard	West Hollywood	CA	(213)-555-1212
Josh Cofee	1234 Sunset Blvd West	Hollywood	CA	555-1212
Coffee Chain #1234	1400 Sunset Blvd #2	Hollywood	CA	206-555-1212
Coffee Chain Regional Office	1400 Sunset Blvd Suite 2	Hollywood	California	206-555-1212

この表の最初の2つのエントリは、同じ小さなコーヒー店を指していますが、データの入力ミスのために、それぞれが別々の市にあるように見えてしまっています (West Hollywood と Hollywood)。逆に次の2つのエントリは、同じコーヒー店のチェーンの2つの場所を指していますが、たまたま住所が同じになっています。これはつまり、1つのエントリは実際のコーヒー店を指すもので、もう1つはその地域の会社のオフィスを指しているのです。どちらのエントリの電話番号も、掲載されているのはシアトルにある本社の番号です。

この例からは、レコード同士をリンクさせるものがすべて難しいものに見えます。どちらのエントリのペアも似ているように見えますが、重複かどうかを判断するために私たちが利用する条件は、それぞれの場合で異なっています。これは、人間にとってはひと目で理解でき、判断ができるような違いですが、コンピュータに学習させるのは難しいことです。

2.4　始めてみよう：SparkシェルとSparkContext

　本書では、カリフォルニア大学アーバイン校の Machine Learning Repository に含まれているサンプルデータセットを使っていきます。これは、研究と教育のための、さまざまな興味深い（そして無料の）データセットの素晴らしいソースです。これから分析していくこのデータセットは、2010 年にドイツの病院で行われたレコードのリンクの研究から精選されたもので、患者の氏名（姓及び名前）や住所、誕生日などといったさまざまな条件によってマッチングされた、数百万もの患者のレコードのペアが含まれています。マッチングに使われたそれぞれのフィールドには、文字列の相似性に基づいて 0.0 から 1.0 の数値のスコアが与えられ、そしてデータに対し、それぞれのペアが同じ人物を指しているかどうかが手作業でラベル付けされています。データセットを構成していたフィールドの値そのものは、対象者のプライバシーを保護するために取り除かれ、数値で表される識別子と、フィールド群のマッチのスコアと、各ペアのラベル（マッチしたか、もしくはマッチしなかったか）が、レコードのリンクの研究のために公開されました。

　シェルを使って、リポジトリからデータを取り出しましょう。

```
$ mkdir linkage
$ cd linkage/
$ curl -o donation.zip http://bit.ly/1Aoywaq
$ unzip donation.zip
$ unzip 'block_*.zip'
```

　手近に Hadoop のクラスタがあるなら、HDFS 内にこのブロックデータ用のディレクトリを作成し、そこへデータセットのファイル群をコピーしましょう。

```
$ hadoop fs -mkdir linkage
$ hadoop fs -put block_*.csv linkage
```

　本書のサンプルとコードは、Spark 1.4.1 を対象としています[†]。Spark のリリースは、Spark のプロジェクトサイト（http://spark.apache.org/downloads.html）から入手できます。Spark の動作環境のセットアップの方法については、クラスタ環境であれ、単純にローカルマシンを使う場合であれ、Spark のドキュメンテーション（http://spark.apache.org/docs/latest/）を参照してください。

　環境ができあがれば、Spark 用の多少の拡張が加えられた Scala の REPL（read-eval-pring ループ）である、`spark-shell` を使えるようになります。REPL という言葉を聞くのが初めてなら、R の環境に似たものをイメージしてみてください。REPL の中では、Scala で関数を定義したり、データを操作したりすることができるのです。

　YARN をサポートしているバージョンの Hadoop を動作させている Hadoop クラスタがあるなら、Spark のマスターとして `yarn-client` という値を使えば、そのクラスタ内で Spark のジョブを起動できます。

[†]　訳注：本書の翻訳時点の最新は 1.5.2 です。本書のサンプルは、10 章と 11 章を除きそのままで動作します。

```
$ spark-shell --master yarn-client
```

ただし、本書のサンプルを自分の PC で実行するだけなら、local[N] としてローカルの Spark クラスタを起動するという方法もあります。この場合、N は処理を行うスレッド数で、* を指定して自分のマシンで利用できるコア数に合わせることもできます。例えば以下のようにすれば、8 コアのマシン上では 8 スレッドを使うローカルクラスタが起動されます。

```
$ spark-shell --master local[*]
```

本書のサンプル群は、ローカルでもクラスタの場合と同様に動作します。パスとして、hdfs:// で始まる HDFS 上でのパスではなく、ローカルのパスを渡してやるだけで良いのです。先ほどファイルを展開したディレクトリを直接使うのではなく、cp block_*.csv として使用するローカルのディレクトリへファイルをコピーしなければならないことに注意してください。これは、展開後のディレクトリには .csv のデータファイル群以外にも、他のファイルが大量に含まれているためです。

本書のこの後の例では、spark-shell に対する --master 引数は明示しませんが、通常は自分の環境に合わせて適切な --master 引数を指定する必要があるでしょう。

Spark シェルがリソースを使い切れるようにするためには、他にも引数を指定しなければならないかも知れません。例えば、Spark をローカルマスターで動作させている場合、--driver-memory 2g とすれば、ドライバのローカルプロセスがメモリを 2GB 使えるようになります。YARN のメモリ設定はもっと複雑で、--executor-memory などの関連オプションは、Spark on YARN のドキュメンテーション（**https://spark.apache.org/docs/latest/running-on-yarn.html**）で説明されています。

これらのコマンドを実行すると、Spark の初期化に伴って大量のメッセージが出力されますが、その中にちょっとした ASCII アートも出力され、続いてもう少しログが出力された後、プロンプトが表示されます。

```
Welcome to
      ____              __
     / __/__  ___ _____/ /__
    _\ \/ _ \/ _ `/ __/  '_/
   /___/ .__/\_,_/_/ /_/\_\   version 1.4.1
      /_/

Using Scala version 2.10.4 (Java HotSpot(TM) 64-Bit Server VM, Java 1.7.0_65)
Type in expressions to have them evaluated.
Type :help for more information.
Spark context available as sc.
scala>
```

Spark シェル（さらには Scala の REPL そのもの）を使うのが初めてなら、:help コマンドを実行して、シェルで利用できるコマンドのリストを表示させてみると良いでしょう。:history 及

び :h? は、セッション中に書いた変数や関数に与えた名前が見つからないような場合に、それらの名前を探すのに役立つかも知れません。:paste は、クリップボードからコードを正しく挿入するのに役立つかも知れません。本書や本書のソースコードを追っていくときには、そうしたいことがよくあるでしょう。

　:help についてのただし書きに加えて、Spark のログメッセージには "Spark context available as sc." とあります。これは、クラスタ上での Spark のジョブの実行を司る SparkContext への参照です。そのまま sc とコマンドラインに入力してみてください。

```
scala> sc
res0: org.apache.spark.SparkContext = org.apache.spark.SparkContext@DEADBEEF
```

　REPL はオブジェクトを文字列として出力します。SparkContext オブジェクトの場合、これは、単に名前の後に、このオブジェクトのメモリ中でのアドレスを 16 進表記で加えたものになっています（ここで DEADBEEF となっている部分は、単なるプレースホルダーです。実際には、実行の度にここの値は変化します）。

　sc という変数が用意されているのは良いことですが、それを使って何ができるのでしょうか？ SparkContext はオブジェクトであり、メソッドを持っています。Spark シェル内では、変数の名前に続いてピリオドを入力し、タブキーを打てば、それらのメソッドが表示されます。

```
scala> sc.[\t]
accumulable              accumulableCollection      accumulator
addFile                  addJar                     addSparkListener
appName                  applicationAttemptId       applicationId
asInstanceOf             binaryFiles                binaryRecords
broadcast                cancelAllJobs              cancelJobGroup
clearCallSite            clearFiles                 clearJars
clearJobGroup            defaultMinPartitions       defaultMinSplits
defaultParallelism       emptyRDD                   externalBlockStoreFolderName
files                    getAllPools                getCheckpointDir
getConf                  getExecutorMemoryStatus    getExecutorStorageStatus
getLocalProperty         getPersistentRDDs          getPoolForName
getRDDStorageInfo        getSchedulingMode          hadoopConfiguration
hadoopFile               hadoopRDD                  initLocalProperties
isInstanceOf             isLocal                    jars
killExecutor             killExecutors              makeRDD
master                   metricsSystem              newAPIHadoopFile
newAPIHadoopRDD          objectFile                 parallelize
range                    requestExecutors           runApproximateJob
runJob                   sequenceFile               setCallSite
setCheckpointDir         setJobDescription          setJobGroup
setLocalProperty         setLogLevel                sparkUser
startTime                statusTracker              stop
submitJob                tachyonFolderName          textFile
toString                 union                      version
wholeTextFiles
```

SparkContextが持っているメソッドのリストは長大ですが、最も頻繁に使うことになるのは、**耐障害性分散データセット**すなわちRDD（Resilient Distributed Dataset）を生成するメソッドです。RDDは、複数のマシン群に渡って分散させることができるオブジェクトのコレクションを表す、Sparkの基盤となる抽象概念です。SparkでRDDを生成する方法は2つあります。

- HDFSのファイルやJDBC経由のデータベースといった外部のデータソースや、あるいはSparkシェル内で作成したオブジェクトのローカルなコレクションから、SparkContextを使って生成する方法。
- 1つないし複数の既存のRDDから、レコードのフィルタリングや共通のキーに基づくレコードの集約、複数のRDDの結合といった変換によって生成する方法。

RDDを使うと、データに対する独立した小さなステップを連続して行う処理が簡単に記述できるようになります。

耐障害性分散データセット（RDD）

RDDは、パーティションの集合として、クラスタのマシン群に渡って配置されます。それぞれのパーティションには、データの一部が格納されます。パーティションは、Sparkにおける並列処理の単位を規定します。Sparkでは、1つのパーティション内のオブジェクト群はシーケンシャルに処理されますが、複数のパーティションは並列に処理されます。RDDを生成する最もシンプルな方法の一つは、オブジェクトのローカルなコレクションに対してSparkContextのparallelizeメソッドを使うことです。

```
val rdd = sc.parallelize(Array(1, 2, 2, 4), 4)
...
rdd: org.apache.spark.rdd.RDD[Int] = ...
```

最初の引数は、並列化するオブジェクトのコレクションです。2番目の引数は、パーティション数です。パーティション内のオブジェクトの演算処理を行うときが来ると、Sparkはドライバのプロセスから、元々のコレクションの一部をフェッチします。

textFileメソッドに、HDFSのような分散ファイルシステム中のテキストファイル、もしくはテキストファイルを含むディレクトリの名前を渡せば、そういったテキストファイルやディレクトリからRDDを生成できます。

```
val rdd2 = sc.textFile("hdfs:///some/path.txt")
...
rdd2: org.apache.spark.rdd.RDD[String] = ...
```

Sparkをローカルモードで実行しているなら、textFileメソッドはローカルファイルシステム中のパスにアクセスできます。個別のファイルではなく、ディレクトリを渡した場合、Sparkはそのディレクトリ内のすべてのファイルを指定したRDDの一部と見なします。最後に、この時点ではまだ、Sparkは実際

> のデータの読み取りや、メモリへのロードを、クライアントマシン上でもクラスタ上でも行っていないこ
> とに注意してください。パーティション内のオブジェクトの演算処理を行うときになってはじめて、Spark
> は入力ファイルのセクション（**スプリット**と呼ばれることもあります）を読み取り、他の RDD 群として定
> 義されたそれ以降の変換（フィルタリングや集計）を適用していくのです。

　レコードのリンクデータはテキストファイルに保存されており、1 行が 1 つの事例になっています。このデータへの参照を RDD として得るために、Sparkcontext の textFile メソッドを使います。

```
val rawblocks = sc.textFile("linkage")
...
rawblocks: org.apache.spark.rdd.RDD[String] =
...
```

　この行では、見ておくべきことがいくつか生じます。まず、rawblocks という変数が宣言されています。シェルから見て取れる通り、rawblocks という変数は、宣言時に型情報を指定されていないにもかかわらず、RDD[String] という型を持っています。これは、**型推論**と呼ばれる Scala の機能で、作業に際してタイプの量を大きく節約できます。可能な場合には、Scala は変数の型を文脈から判断してくれます。ここでは、Scala は SparkContext オブジェクトの textFile メソッドの返値の型を見て、RDD[String] が返されることを理解し、その型を rawblocks という変数に割り当てるのです。

　Scala で新しい変数を生成する場合、その変数名の前には val もしくは var を置かなければなりません。val が前置された変数はイミュータブルであり、いったん代入された後には他の値を参照するよう変更することはできません。一方、var が前置された変数は、同じ型の他のオブジェクトを参照するように変更することができます。以下のコードを実行するとどうなるか、見てみましょう。

```
rawblocks = sc.textFile("linkage")
...
<console>: error: reassignment to val

var varblocks = sc.textFile("linkage")
varblocks = sc.textFile("linkage")
```

　リンクのデータを val で宣言された rawblocks に代入しようとするとエラーが生じますが、var で宣言された varblocks への代入では問題は生じません。Scala の REPL の中では、val で宣言された変数への再代入ではエラーが生じていますが、以下のように同じイミュータブルな変数を宣言し直すことはできます。

```
val rawblocks = sc.textFile("linakge")
val rawblocks = sc.textFile("linkage")
```

この場合、2回目の `rawblocks` の宣言でもエラーは生じません。これは、通常の Scala のコードでは許されてはいませんが、シェルの中では問題ないので、この特徴は本書のサンプル全体を通じて広く活用していきます。

REPL とコンパイル

インタラクティブシェルに加えて、Spark はコンパイルされたアプリケーションもサポートしています。コンパイルと依存関係の管理には、通常は Maven（**http://maven.apache.org**）を使うのがお勧めです。本書の GitHub リポジトリの **simplesparkproject/** ディレクトリには、一通りのものがそろった Maven プロジェクトの環境があるので、これを出発点にすると良いでしょう。

シェルとコンパイルという2つの選択肢を踏まえて、データパイプラインのテストや構築には、どちらを使うのが良いでしょうか？ 完全に REPL 内で作業を始めるのが便利なことはよくあります。そうすることで素早くプロトタイピングとイテレーションを行い、アイデアから結果に至る時間を短くすることができます。ただし、プログラムのサイズが大きくなるにつれて、1つのファイルですべての面倒を見るのはうんざりするような作業になっていき、Scala によるコードの解釈にも時間がかかるようになります。これがさらに問題になるのは、大量のデータを扱う場合、何らかの操作をしようとして、Spark のアプリケーションがクラッシュしたり、`SparkContext` が利用できなくなってしまうことが珍しくないためです。これはすなわち、それまでの作業内容や、入力していたコードが失われてしまうということです。現時点では、ハイブリッドなアプローチを取るのが良いことが多いでしょう。開発の最前線の作業は REPL で行い、コードの断片が固まってきたら、それらをコンパイルされるライブラリへと移すのです。コンパイルされた JAR のライブラリは、`--jars` プロパティで `spark-shell` に渡せば使えるようになります。適切に対応すれば、コンパイル済み JAR はそれほど頻繁にビルドし直さずに済み、固めなければならないコードやアプローチのイテレーションは、REPL のおかげで素早く行えます。

外部の Java や Scala のライブラリの参照はどうしたら良いのでしょうか？ 外部のライブラリを参照するコードをコンパイルするには、それらのライブラリをプロジェクトの Maven の設定（pom.xml）の中で指定する必要があります。外部のライブラリにアクセスするコードを実行するには、それらのライブラリの JAR ファイル群を Spark のプロセスのクラスパスに含めます。そうするためには、Maven を使ってアプリケーションの依存対象がすべて含まれた JAR をパッケージ化すると良いでしょう。そうすれば、後はシェルの起動時に `--jars` プロパティを使ってその JAR を参照するだけです。このアプローチの利点は、Maven の **pom.xml** で依存対象を1度だけ指定すれば済んでしまう点です。繰り返しになりますが、本書の GitHub リポジトリの **simplesparkproject/** ディレクトリを見れば、このやり方がわかるでしょう。

また、SPARK-5341（**https://issues.apache.org/jira/browse/SPARK-5341**）では、`spark-shell` の起動時に Maven のリポジトリ群を指定できるようにして、それらのリポジトリから JAR ファイル群を自動的に Spark のクラスパスから見えるようにするという機能の開発状況を追うことができます。

2.5　クラスタからクライアントへのデータの転送

RDD には、クラスタからデータを読み取り、クライアントマシン上の Scala の REPL へ転送するためのメソッドがいくつもあります。おそらく最もシンプルなものは first で、RDD の先頭の要素をクライアントに返します。

```
rawblocks.first
...
res: String = "id_1","id_2","cmp_fname_c1","cmp_fname_c2",...
```

first メソッドは、データセットの正常性のチェックに役立つことがありますが、概して必要なのは、RDD からもっと多くのサンプルをクライアントに返して分析することです。RDD に含まれているレコード数が少ないことがわかっているなら、collect メソッドを使って RDD の内容を配列としてすべてクライアントに返させることができます。リンクのデータセットの大きさがどのくらいかはまだわかっていないので、collect はまだ使わないでおきましょう。

take メソッドを使えば、first と collect の中間の処理をすることができます。すなわち、指定した数のレコードを配列としてクライアントに読み込むことができるのです。take を使って、リンクのデータの最初の 10 行を読み取ってみましょう。

```
val head = rawblocks.take(10)
...
head: Array[String] = Array("id_1","id_2","cmp_fname_c1",...

head.length
...
res: Int = 10
```

アクション

RDD を作成しただけでは、クラスタ上で分散演算処理は何も行われません。RDD は、演算処理中の中間のステップの論理的なデータセットを定義しているだけなのです。分散演算処理が行われるのは、RDD に対して**アクション**が行われたときです。例えば、count アクションは RDD 内のオブジェクト数を返します。

```
rdd.count()
14/09/10 17:36:09 INFO SparkContext: Starting job: count ...
14/09/10 17:36:09 INFO SparkContext: Job finished: count ...
res0: Long = 4
```

collect アクションは、RDD からすべてのオブジェクトを取得し、Array として返します。この Array は、クラスタ内ではなく、ローカルのメモリに置かれます。

```
rdd.collect()
14/09/29 00:58:09 INFO SparkContext: Starting job: collect ...
14/09/29 00:58:09 INFO SparkContext: Job finished: collect ...
res2: Array[(Int, Int)] = Array((4,1), (1,1), (2,2))
```

アクションは、必ずしもローカルプロセスに結果を返すだけではありません。saveAsTextFile アクションは、RDD の内容を HDFS のような永続化ストレージにセーブします。

```
rdd.saveAsTextFile("hdfs:///user/ds/mynumbers")
14/09/29 00:38:47 INFO SparkContext: Starting job:
saveAsTextFile ...
14/09/29 00:38:49 INFO SparkContext: Job finished:
saveAsTextFile ...?
```

このアクションは、ディレクトリを作成し、各パーティションをそれぞれ 1 つのファイルとしてそのディレクトリ内に書き出します。Spark シェルの外からコマンドラインで見てみましょう。

```
hadoop fs -ls /user/ds/mynumbers
-rw-r--r-- 3 ds supergroup 0 2014-09-29 00:38 myfile.txt/_SUCCESS
-rw-r--r-- 3 ds supergroup 4 2014-09-29 00:38 myfile.txt/part-00000
-rw-r--r-- 3 ds supergroup 4 2014-09-29 00:38 myfile.txt/part-00001
```

textFile は、テキストファイル群を含むディレクトリを入力として受け付けられることを思い出してください。これはすなわち、この先の Spark のジョブが、mynumbers を入力ディレクトリとして参照できるということです。

Scala の REPL が返す生のデータは、読み取りにくいものになることがあります。多くの要素を含む配列の場合ならなおさらです。配列の内容を読みやすくするためには、foreach メソッドに println を組み合わせれば、配列中のそれぞれの値を 1 行ずつ出力させることができます。

```
head.foreach(println)
...
"id_1","id_2","cmp_fname_c1","cmp_fname_c2","cmp_lname_c1","cmp_lname_c2",
  "cmp_sex","cmp_bd","cmp_bm","cmp_by","cmp_plz","is_match"
37291,53113,0.833333333333333,?,1,?,1,1,1,1,0,TRUE
39086,47614,1,?,1,?,1,1,1,1,1,TRUE
70031,70237,1,?,1,?,1,1,1,1,1,TRUE
84795,97439,1,?,1,?,1,1,1,1,1,TRUE
36950,42116,1,?,1,1,1,1,1,1,1,TRUE
42413,48491,1,?,1,?,1,1,1,1,1,TRUE
25965,64753,1,?,1,?,1,1,1,1,1,TRUE
49451,90407,1,?,1,?,1,1,1,1,0,TRUE
39932,40902,1,?,1,?,1,1,1,1,1,TRUE
```

foreach(println) というパターンは、本書で頻繁に使うパターンの1つです。これは、関数型プログラミングで一般的なパターンの一例であり、関数（println）を他の関数（foreach）に引数として渡して、何らかの動作をさせています。この種のプログラミングスタイルは、Rを使って仕事をしてきており、for ループではなく、apply や lapply といった高階関数を使ってきたデータサイエンティストにはなじみやすいでしょう。Scala におけるコレクションは、概して for ループではなく、高階関数を使ってコレクション中の要素を処理するという点において、R におけるリストやベクトルに似ています。

　分析を始める前に、データについて取り組まなければならないいくつかの問題がすぐに現れます。まず、CSV ファイルにはヘッダ行があり、これ以降の分析からは除外すべきです。フィルタ条件としては、"id_1" という文字列があることが使えるので、この文字列が行に含まれるかを調べる小さな Scala の関数を書くことができます。

```
def isHeader(line: String) = line.contains("id_1")
isHeader: (line: String)Boolean
```

　Python と同じように、Scala でも関数は def と言うキーワードを使って定義します。ただし Python とは違い、関数の引数には型を指定してやらなければなりません。ここでは、line という引数は String であることを指定しています。等号の後には関数の本体が続いており、その中では、String クラスの contains メソッドを使って "id_1" が文字列中に現れているかを調べています。line という引数には型を指定しましたが、関数の返値の型は指定していないことに注意してください。これは、String クラスと、その contains メソッドが true もしくは false を返すということに関する知識を元に、Scala のコンパイラが返値の型を推論できることによります。

　また、関数の返値の型を指定することで、後でコードを読む人がメソッド全体を読み直さずとも関数の処理を理解できるようにしたいこともあるでしょう。関数の返値の型は、以下のように引数のリストのすぐ後に宣言できます。

```
def isHeader(line: String): Boolean = {
  line.contains("id_1")
}
isHeader: (line: String)Boolean
```

　Scala の Array クラスの filter メソッドを使って結果を出力すれば、この新しい Scala の関数を配列の head で試してみることができます。

```
head.filter(isHeader).foreach(println)
...
"id_1","id_2","cmp_fname_c1","cmp_fname_c2","cmp_lname_c1",...
```

　isHeader メソッドは正しく動作しているようです。このメソッドを filter メソッドを通じて配列 head に適用した結果として返されるのは、ヘッダの行そのものです。ただしもちろん、本当にや

りたいことは、データ中の**ヘッダ行以外**のすべての行を取得することです。Scala でそうする方法はいくつもあります。1 つ目の選択肢は、`Array` クラスの `filterNot` メソッドを活用することです。

```
head.filterNot(isHeader).length
...
res: Int = 9
```

また、Scala の無名関数を使って、`isHeader` 関数の結果を `filter` の中から反転させることもできるでしょう。

```
head.filter(x => !isHeader(x)).length
...
res: Int = 9
```

Scala における無名関数は、Python におけるラムダ関数のようなものです。ここで定義したのは、x という引数を 1 つだけ取りって `isHeader` 関数に渡し、その結果を反転させる無名関数です。この場合、変数 x の型の情報は何も**指定する必要がない**ことに注意してください。`head` が `Array[String]` であることから、Scala のコンパイラは x が `String` であることを推論できるのです。

タイプ入力ほど Scala のプログラマーが嫌うものはないので、Scala には入力しなければならない量を減らせるように設計されたちょっとした機能がたくさんあります。例えば、先ほどの無名関数の定義では、無名関数を定義して引数に名前を与えるために、`x =>` という文字を入力する必要がありました。こういった単純な無名関数の場合は、そうする必要はありません。Scala では、アンダースコア（_）で無名関数の引数を表すことができるので、4 文字を節約できます。

```
head.filter(!isHeader(_)).length
...
res: Int = 9
```

場合によっては、この短縮構文のおかげで明らかな識別子を複製せずに済むことから、コードが読みやすくなりますが、このショートカットのためにコードが暗号じみてしまうこともあります。本書のコードでは、筆者たちがどちらが良いかを判断して、この構文を使うかどうかを決めています。

2.6 クライアントからクラスタへのコードの配信

先ほどは、Scala で関数を書いてデータに適用するさまざまな方法を見ました。実行したコードはいずれも配列 head に対して実行しましたが、この配列はクライアントマシン内にありました。今度は、書いたばかりのコードをクラスタ内に置かれている数百万のリンクのレコードに対して適用してみましょう。このデータを表現しているのは、Spark の `rawblocks` RDD です。

そのためのコードは以下のようになります。不思議なことに、すでにおなじみのはずです。

```
val noheader = rawblocks.filter(x => !isHeader(x))
```

クラスタ上のデータセット全体に対するフィルタリングの演算を表現するのに使われる構文は、ローカルマシン内の head 内のデータ配列に対するフィルタリングの演算を表現するのに使った構文と、**まったく同じ**です。noheader RDD に対して first メソッドを使えば、このフィルタリングのルールが正しく働いていることが確認できます。

```
noheader.first
...
res: String = 37291,53113,0.833333333333333,?,1,?,1,1,1,1,0,TRUE
```

これは信じられないほど強力なことです。すなわち、クラスタからサンプリングした少量のデータを使い、データ処理を行うコードの開発とデバッグを行い、データセット全体を変換する準備が整ったなら、そのコードをクラスタに配送してデータセット全体に適用できるのです。中でも素晴らしいのは、シェルから抜ける必要がまったくないことです。実際のところ、こうした感覚で作業ができるツールは、他にはありません。

この後のいくつかのセクションでは、このローカルでの開発及びテストと、レコードのリンクデータのさらなる処理と分析を行う、クラスタでの演算処理との組み合わせを利用していきますが、たった今足を踏み入れた素晴らしい新たな世界を飲み込むのに時間が少しかかるとしても、無理はありません。

2.7　タプルとケースクラスを使ったデータの構造化

この時点では、配列である head と noheader RDD とは、どちらもすべてカンマでフィールドが区切られた文字列になっています。このデータを少し分析しやすくするためには、この文字列をパースして、さまざまなフィールドが、例えば整数や倍精度整数といった適切なデータ型に変換され、構造化された形式にしてやる必要があります。

配列 head の内容（ヘッダ行とレコード群そのもの）を見てみれば、データが以下の構造を持っていることがわかります。

- 最初の2つのフィールドは整数の ID で、レコード中でマッチされた患者を示している。
- 続く9つの値（欠けていることもある）は、名前や誕生日、住所といった、患者のレコードのさまざまなフィールドのマッチのスコアを示している。
- 最後のフィールドは論理値（真もしくは偽）で、その行が表現している患者のレコードのペアがマッチしているかどうかを示す。

Python 同様、Scala にも組み込み型として**タプル**があり、レコードを表現するシンプルな方法として、ペアやトリプル（3つのデータの組）、さらにはもっと大きなさまざまな種類の値の集合

を素早く作ることができます。さしあたっては、各行の内容を4つの値、すなわち最初の患者のIDを表す整数値、2番目の患者のIDを表す整数値、マッチのスコアを表す9つの倍精度整数の配列（値が欠けているフィールドの値はNaNにします）、そしてフィールド群がマッチしたかどうかを示す論理値のフィールドからなるタプルにパースしましょう。

Pythonの場合とは異なり、Scalaにはカンマ区切りの文字列をパースする組み込みメソッドがないので、地道な仕事を少々自分たちでしなければなりません。パースのためのコードは、ScalaのREPLで試してみることができます。まず、配列headからレコードを1つ取得しましょう。

```
val line = head(5)
val pieces = line.split(',')
...
pieces: Array[String] = Array(36950, 42116, 1, ?,...
```

配列headの要素にアクセスするのに、角括弧[ ]ではなく普通の括弧が使われていることに注意してください。Scalaでは、配列の要素へのアクセスは特別なオペレータではなく、関数呼び出しです。Scalaでは、クラスの特別な関数としてapplyを定義することができます。applyは、オブジェクトを関数であるかのように扱う際に呼ばれるので、head(5)はhead.apply(5)と同じことになるのです。

lineの構成要素を切り分けるのには、JavaのStringクラスのsplit関数を使います。この関数が返すArray[String]は、piecesという名前を付けました。次に、Scalaの型変換の関数を使って、piecesの個々の要素を適切な型に変換しなければなりません。

```
val id1 = pieces(0).toInt
val id2 = pieces(1).toInt
val matched = pieces(11).toBoolean
```

2つのidの変数と論理値の変数matchedを変換するのは、適切なtoXYZという変換関数があることがわかればごく簡単です。先ほど使ったcontainsメソッドやsplitメソッドの場合とは異なり、toInt及びtoBooleanメソッドが定義されているのは、JavaのStringクラスではありません。これらのメソッドは、Scalaの非常に強力な（そして危険とも言われている）機能の1つである、**暗黙（Implicit）の型変換**を使っているStringOpsというScalaのクラスで定義されています。Implicitは、以下のように動作します。まず、Scalaのオブジェクトのメソッドが呼ばれたときに、そのメソッドの定義をオブジェクトのクラス定義から見つけられなかった場合、Scalaのコンパイラはそのオブジェクトを、そのメソッドが定義されているクラスのインスタンスに変換しようとするのです。ここでは、コンパイラはJavaのStringクラスにはtoIntが定義されていないものの、StringOpsクラスには定義があり、そしてStringOpsクラスには、Stringクラスのインスタンスを StringOpsクラスのインスタンスに変換するメソッドがあることを見つけます。コンパイラは何も言わずにStringオブジェクトをStringOpsオブジェクトに変換し、新しいオブジェクトのtoIntメソッドを呼ぶのです。

Scalaでライブラリを書く開発者（その中にはSparkのコアの開発者たちも含まれます）は、暗黙の型変換を本当に気にいっています。この機能がなければ、Stringのようなコアのクラス群を修正する道は閉ざされていますが、この機能のおかげでそういったクラス群の機能を拡張することができるのです。こういったツール群のユーザーにとっては、クラスのメソッドが実際に定義されている場所を把握するのが難しくなることから、暗黙の型変換はごたまぜ以上のものです。とはいえ、暗黙の変換は本書のサンプル全体を通じて登場するので、ここで慣れておく方が良いでしょう。

Double型のスコアのフィールド群は、まだ9つとも変換しなければなりません。それらをすべて変換するには、ScalaのArrayクラスが持っているsliceメソッドを使って配列の連続した部分を取り出し、高階関数のmapを使ってスライス中の各要素をStringからDoubleに変換します。

```
val rawscores = pieces.slice(2, 11)
rawscores.map(s => s.toDouble)
...
java.lang.NumberFormatException: For input string: "?"
  at sun.misc.FloatingDecimal.readJavaFormatString(FloatingDecimal.java:1241)
  at java.lang.Double.parseDouble(Double.java:540)
  ...
```

おっと！ 配列rawscoresの中の"?"というエントリのことを忘れていました。StringOpsのtoDoubleメソッドは、これを変換する方法を知りません。"?"を見たらNaNを返す関数を書いて、配列rawscoresに適用しましょう。

```
def toDouble(s: String) = {
  if ("?".equals(s)) Double.NaN else s.toDouble
}
val scores = rawscores.map(toDouble)
scores: Array[Double] = Array(1.0, NaN, 1.0, 1.0, ...
```

はい、これでずいぶん良くなりました。このパースのコードをまとめて、パースされた値をすべてタプルに入れて返す1つの関数にしましょう。

```
def parse(line: String) = {
  val pieces = line.split(',')
  val id1 = pieces(0).toInt
  val id2 = pieces(1).toInt
  val scores = pieces.slice(2, 11).map(toDouble)
  val matched = pieces(11).toBoolean
  (id1, id2, scores, matched)
}
val tup = parse(line)
```

タプルから個々のフィールドの値を取り出すには、位置を指定する関数が使えます。これは_1から始まる関数か、productElementが使えます。productElementのカウントは0から始まります。また、タプルの大きさを知るには、productArityメソッドが使えます。

```
tup._1
tup.productElement(0)
tup.productArity
```

Scalaでは簡単かつ便利にタプルを生成できますが、レコード中の要素にアクセスするのに、意味のある名前ではなく位置を使うと、コードが理解しにくいものになってしまいます。本当にやりたいことは、シンプルなレコード型を作成し、位置ではなく名前でフィールドにアクセスできるようにすることです。ありがたいことに、Scalaにはこうしたレコードを作るための便利な構文として**ケースクラス**があります。ケースクラスは、イミュータブルなクラスのシンプルな型で、toString、equals、hashCodeといった基本的なJavaのクラスメソッドの実装がすべて付属してくるため、とても使いやすくなっています。それでは、レコードのリンクデータのケースクラスを宣言してみましょう。

```
case class MatchData(id1: Int, id2: Int,
  scores: Array[Double], matched: Boolean)
```

続いてparseメソッドを更新して、タプルではなくケースクラスのMatchDataを返すようにしましょう。

```
def parse(line: String) = {
  val pieces = line.split(',')
  val id1 = pieces(0).toInt
  val id2 = pieces(1).toInt
  val scores = pieces.slice(2, 11).map(toDouble)
  val matched = pieces(11).toBoolean
  MatchData(id1, id2, scores, matched)
}
val md = parse(line)
```

ここで見るべきことは2点あります。1つは、ケースクラスのMatchDataの新しいインスタンスを生成する際に、MatchDataの前にキーワードのnewを指定しなくても良いということです（これは、Scalaの開発者がタイプ入力をどれだけ嫌っているかを示すもう1つの例です）。もう1つは、このMatchDataクラスにはtoStringの実装が組み込まれており、配列のscores以外の全フィールドについては、これで十分うまくいくということです。

ケースクラスのMatchDataの各フィールドには、名前でアクセスできるようになりました。

```
md.matched
md.id1
```

パースの関数の単一のレコードに対する適用テストは済んだので、今度はヘッダ行を除く配列head中の全要素に対して適用してみましょう。

```
val mds = head.filter(x => !isHeader(x)).map(x => parse(x))
```

よし、うまくいきました。今度は、noheader RDDのmap関数を呼び、このパース関数をクラスタ内のデータに対して適用してみましょう。

```
val parsed = noheader.map(line => parse(line))
```

ローカルで生成した配列のmdsの場合とは異なり、実際にはまだparse関数はクラスタ上のデータに適用されていないことを覚えておいてください。noheader RDD中の各文字列をMatchDataクラスのインスタンスに変換するためにparse関数が適用されるのは、parsed RDDに対して何らかの出力を要求する呼び出しを行なった時点です。別の出力を生成する他の呼び出しをparsed RDDに行うと、parse関数は入力データのnoheader RDDに対して**もう1度適用される**ことになります。

これでは、クラスタのリソースを最適に利用できているとは言えません。1回データのパースを行ったなら、パースされた後のデータをクラスタ上にセーブしておき、そのデータに対する新しい問いかけを行う度にパースせずに済むようにしておきたいところです。このユースケースをサポートするために、SparkではRDDのcacheメソッドを呼ぶことで、そのRDDの内容が生成されたときにメモリにキャッシュされるようにすることができます。parsed RDDでやってみましょう。

```
parsed.cache()
```

キャッシング

デフォルトでは、RDDの内容は一時的なものですが、SparkはRDD内のデータを永続化するための仕組みを備えています。永続化の指示を受けているRDDの内容は、RDDの内容を計算する必要があるアクションを初めて実行したときに、クラスタのメモリもしくはディスク上に保存されます。その後に、そのRDDの各パーティションに依存するアクションが実行されたときには、RDDのデータは依存元から再計算されるのではなく、キャッシュされたパーティションから直接返されるのです。

```
cached.cache()
cached.count()
cached.take(10)
```

cacheの呼び出しは、次に計算されたときにそのRDDの内容を保存するよう指示します。countが呼び出された時点で、RDDの内容が初めて計算されます。そしてtakeアクションは、RDDの先頭の10個の要素をローカルのArrayとして返します。takeが呼ばれたときには、RDDの依存対象から再計算が行われるのではなく、cachedのキャッシュされた要素へのアクセスが行われます。

SparkはRDDの永続化の仕組み、すなわちStorageLevelの値を複数用意しています。rdd.cache()

は、rdd.persist(StorageLevel.MEMORY) のショートカットで、RDD はシリアライズされない Java のオブジェクトとして保存されます。あるパーティションがメモリに収まらないと判断すると、Spark はその内容の保存を単純に止めてしまい、次に必要になったときには再計算を行います。シリアライゼーションのオーバーヘッドがまったくないことから、この StorageLevel.MEMORY が妥当なのは、オブジェクトが頻繁に参照されるような場合や、オブジェクトへのアクセスのレイテンシを低く抑えなければならないような場合です。逆に欠点としては、他の方法に比べてメモリの消費量が多いことがあります。また、あまりに大量の小さいオブジェクトを保存すると、Java のガベージコレクションに負担がかかり、一時的な停止や、全体としての速度低下につながるかも知れません。

Spark には、MEMORY_SER というストレージレベルもあります。このレベルでは、メモリ中に大きなバイトバッファが割り当てられ、RDD の内容はシリアライズされてこのバッファに格納されます。適切なフォーマットを使えば（このことについては少し後に詳しく述べます）、シリアライズされたデータはシリアライズされていない生のデータに比べて、1/2 から 1/5 の領域しか消費しません。

Spark は、ディスクを使って RDD をキャッシュすることもできます。ストレージレベルの MEMORY_AND_DISK 及び MEMORY_AND_DISK_SER は、それぞれ MEMORY 及び MEMORY_SER に似ています。後者 2 つの場合、パーティションがメモリに収まらなければ、そのパーティションは単純に保存されないので、次にアクションがそのパーティションを使う場合には、依存対象からの再計算をしなければならなくなります。前者 2 つの場合は、Spark はメモリに収まらないパーティションはディスクへスピルします。

どこでデータをキャッシュするかを決めるのは、1 つの技術です。通常の場合、この判断を下すためには、領域と速度のトレードオフを、ガベージコレクションのオーバーヘッドの問題が時折ひどくなることと合わせて検討しなければなりません。概して、再生成の負荷が高い RDD が、複数のアクションから参照されそうなのであれば、その RDD はキャッシュするべきでしょう。

2.8 集計

本章でここまで注目してきたのは、Scala と Spark を使い、ローカルマシンでもクラスタ上でも同じようにデータを処理する方法でした。このセクションでは、データのグルーピングと集計に関係する Scala の API と Spark の API との差異を見始めることにしましょう。この差異の大部分は、効率性に関係があります。複数のマシン上に分散している大規模なデータセットを集計する場合、データがすべて 1 台のマシンのメモリにおける場合と比べて、情報の転送効率に気を配らなければなりません。

いくつかの差異を示すために、まずは MatchData に関する単純な集計を、ローカルクライアントと Spark のクライアントの両方でやってみましょう。計算するのは、マッチしたレコード数とマッチしなかったレコード数です。ローカルの MatchData は配列の mds に保存されており、groupBy メソッドを使って Scala の Map[Boolean, Array[MatchData]] を生成することにします。ここで、キーは MachData クラスの matched フィールドに基づきます。

```
val grouped = mds.groupBy(md => md.matched)
```

grouped に値を格納したなら、mapValues メソッドを呼べばカウントを取ることができます。このメソッドは map メソッドに似ていますが Map オブジェクトの値だけを対象に処理を行い、ここではそれぞれの配列の size を取得します。

```
grouped.mapValues(x => x.size).foreach(println)
```

やってみればわかる通り、ローカルのデータのエントリはすべてマッチするので、grouped から返されるエントリは、(true, 9) というタプルのみです。もちろん、このローカルのデータはリンクのデータセット全体から取ったサンプルに過ぎません。このグループ化の処理をデータの全体に対して適用すれば、マッチしていないケースがたくさん見つかるはずです。

クラスタ上のデータで集計を行う場合は、複数のマシンにまたがって保存されているデータを分析するので、集計に際しては、マシン同士を接続しているネットワークを通じてデータを移動させることになるのを常に念頭に置いておく必要があります。ネットワーク越しにデータを移動させるためには、多くの演算リソースが必要になります。これには、各レコードの転送先のマシンの決定、データのシリアライズと圧縮、そしてネットワーク越しの転送、展開とその結果のデシリアライズ、そして最後に、集約されたデータに対する演算処理が含まれます。これらの処理を高速に行うためには、移動させるデータの量を最小限に抑えようとすることが重要になります。集計を行う前にデータに対してフィルタリングをかけることができれば、その分だけ問いに対する答えは早く得られるようになります。

2.9　ヒストグラムの作成

それでは最初に、parsed 中のいくつの MatchData が matched フィールドに true もしくは false という値を持っているかをカウントする、シンプルなヒストグラムを作成してみましょう。ありがたいことに、RDD[T] クラスには countByValue というアクションが定義されており、この種の演算処理を非常に効率的に行い、その結果を Map[T, Long] としてクライアントに返してくれます。MatchData の matched フィールドへの射影を使って countByValue を呼べば、Spark のジョブが実行され、その結果がクライアントに返されます。

```
val matchCounts = parsed.map(md => md.matched).countByValue()
```

Spark のクライアントにヒストグラムやその他の値のグループを生成する場合、とりわけ分類となる変数の値の種類が大量にある場合は、ヒストグラムの内容を、キーのアルファベット順や、値のカウント数の昇順や降順など、さまざまな方法でソートして見ることができるようにしたいところです。Map の matchCounts に含まれるキーは true もしくは false だけですが、内容をさまざまな方法でソートする方法を簡単に見ていきましょう。

Scala の Map クラスは、その内容をキーもしくは値に基づいてソートするメソッドを持っていませんが、Map は Scala の Seq 型に変換することが可能であり、Seq 型はソートをサポートしています。Scala の Seq は、長さが決まっており、インデックスで値をルックアップでき、イテレーティブに処理ができるコレクションであるという点で、Java の List インターフェイスに似ています。

```
val matchCountsSeq = matchCounts.toSeq
```

> **Scala のコレクション**
>
> Scala には広範囲に及ぶコレクションのライブラリを持っており、その中にはリスト、集合、マップ、配列が含まれます。あるコレクションの型から他のコレクションの型へは、toList や toSet、toArray といったメソッドで簡単に変換できます。

Seq 型の matchCountsSeq は、(String, Long) という型の要素から構成されており、sortBy メソッドを使えば、ソートに使うインデックスを制御できます。

```
matchCountsSeq.sortBy(_._1).foreach(println)
...
(false,5728201)
(true,20931)
```

```
matchCountsSeq.sortBy(_._2).foreach(println)
...
(true,20931)
(false,5728201)
```

デフォルトでは、この sortBy 関数は、数値を照準にソートしますが、ヒストグラム中の値は降順になっている方が見やすくなることがよくあります。型が何であれ、ソートの順序は出力前に Seq の reverse メソッドを呼んでやれば反転させることができます。

```
matchCountsSeq.sortBy(_._2).reverse.foreach(println)
...
(false,5728201)
(true,20931)
```

データセット全体のマッチのカウントを取ってみると、マッチしている場合としていない場合とで大きな差があることがわかります。実際には、マッチしているのは入力ペアの 0.4% に満たないのです。このレコードのリンクモデルの不均衡が示唆していることは重大です。すなわち、数値のマッチスコアを計算する関数としてどういったものを使っても、偽陽性率がかなり高くなるはずなのです（すなわち、実際にはマッチしていないにも関わらず、マッチしているかのように見えるペアのレコードが大量にでてくる）。

2.10 連続変数のための要約統計

Spark の countByValue アクションは、データの分類に使う変数のカーディナリティが比較的小さい場合には、ヒストグラムを作るのに非常に適しています。しかし、患者のレコード内の各フィールドのマッチのスコアのように値が連続的な変数の場合は、平均、標準偏差、あるいは最大

値や最小値といった極値といった、基本的な統計値群を素早く得られるようにしたいところです。

RDD[Double]のインスタンスの場合、SparkのAPIは暗黙の型変換を通じて追加のアクション群を提供しています。その方法は、すでに見たStringに対してtoIntメソッドが提供されているやり方と同じです。こうした暗黙の型変換のおかげで、RDD内の値を処理する上で追加の情報がある場合には、RDDの機能を便利に拡張することができます。

> ### ペアRDD
>
> RDD[Double]の暗黙のアクションに加えて、SparkはRDD[Tuble2[K, V]]という型に対しても、暗黙の型変換を通じてgroupByKeyやreduceByKeyといったキーを単位とする集計を行うメソッドや、同じ型のキーを持つ複数のRDD同士の結合を行うメソッドを提供しています。

RDD[Double]の暗黙のアクションの1つであるstatsは、まさにこのRDDの値に関する要約統計を提供してくれるものです。さっそく、parsed RDDが格納しているMatchData内の配列scoresの最初の値を使って試してみましょう。

```
parsed.map(md => md.scores(0)).stats()
StatCounter = (count: 5749132, mean: NaN, stdev: NaN, max: NaN, min: NaN)
```

残念ながら、配列中のプレースホルダーとして使っている、値が欠けていることを示すNaNという値が、Sparkの要約統計をつまずかせてしまっています。さらに残念なのは、今のところSparkには欠けている値を除外したりカウントしたりするうまい方法が用意されていないことです。そのため、NaNはJavaのDoubleクラスのisNaN関数を使って取り除いてやらなければなりません。

```
import java.lang.Double.isNaN
parsed.map(md => md.scores(0)).filter(!isNaN(_)).stats()
StatCounter = (count: 5748125, mean: 0.7129, stdev: 0.3887, max: 1.0, min: 0.0)
```

必要なら、ScalaのRange構造で配列のインデックスに対して繰り返し対象列の統計を計算するループを作成し、この方法で配列scores内の値に対するすべての統計値を得ることもできるでしょう。以下の例をご覧ください。

```
val stats = (0 until 9).map(i => {
  parsed.map(md => md.scores(i)).filter(!isNaN(_)).stats()
})

stats(1)
...
StatCounter = (count: 103698, mean: 0.9000, stdev: 0.2713, max: 1.0, min: 0.0)
```

```
stats(8)
...
StatCounter = (count: 5736289, mean: 0.0055, stdev: 0.0741, max: 1.0, min: 0.0)
```

2.11　再利用可能な要約統計処理のコードの作成

このアプローチで処理はできますが、とても非効率的です。すべての統計を計算するためには、parsed RDD の全レコードを 9 回も処理しなければなりません。データが大きくなっていけば、多少の処理時間を節約するために中間的な結果をメモリにキャッシュしたとしても、すべてのデータを繰り返し処理するコストはどんどん膨らんでいきます。Spark で分散アルゴリズムを開発する際には、必要になるかも知れないすべての答を計算する方法として、できる限りデータを走査する回数を少なくするために、多少の時間を費やしても十分な見返りが得られるかもしれません。ここでは、任意の RDD[Array[Double]] を取って、各インデックスごとに欠けている値の数と、存在している値の要約統計を含む StatCounter オブジェクトをを持つ配列を返すような関数を書く方法を考えてみましょう。

必要な分析のタスクの中に、繰り返し役に立つだろうと思われるものがある場合、多少の時間を使ってそのコードによる同じソリューションを他の分析でも使いやすいようにすると良いでしょう。それには、その Scala のコードを Spark シェルにロードしてテストと検証を行えるように、そのコードを独立したファイルに書くことができます。そうすれば、そのコードがきちんと動作することがはっきりした時点で、そのファイルを周りの人々と共有できます。

そうするためには、コードの複雑さという面での飛躍が必要になります。個々のメソッド呼び出しや 1 行や 2 行程度の関数を扱う代わりに、適切な Scala のクラスと API を作成しなければなりません。これはすなわち、Scala という言語のより複雑な機能を使うということを意味します。

欠けている値の分析について言えば、最初のタスクは Spark の StatCounter クラスに似た、ただし欠けている値を適切に扱えるクラスを書くことです。クライアントマシン上で独立したシェルを開き、StatsWithMissing.scala というファイルを開き、以下のクラス定義をその中にコピーしてください。ここで定義されている個々のフィールドやメソッドについては、この後に見ていきます。

```
import org.apache.spark.util.StatCounter

class NAStatCounter extends Serializable {
  val stats: StatCounter = new StatCounter()
  var missing: Long = 0

  def add(x: Double): NAStatCounter = {
    if (java.lang.Double.isNaN(x)) {
      missing += 1
    } else {
      stats.merge(x)
    }
```

```
      this
    }

    def merge(other: NAStatCounter): NAStatCounter = {
      stats.merge(other.stats)
      missing += other.missing
      this
    }

    override def toString = {
      "stats: " + stats.toString + " NaN: " + missing
    }
  }

  object NAStatCounter extends Serializable {
    def apply(x: Double) = new NAStatCounter().add(x)
  }
```

　この NAStatCounter クラスには、イミュータブルな StatCounter のインスタンスである stat と、ミュータブルな Long 型の変数である missing という 2 つのメンバー変数があります。このクラスのインスタンスは Spark の RDD 内で使われることになるので、Serializable 指定をしていることに注意してください。RDD に含まれるデータを Spark がシリアライズできなければ、ジョブは失敗してしまいます。

　このクラスの最初のメソッドである add は、NAStatCounter が追跡している統計に新しい Double の値を加えるもので、その値が NaN であれば値が欠けていることを記録し、そうでなければその値を下位層の dStatCounter に加えます。merge メソッドは、他の NAStatCounter のインスタンスが追跡している統計を、現在のインスタンスに取り込みます。これらのメソッドは、簡単に連鎖できるように this を返します。

　最後に、NAStatCounter クラスの toString メソッドをオーバーライドし、その内容を Spark シェル中で簡単に出力できるようにします。Scala で親のクラスのメソッドをオーバーライドする場合は、そのメソッド定義のプレフィックスとして override キーワードを置かなければなりません。Scala は、Java よりもメソッドのオーバーライドのパターンが豊富なので、override キーワードを使うことで、それぞれのクラスでどのメソッド定義を使うべきなのか、Scala が追跡しやすくなるのです。

　ここではクラスの定義と合わせて、NAStatCounter の**コンパニオンオブジェクト**を定義しています。Scala の object キーワードは、Java における static のメソッド定義に似て、クラスに対してヘルパーメソッドを提供できるシングルトンの宣言に使われます。ここでは、このコンパニオンオブジェクトが提供する apply メソッドは、新しい NAStatCounter クラスのインスタンスを生成し、指定した Double の値をそのインスタンスに追加した後に、そのインスタンスを返します。Scala では、apply メソッドには特別なシンタックスシュガーがあり、明示的に apply とタイプしなくても呼び出せるようになっています。例えば、以下の 2 行の動作はまったく同じです。

```
val nastats = NAStatCounter.apply(17.29)
val nastats = NAStatCounter(17.29)
```

これで NAStatCounter クラスが定義できたので、StatsWithMssing.scala を保存してクローズし、load コマンドを使って Spark シェルに取り込んでみましょう。

```
:load StatsWithMissing.scala
...
Loading StatsWithMissing.scala...
import org.apache.spark.util.StatCounter defined class NAStatCounter
defined module NAStatCounter
warning: previously defined class NAStatCounter is not a companion to object
NAStatCounter. Companions must be defined together; you may wish to use
:paste mode for this.
```

シェルが使うインクリメンタルコンパイルモードでは、コンパニオンオブジェクトが不正だという警告が出ていますが、いくつかのサンプルは期待通りに動作することが確認できます。

```
val nas1 = NAStatCounter(10.0)
nas1.add(2.1)
val nas2 = NAStatCounter(Double.NaN)
nas1.merge(nas2)
```

それでは、新しい NAStatCounter を使って、parsed RDD 内の MatchData のレコード群のスコアを処理してみましょう。MatchData のそれぞれのインスタンスには、Array[Double] という型のスコアの配列が含まれています。この配列の各エントリに対して NAStatCounter を持たせ、NaN の数と、存在する値についての標準的な分散統計を追跡させることにしましょう。値の配列に対してNAStatCounter オブジェクトの配列を生成するのには、map 関数が使えます。

```
val arr = Array(1.0, Double.NaN, 17.29)
val nas = arr.map(d => NAStatCounter(d))
```

RDD 中の各レコードは、それぞれに Array[Double] を持つことになります。これは、各レコードが Array[NAStatCounter] である RDD に変換できます。先へ進んで、クラスタ上の parsed RDD 中のデータに対してその処理をしてみましょう。

```
val nasRDD = parsed.map(md => {
  md.scores.map(d => NAStatCounter(d))
})
```

次に必要になるのは、複数の Array[NAStatCounter] のインスタンスを単一の Array[NSStatCounter] に集約する簡単な方法です。同じ長さの2つの配列は、zip を使って結合できます。こうすると、2つの配列の対応する要素をペアにした新しい Array が生成されます。これは、2つの

対応する歯の並びをお互いにかみ合わせ、一筋に閉じるジッパーのようなものと考えてください。その後に、merge 関数を使う map メソッドを NAStatCounter クラスに適用すれば、2 つのオブジェクトの統計を 1 つのインスタンスに結合できます。

```
val nas1 = Array(1.0, Double.NaN).map(d => NAStatCounter(d))
val nas2 = Array(Double.NaN, 2.0).map(d => NAStatCounter(d))
val merged = nas1.zip(nas2).map(p => p._1.merge(p._2))
```

Tuble2 クラスの _1 や _2 といったメソッドの代わりに Scala の case 構文を使えば、組み合わせられた配列の要素のペアをきちんとした名前の変数に分割することもできます。

```
val merged = nas1.zip(nas2).map { case (a, b) => a.merge(b) }
```

Scala のコレクション中のすべてのレコードに対して同じマージの処理を行うのには、reduce 関数が使えます。reduce 関数は、T を型とする 2 つの引数から型 T の値を 1 つ返す結合関数を引数に取り、その関数をコレクション中のすべての要素に対して繰り返し適用していくことで、すべての値をマージします。先ほど書いたマージのロジックには結合性があるので、reduce メソッドを使って Array[NAStatCounter] 型の値のコレクションに対して適用できます。

```
val nas = List(nas1, nas2)
val merged = nas.reduce((n1, n2) => {
  n1.zip(n2).map { case (a, b) => a.merge(b) }
})
```

RDD クラスにも reduce というアクションがあり、Scala のコレクションに対して使った reduce メソッドと同じように動作します。違っているのは、適用の対象がクラスタ上に分散しているすべてのデータであることです。Spark で使うコードは、先ほど List[Array[NAStatCounter]] に対して書いたばかりのコードと同じです。

```
val reduced = nasRDD.reduce((n1, n2) => {
  n1.zip(n2).map { case (a, b) => a.merge(b) }
})
reduced.foreach(println)
...
stats: (count: 5748125, mean: 0.7129, stdev: 0.3887,
max: 1.0, min: 0.0) NaN: 1007
stats: (count: 103698, mean: 0.9000, stdev: 0.2713,
max: 1.0, min: 0.0) NaN: 5645434
stats: (count: 5749132, mean: 0.3156, stdev: 0.3342, max: 1.0, min: 0.0) NaN: 0
stats: (count: 2464, mean: 0.3184, stdev: 0.3684,
max: 1.0, min: 0.0) NaN: 5746668
stats: (count: 5749132, mean: 0.9550, stdev: 0.2073, max: 1.0, min: 0.0) NaN: 0
stats: (count: 5748337, mean: 0.2244, stdev: 0.4172, max: 1.0, min: 0.0) NaN: 795
```

```
stats: (count: 5748337, mean: 0.4888, stdev: 0.4998, max: 1.0, min: 0.0) NaN: 795
stats: (count: 5748337, mean: 0.2227, stdev: 0.4160, max: 1.0, min: 0.0) NaN: 795
stats: (count: 5736289, mean: 0.0055, stdev: 0.0741,
max: 1.0, min: 0.0) NaN: 12843
```

さあ、欠けている値があっても分析可能なこのコードを、StatsWithMissing.scala 内の関数としてまとめましょう。StatsWithMissing.scala ファイルを編集し、以下のコードブロックを書き込んでください。これで、この関数を使って RDD[Array[Double]] の統計が計算できるようになります。

```
import org.apache.spark.rdd.RDD

def statsWithMissing(rdd: RDD[Array[Double]]): Array[NAStatCounter] = {
  val nastats = rdd.mapPartitions((iter: Iterator[Array[Double]]) => {
    val nas: Array[NAStatCounter] = iter.next().map(d => NAStatCounter(d))
    iter.foreach(arr => {
      nas.zip(arr).foreach { case (n, d) => n.add(d) }
    })
    Iterator(nas)
  })
  nastats.reduce((n1, n2) => {
    n1.zip(n2).map { case (a, b) => a.merge(b) }
  })
}
```

ここでは、入力の RDD の各レコードごとに Array[NAStatCounter] を生成するために map 関数を呼ぶのではなく、もう少し高度な関数である mapPartitions を使っています。mapPartitions を使うと、入力の RDD[Array[Double]] のパーティション内のすべてのレコードを Iterator[Array[Double]] を通じて処理できます。こうすることで、データの各パーティションに対して Array[NAStatCounter] のインスタンスを1つずつ生成し、その状態をイテレータが返す Array[Double] を使って更新するという、効率の高い実装ができるようになります。実際のところ、これで statsWithMissing メソッドは、Spark の開発者たちによる RDD[Double] という型のインスタンスでの stats メソッドの実装に非常に似たものになります。

2.12 単純な変数の選択とスコアリング

statsWithMissing があれば、parsed RDD 内のマッチするスコアの配列と、マッチしないスコアの配列の分散の違いを分析できます。

```
val statsm = statsWithMissing(parsed.filter(_.matched).map(_.scores))
val statsn = statsWithMissing(parsed.filter(!_.matched).map(_.scores))
```

配列の statsm 及び statsn は同じ構造を持っていますが、それぞれが表しているのはデータの別々の部分です。statsm にはマッチした scores の配列の要約統計が含まれていますが、statsn にはマッチしなかった分の統計が含まれています。マッチした分としなかった分の列の値の差異は、こうしたマッチのスコアだけを使ってマッチしたかどうかを識別するためのスコアリングの関数を考える上で、シンプルな分析の道具として使うことができるでしょう。

```
statsm.zip(statsn).map { case(m, n) =>
  (m.missing + n.missing, m.stats.mean - n.stats.mean)
}.foreach(println)
...
((1007, 0.2854...), 0)
((5645434,0.09104268062279874), 1)
((0,0.6838772482597568), 2)
((5746668,0.8064147192926266), 3)
((0,0.03240818525033484), 4)
((795,0.7754423117834044), 5)
((795,0.5109496938298719), 6)
((795,0.7762059675300523), 7)
((12843,0.9563812499852178), 8)
```

優れた特徴は、2つの性質を持ちます。1つは、マッチした場合としなかった場合とで、はっきりと値が異なる傾向があることです（従って、平均の差異が大きくなります）。そしてもう1つは、どのレコードのペアを取ってみても常にデータがあると見なせるほどに、データ中に頻繁に現れていることです。この観点に基づいて見れば、特徴1はあまり有用とは言えません。欠けていることが頻繁にあり、マッチした場合としなかった場合との平均の差が、0から1の値を取るスコアに対して 0.09 と、比較的小さくとどまっています。特徴4も特に役に立ちそうには見えません。どのレコードのペアにも現れてはいますが、平均の差異が 0.03 にすぎません。

一方、特徴5と7は優秀です。これらはほとんどすべてのレコードのペアに登場し、平均の差異が非常に大きくなっています（どちらも 0.77 を超えています）。特徴2, 6, 8も役に立ちそうです。これらは概してデータセット中に現れており、マッチした場合としなかった場合の平均値の差異もはっきりしています。

特徴0と3は、もっと複雑です。特徴0はほとんどのレコードのペアに現れていますが、それほどはっきりした区別にはつながらず（平均の差異が 0.28 しかありません）、特徴3は平均の差異こそ大きいものの、ほとんどの場合に値が欠けています。どういった状況であれば、このデータに基づくモデルにこれらの特徴を含めるべきなのか、はっきりしているとは言えません。

この時点では、レコードのペアの相似性のランク付けを行うスコアリングモデルとしては、明らかに優れている特徴である、2、5、6、7、8の値の合計値に基づくシンプルなモデルを使うことにしましょう。これらの特徴の値が欠けているわずかなレコードについては、NaN の値のところに0を置くことにしましょう。このシンプルなモデルのおおよそのパフォーマンスの感じは、スコアのRDD を生成して値をマッチさせ、さまざまな閾値を使い、このスコアがうまくマッチした場合と

しなかった場合とを区別できるかどうかを見てみればつかめるでしょう。

```
def naz(d: Double) = if (Double.NaN.equals(d)) 0.0 else d
case class Scored(md: MatchData, score: Double)
val ct = parsed.map(md => {
  val score = Array(2, 5, 6, 7, 8).map(i => naz(md.scores(i))).sum
  Scored(md, score)
})
```

閾値に4.0という高い値を使えば、5つの特徴の平均値は0.8ということになり、マッチした分の90%を通しながら、マッチしなかった分のほとんどを除外できます。

```
ct.filter(s => s.score >= 4.0).map(s => s.md.matched).countByValue()
...
Map(false -> 637, true -> 20871)
```

加減の閾値として2.0を使えば、既知のマッチしたレコードを**すべて**とらえることができますが、かなりの偽陽性を覚悟しなければなりません。

```
ct.filter(s => s.score >= 2.0).map(s => s.md.matched).countByValue() .
..
Map(false -> 596414, true -> 20931)
```

偽陽性の件数が多くなりすぎるとは言え、この広範囲なフィルタはすべてのマッチする場合を含みながら、ここで検討したマッチしないレコードの90%を取り除くことができます。これはかなり良い数字ですが、さらに改善することもできます。偽陽性を100件以下に抑えながら、すべてのtrueのマッチを特定できるようなスコアリング関数を作成できるよう、配列scoresの他のいくつかの値を活用する方法を見つけることができるか、やってみてください。

2.13　今後に向けて

　これまでScalaとSparkでデータの準備と分析を実行してみたことがなく、本章でやってみたのが初めてであれば、これらのツールが実に強力な基盤を提供してくれることが感じられたことでしょう。これまでScalaとSparkを使ってきていたなら、友人や同僚とともに本章を読んでみて、このパワーを紹介してみてください。

　本章のゴールは、これ以降の本書のサンプルを理解し、実行してみるのに十分なScalaの知識を提供することです。読者のみなさまにとって、実際的なサンプルを試してみるのが最も学びやすい方法であるなら、次のステップはこの後に続く数章へ進んでもらうことです。それらの章では、Spark用に設計された機械学習ライブラリであるMLlibを紹介します。

　SparkとScalaによるデータ分析の経験を積んだユーザーになれば、他のデータの分析者やサイエンティストが、自分の抱えている課題を解決するためにSparkを適用しやすいように、ツール

やライブラリを設計したり構築したりするようになることでしょう。そういった開発をするようになったなら、Dean Wampler の『Programming Scala』（O'Reilly）や Alvin Alexander の『The Scala Cookbook』（O'Reilly）といった書籍も読んでおくと役立つことでしょう。

3章
音楽のレコメンドと
Audioscrobblerデータセット

Sean Owen

好みというものは人それぞれである。

　私の職業について誰かに尋ねられたなら、直接的にデータサイエンス、もしくは機械学習と回答すれば、強い印象を与えることはできるものの、普通はきょとんと見つめ返されることになるでしょう。無理もありません。データサイエンティスト自身でさえ、大量のデータを保存し、演算を行い、何かを予測するということの意味を定義するために苦闘しています。私は、関係する事例に飛びつかざるを得ません。

　「そうですね、あなたが買った本と同じような本をAmazonが教えてくれるのを知っていますか？　知っていますよね。そうそう！　そんな感じです」。

　経験的には、レコメンデーションエンジンは、誰もが理解してくれる大規模な機械学習の例になってくれているようで、Amazonのレコメンデーションならほとんどの人が見たことがあります。レコメンデーションエンジンは、ソーシャルネットワークからビデオのサイト、そしてオンラインの小売り業者まで、どこでも使われていることから、誰にでも通じます。それらが動作しているところも、直接見ることができます。私たちは、Spotifyで再生される曲をコンピュータが選んでいることを知っていますが、それを同じ方法でGmailが受信メールがスパムかどうかを判定しているということに気づいているとは限りません。
　レコメンデーションエンジンの出力は、その他の機械学習のアルゴリズムの出力よりも、直感的に理解しやすいものです。それは興奮を誘うことさえあります。私たちは、音楽の好みはきわめて個人的なものであり、説明できないものであると考えていますが、レコメンデーションエンジンは、自分でも気に入ることを知らなかった曲を驚くほどうまく見つけてくれます。
　最後に、レコメンデーションエンジンが投入されることが普通である音楽や映画といった分野では、レコメンドされた音楽が誰かのリスニングの履歴にうまく適合していることを示すことは、比較的容易です。とはいえ、あらゆるクラスタリングや分類のアルゴリズムが、この説明に当てはまるというわけではありません。例えば、サポートベクタマシンによる分類器は係数の集合であり、予測を行う際にそれらの数値が何を意味するのかは、実践をしている人でもうまく説明することは

難しいものです。

　従って、Sparkにおける中核的な機械学習のアルゴリズムを説明するこの後の3つの章を始めるにあたって、レコメンデーションエンジン、とりわけ音楽のレコメンデーションについての章を最初に持ってくるのは妥当なことでしょう。これは、SparkとMLlibの実用例と、この後に続く章で展開される基本的な機械学習の考え方を紹介する上で、やりやすい方法です。

3.1　データセット

　この例では、Audioscrobblerが公開しているデータセットを使います。Audioscrobblerは、2002年に設立された初期のインターネットストリーミングラジオサイトの1つであるlast.fm（http://www.last.fm）のための、最初の音楽レコメンデーションシステムでした。Audioscrobblerはスクロビング、すなわちリスナーが再生したアーティストの曲を記録するためのオープンなAPIを提供しました。last.fmは、この情報を使って強力な音楽レコメンデーションエンジンを構築しました。このシステムは、サードパーティのアプリケーションやサイトがレコメンデーションエンジンへとリスニングデータを戻すことができたことから、数百万のユーザーにリーチしました。

　当時、レコメンデーションエンジンに関する研究のほとんどは、レーティングのようなデータからの学習に限られていました。すなわち通常の場合、レコメンデーションエンジンは「ボブはプリンスに3.5スターを付けた」というような入力を基に動作するツールと見られていたのです。

　Audioscrobblerのデータセットが興味深いのは、記録されているのが「ボブがプリンスの曲を再生した」といった、曲の再生情報だけであり、含まれている情報がレーティングよりも少ないことです。ボブがある曲を再生したからといって、実際に彼がその曲を好きであるということにはなりません。誰にでも、気にかけてもいないあるアーティストの曲や、さらにはアルバムを再生したまま、部屋から出て行ってしまうことはあるでしょう。

　しかし、リスナーが音楽に対してレーティングをすることは、音楽を再生することに比べてごくまれなことです。そのため、それぞれのデータポイントの持つ情報は少なくとも、再生だけのデータセットの方がはるかに大きくなり、多くのユーザーやアーティストをカバーするものになり、トータルでの情報量は多くなるのです。この種のデータは、しばしば**暗黙のフィードバック**データと呼ばれますが、これはユーザーとアーティストとの関係が、別のアクションの副作用として含意されているものであり、明示的なレーティングや推薦として得られるものではないためです。

　2005年にlast.fmが配布したデータセットのスナップショットは、圧縮アーカイブとして入手できます（http://bit.ly/1KiJdOR）。このアーカイブをダウンロードすると、その中にはいくつかのファイルがあります。メインのデータセットは、user_artist_data.txtというファイルの中にあります。このファイルには、およそ141,000のユニークユーザーと、160万のユニークなアーティストが含まれています。2420万レコードのユーザーによるアーティストの再生が、その回数と共に記録されています。

　このデータセットのartist_data.txtファイルには、IDと共にアーティスト名も含まれています。曲を再生したことがスクロブルされると、クライアントアプリケーションは再生されたアー

ティストの名前を送信します。この名前は、スペルが間違っていたり、標準的な名前になっていなかったりすることがありますが、その場合は単に後ほど削除されるだけになることもあります。このデータセットには、例えば "The Smiths", "Smiths, The", "the smith" といった名前が別々のアーティストのIDに割り当てられていながら、それらは単に同じアーティストを指しているだけ、といったこともあります。そのためこのデータセットには、アーティストの既知の間違ったスペルや変種の名前に対して割り当てられたIDから、そのアーティストの正しいIDへマッピングするためのartist_alias.txtも含まれています。

3.2 交互最小二乗法によるレコメンデーションのアルゴリズム

この暗黙のフィードバックデータを分析するにあたって、適切なレコメンデーションのアルゴリズムを選択しなければなりません。このデータセットに含まれているのは、ユーザーとアーティストの曲のインタラクションのみです。ユーザーに関する情報や、名前以外のアーティストに関する情報は含まれていないので、ユーザーやアーティストの属性を利用することなく学習できるアルゴリズムが必要になります。通常こうしたアルゴリズムは、協調フィルタリング（https://ja.wikipedia.org/wiki/協調フィルタリング）と呼ばれます。例えば、2人のユーザーが同世代なことから共通の嗜好を持っているかを判断することは、協調フィルタリングの例では**ありません**。2人のユーザーが同じ曲を好きであるかどうかを、**他の曲を共通にたくさん再生しているかどうかで判断することは、協調フィルタリングの例です**。

このデータセットは、数千万の再生カウントが含まれていることから大きく思えますが、別の見方をすれば、疎なデータであることから小さくて貧弱です。平均では、各ユーザーは160万のアーティストの中から171のアーティストの曲を再生しています。ユーザーによっては、1つのアーティストの曲だけしか聞いていないこともあります。レコメンデーションに使うアルゴリズムは、そういったユーザーに対しても妥当なレコメンドが行えるものでなければなりません。突き詰めれば、どのリスナーを取ってみても初めの時点では1回だけしか再生していないのです！

最後に、使用するアルゴリズムは2つの面でスケールできるものでなければなりません。すなわち、大規模なモデルが構築できることと、レコメンデーションを高速に行えることが必要です。通常、レコメンデーションはリアルタイムに近い時間内、すなわち明日ではなく、1秒以内に行えなければなりません。

ここで使うアルゴリズムは、潜在因子（https://ja.wikipedia.org/wiki/因子分析）モデルというアルゴリズムに大別されるものです。このクラスのアルゴリズムは、大量のユーザーと製品との**観測されたインタラクション**を、比較的少数の**観測されない隠れた要因**によって説明しようとするものです。これは、数百万の人々について、世の中にある数千のアルバム群の中から特定のいくつかを購入する理由を、直接は観測されず、データとして与えられることもない、数十種類程度のジャンルとの関係性という観点からユーザーとアルバムを表現することによって説明しようとすることに似ています。

さらに詳しく言うなら、このサンプルでは非負値行列因子分解（https://en.wikipedia.org/wiki/Non-negative_matrix_factorization）モデルの一種を使います。数学的には、これらのア

ルゴリズムはユーザーと製品のデータを巨大な行列 A として扱います。ここで、行 i のユーザーが列 j のアーティストの曲を再生していれば、行 i 列 j の位置のエントリが存在します。A は疎な行列であり、ユーザーとアーティストの取り得るすべての組み合わせの中で、実際にデータ中に現れるものはわずかなので、ほとんどのエントリは 0 になります。非負値行列因子分解モデルでは、2 つの小さな行列 X と Y の行列積として A を因子分解します。X と Y は、A が数多くの行と列を持っていることから、どちらも行数は多いものの、列数はそれほど多くなく (k)、細くなっています。k 個の列は、このインタラクションのデータを説明するのに使われる潜在因子に対応します。

図 3-1 に示す通り、k を小さく取ることから非負値行列因子分解は大まかなものでしかありません。

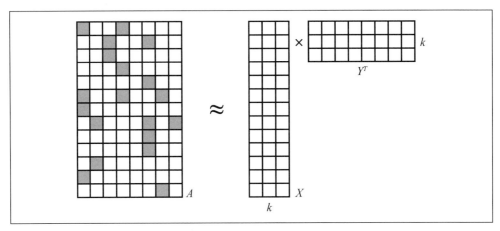

図3-1　非負値行列因子分解

これらのアルゴリズムは、行列補完アルゴリズムと呼ばれることがあります。これは、元々の行列 A は非常に疎であるものの、積の XY^T は密になるためです。0 になるエントリは、もしあったとしても非常に少なくなるので、このモデルは A を大まかにしか表現できません。これがモデルになっているということは、元々の A に欠けている（すなわち 0 になっている）多くのエントリに対する値までも生成（補完）するということなのです。

これはありがたいことに、線形代数が直接的、かつ洗練された形で直感に対応づけられるケースです。2 つの行列には、それぞれ各ユーザーと各アーティストに対する行が含まれます。各行は、わずか k 個の値だけが含まれています。それぞれの値は、このモデル中の潜在的な特徴に対応します。従って、これらの行は、それぞれのユーザーやアーティストが潜在的な特徴で関連づけられる度合いを表現しているのであり、そういった潜在的な特徴は、好みやジャンルといったものに対応しているかも知れません。そしてそれは、単にユーザーと特徴、そして特徴とアーティストの行列の積に過ぎず、ユーザーとアーティストのインタラクションの密な行列の完全な推定を生成します。

問題は、$A = XY^T$ の解が一般にはまったく存在しないことです。これは、完全に A を十分に表現

できるほど X 及び Y が大きくない（技術的に表現すれば、ランク http://bit.ly/1ALoQFK が低すぎる）ためです。ただし実際には、これは良いことです。A は単に、**起こりうる**すべてのインタラクションのごくわずかなサンプルに過ぎません。すなわちここでは、A を十分に説明することが難しいのは、A が、わずか k 個の因子によって十分に説明可能な舞台裏にある真実の、ごく限定的なサンプルにしか過ぎないためだと考えているのです。猫のジグソーパズルを考えてみてください。できあがったパズルは「猫」と簡単に表現できます。しかし、手元にあるのがいくつかにピースだけなのであれば、その様子を表現しようとすれば、それはまったく異なることになるでしょう。

とはいえ、XY^T はできる限り A に近いものにしなければなりません。結局のところ、目指さなければならないのはそれだけなのです。A を正確に再現することはできませんし、するべきでもありません。もう 1 つ問題なのは、最善の X と最善の Y を同時に直接得ることはできないということです。ただしうれしいことに、既知の Y に対する最善の X を求めることや、その逆は簡単です。しかし、最善の X も、最善の Y も、事前にはわからないのです！

ありがたいことに、この堂々巡りの落とし穴から逃れて、まずまずの解を得ることができるアルゴリズムがあります。具体的には、本章の例ではそれらのアルゴリズムの中でも交互最小二乗法（Alternating Least Squares = ALS、http://bit.ly/16ilZZV）を使って X と Y を計算します。この種のアプローチは、Netflix Prize（https://en.wikipedia.org/wiki/Netflix_Prize）が行われていた頃に、"Collaborative Filtering for Implicit Feedback Datasets"（http://dl.acm.org/citation.cfm?id=1511352）や "Large-scale Parallel Collaborative Filtering for the Netflix Prize" といった論文によって一般的になりました。実際のところ、Spark の MLlib の ALS の実装は、これらの論文の両方から着想を得ています。

Y は既知ではありませんが、ランダムに選択された行ベクトルで満たされた行列で初期化することはできます。そうすれば、与えられた A と Y に対する最善の X は、単純な線形代数によって求めることができます。実際のところ、X の各行 i は、Y 及び A の 1 つの行の関数として、独立に計算できます。独立しているということは、並列に処理できるということであり、これは大規模な演算処理に非常に適した性質です。

$$A_i Y (Y^T Y)^{-1} = X_i$$

この式を厳密に満たすことはできないので、目標とするのは $|A_i Y (Y^T Y)^{-1} = X_i|$ を最小にすること、あるいは 2 つの行列の要素間の 2 乗の差の合計を最小にすることです。アルゴリズムの名前の中の最小二乗はここから来ています。実際のところ、これは逆行列の計算では決して解くことはできませんが、QR 分解（https://ja.wikipedia.org/wiki/QR分解）のような方法を使えば、高速かつ直接的に解くことができます。この等式は、行ベクトルの計算方法の理論を述べているだけなのです。

X から Y_j を求める際にも、同じやり方が使えます。そしてまた Y から X を計算し、といったように処理を繰り返していきます。これが交互の部分です。ただし、ちょっとした問題が 1 つだけあります。それは Y はランダムに作られたものだということです！ X の計算は最適に行われますが、それはあくまで Y の偽物の解に対してです。うれしいことに、このプロセスを繰り返せば、そ

のうちにXとYは妥当な解に収束します。

暗黙のデータを表現する行列の因子分解に使われる場合、ALSの因子分解はもう少し複雑になります。ALSの因子分解は入力行列Aを直接分解するのではなく、0と1からなる行列Pを因子分解します。ここで、Aの要素で正の値を持っている要素に対応するPの要素の値は1になり、それ以外の要素は0になります。Aの値は、後ほど重みとして取り入れます。この詳細は、本書の範疇を超えていますが、このアルゴリズムを使用するだけなら理解しておく必要はありません。

最後に、このALSアルゴリズムは、入力データが疎であることも活用します。このことと、シンプルで最適化された線形代数に依存していること、そしてデータ並列な性質から、このアルゴリズムは大規模な環境下で非常に高速に処理できます。このことと、現時点でSpark MLlibに実装されている唯一のレコメンデーションのアルゴリズムであることが、ALSが本章のトピックとなっている大きな理由です！

3.3 データの準備

3つのデータファイルを、すべてHDFSにコピーしてください。本章では、これらのファイル群が /user/ds/ にあるものとします。spark-shellを起動してください。この演算は、非常に大量のメモリを使用することに注意してください。例えば、クラスタではなくローカルで処理をするのであれば、演算処理を完了させるためには、--deriver-memory 6g といった指定をしなければならないでしょう。

モデル構築の最初のステップは、利用できるデータを理解し、Sparkで解析しやすい形式にパースあるいは変換することです。

SparkのMLlibのALS実装には、ちょっとした制限が1つあります。ユーザーとアイテムには数値のIDが必要で、さらにはそれらは非負の32bit整数でなければなりません。これはすなわち、Integer.MAX_VALUEである2147483647よりも大きなIDは使えないということです。今回のデータセットは、この条件を満たしているでしょうか？ SparkContextのtextFileメソッドを使い、SparkからStringのRDDとしてファイルにアクセスしてみましょう。

```
val rawUserArtistData = sc.textFile("hdfs:///user/ds/user_artist_data.txt")
```

デフォルトでは、このRDDにはHDFSのブロックごとに1つのパーティションが含まれます。このファイルはHDFS上で400MBほどになるので、通常のHDFSのブロックサイズの下では、3から6のパーティションに分割されることになるでしょう。普通ならこれは問題になりませんが、ALSのような機械学習のタスクは、シンプルなテキスト処理に比べて計算集約型になる傾向があります。このデータは、もっと細かく、多くのパーティションに分割して処理する方が良いでしょう。そうすることで、Sparkはもっと多くのプロセッサを使って一斉に処理を進められるようになります。このメソッドには、2番目の引数を渡し、パーティション数をもっと多くするように指定できます。例えば、使っているクラスタのコア数に合わせてこの引数を指定することもできるでしょう。

このファイルの各行には、ユーザーID、アーティストID、再生回数が空白区切りで含まれています。ユーザーIDの統計を計算するには、各行を空白で分割し、最初の（インデックスは0です）値を数値としてパースします。stats()メソッドは、最大値や最小値のような統計情報を含むオブジェクトを返します。アーティストIDについても同様です。

```
rawUserArtistData.map(_.split(' ')(0).toDouble).stats()
rawUserArtistData.map(_.split(' ')(1).toDouble).stats()
```

出力された統計からは、最大のユーザー及びアーティストIDが、それぞれ2443548と10794401であることがわかります。これらは2147483647に比べれば十分小さい値なので、これらのIDを使う上ではこれ以上の変換処理は不要です。

数値のIDだけではわかりにくいので、対応するアーティスト名を調べておけば、この後役立つことでしょう。この情報は、artist_data.txtに含まれています。今回のこのファイルには、アーティストのIDと名前がタブ区切りで含まれています。ただし、単純にこのファイルを(Int, String)のタプルに変換しようとすると失敗してしまいます。

```
val rawArtistData = sc.textFile("hdfs:///user/ds/artist_data.txt")
val artistByID = rawArtistData.map { line =>
  val (id, name) = line.span(_ != '\t')
  (id.toInt, name.trim)
}
```

ここでは、span()はタブ以外の文字を取り出すことで、最初のタブで行を区切ります。そして、最初の部分を数値のアーティストIDとしてパースし、残りをアーティスト名（空白、すなわちタブは取り除かれています）として残しておきます。わずかですが、壊れているように見える行もあります。それらの行にはタブがなかったり、間違って改行が入ってしまっています。これらの行はNumberFormatExceptionを引き起こし、理想的には何にも対応づけられないことになるでしょう。

とはいえ、map()関数はすべての入力に対して1つの値だけを返さなければならないので、使うことはできません。パースできない行をfilter()で取り除くこともできますが、これではパースのロジックを繰り返すことになります。各要素が0、1、あるいはそれ以上の結果を返す場合には、flatMap()関数が適しています。これは、flatMap()関数が、入力データから生成される0個以上の結果からなるコレクションを、単純にフラット化して、1つの大きなRDDにしてくれるものだからです。この関数はScalaのコレクションに対して使えるものですが、ScalaのOptionクラスに対しても使うことができます。Optionクラスは、存在しないこともありうる値を表現するものです。これは、値を1つだけ持つか、あるいは持たないかの単純なコレクションのようなものであり、それぞれはOptionクラスのサブクラスであるSomeやNoneに対応します。従って、以下のコード中のflatMap内の関数では、単純に空のListか、1つだけ要素を持つListを返しておくようにすることもできますが、SomeやNoneを使っておけば、さらにシンプルでわかりやすくなるでしょう。

```
val artistByID = rawArtistData.flatMap { line =>
  val (id, name) = line.span(_ != '\t')
  if (name.isEmpty) {
    None
  } else {
    try {
      Some((id.toInt, name.trim))
    } catch {
      case e: NumberFormatException => None
    }
  }
}
```

artist_alias.txt ファイルは、スペルが間違っているアーティストや、標準的ではない表記のアーティストの ID を、そのアーティストの正しい名前の ID に対応づけます。このファイルの各行には、タブで区切られた ID が 2 つ並んでいます。このファイルは比較的小さく、およそ 200,000 個のエントリが含まれています。これは、単なるアーティスト ID のペアの RDD として使うのではなく、間違ったアーティスト ID から、正しい ID への対応を示す Map として収集すると良いでしょう。ここでもやはり、何らかの理由で最初のアーティストの ID が欠けている行がいくつかあり、スキップされます。

```
val rawArtistAlias = sc.textFile("hdfs:///user/ds/artist_alias.txt")
val artistAlias = rawArtistAlias.flatMap { line =>
  val tokens = line.split('\t')
  if (tokens(0).isEmpty) {
    None
  } else {
    Some((tokens(0).toInt, tokens(1).toInt))
  }
}.collectAsMap()
```

例えば最初のインスタンスは、6803336 という ID を 1000010 に対応づけています。これらは、アーティスト名を含む RDD からルックアップできます。

```
artistByID.lookup(6803336).head
artistByID.lookup(1000010).head
```

このユーザーが関心を持っているアーティストもおり、すべてがレコメンデーションできないアーティストというわけではありません。

3.4 最初のモデルの構築

今回のデータセットは、ほとんど Spark の MLlib の ALS 実装で使える形になっていますが、もう 2 つ、小さな変換をかける必要があります。最初に、エイリアスのデータセットに対して、正

しい ID が別に存在するすべてのアーティスト ID を、正しい ID に変換してやります。次に、データを Ratings オブジェクトに変換してやらなければなりません。Rating オブジェクトは、ユーザー - 製品 - 値というデータ用の、MLlib の ALS 実装での抽象化のためのオブジェクトです。名前には反していますが、Rating は暗黙のデータを扱うのにも適しています。注意が必要なのは、MLlib の ALS 実装では API を通じて "products" という言葉が使われていることで、そのためこの例でも "products" という言葉を使いますが、それはアーティストを指しています。下位層のモデルは、製品のレコメンデーションに特化したものではまったくなく、さらには何らかの物を誰かにレコメンドするためのものでもありません。

```
import org.apache.spark.mllib.recommendation._

val bArtistAlias = sc.broadcast(artistAlias)

val trainData = rawUserArtistData.map { line =>
  val Array(userID, artistID, count) = line.split(' ').map(_.toInt)
  val finalArtistID =
    bArtistAlias.value.getOrElse(artistID, artistID) ❶
  Rating(userID, finalArtistID, count)
}.cache()
```

❶ アーティストのエイリアスがあれば取得する。無ければ元々のアーティストを取得する。

先ほど作成した artistAlias マッピングは、ドライバ内のローカルの Map であるにもかかわらず、RDD の map() 関数の中から直接参照できます。これは、artistAlias が自動的にすべてのタスクにコピーされるためです。とはいえこれは小さいデータではなく、およそ 15MB のメモリを消費し、シリアライズされた状態でも数 MB にはなります。1 つの JVM 内でも多くのタスクが実行されるため、このデータのコピーが大量に送信され、保存されるのは無駄なことです。

その代わりに、ここでは artistAlias 用のブロードキャスト変数（**http://bit.ly/1ALqojd**[†]）として bArtistAlias を作成しています。こうすることで、Spark はクラスタ内の**各エグゼキュータごとに 1 つずつ**だけこのデータのコピーを送信し、メモリ中に保持させることになります。タスク数が数千に及び、各エグゼキュータ上でその多くが並列に実行される場合、こうすることで相当のネットワークトラフィックとメモリを節約できます。

[†] 訳注：ブロードキャスト変数の詳しい日本語の説明としては、『初めての Spark』（オライリージャパン）を参照してください。

> ## ブロードキャスト変数
>
> 　ステージを実行する際に、Spark はそのステージ中のタスクを実行するのに必要なすべての情報のバイナリ表現を生成します。これは、実行する関数の**クロージャ**と呼ばれるものです。このクロージャには、その関数中で参照されるドライバのデータ構造がすべて含まれます。Spark は、このクロージャをクラスタ上のすべてのエグゼキュータに配布します。
>
> 　ブロードキャスト変数が役立つのは、多くのタスクが同じ（イミュータブルな）データ構造にアクセスしなければならないような状況においてです。ブロードキャスト変数は、タスクのクロージャの通常の処理を拡張し、以下のことを実現します。
>
> - 各エグゼキュータ上で、そのままの Java のオブジェクト群としてデータをキャッシュし、タスクごとにデシリアライズせずに済むようにする。
>
> - 複数のジョブやステージに渡って、データをキャッシュする。
>
> 　例えば、英単語の大規模な辞書に依存する自然言語処理アプリケーションについて考えてみましょう。この辞書をブロードキャストすれば、各エグゼキュータへのこの辞書の転送を、1 度限りで済ませることができます。
>
> ```
> val dict = ...
> val bDict = sc.broadcast(dict)
> ...
> def query(path: String) = {
>   sc.textFile(path).map(l => score(l, bDict.value))
>   ...
> }
> ```

　cache() が呼ばれると、Spark はその RDD を計算後に一時的に保存し、さらにはクラスタ内のメモリに保持するようになります。ALS アルゴリズムはイテレーティブであり、通常このデータに 10 回以上アクセスすることになるので、これは有益なことなのです。この機能を使わなければ、RDD にアクセスするたびに、元々のデータから RDD を再計算しなければならなくなるかもしれないのです！ 図 3-2 の通り、Spark UI の Storage タブでは、どれだけの RDD がキャッシュされていて、どれだけメモリを使っているかを見ることができます。この RDD は、クラスタ全体でおよそ 900MB を占めています。

Storage Level	Cached Partitions	Fraction Cached	Size in Memory
Memory Deserialized 1x Replicated	120	100%	886.8 MB

図3-2　Spark UIのStorageタブの内容。キャッシュされたRDDのメモリの使用量を示している

最後に、モデルを構築することができます。

val model = ALS.trainImplicit(trainData, 10, 5, 0.01, 1.0)

これで、`MatrixFactorizationModel` として `model` が構築されます。使用するクラスタによりますが、この処理には数分かかることになるでしょう。最終的にいくつかのパラメータあるいは係数だけが含まれるような機械学習のモデルに比べると、この種のモデルは非常に大きくなります。このモデルには、各ユーザーと製品ごとに10種類の値を持つ特徴ベクトルが含まれ、ここではユーザーや製品数は170万以上になるのです。このモデルには、そういったユーザーの特徴行列と製品の特徴行列が、それぞれの RDD として含まれます。

次のようにして見れば、特徴ベクトルをいくつか見てみることができます。特徴ベクトルは、10要素の `Array` であり、配列はそのまま出力しても読みやすい形式にはなっていないことに注意してください。以下のコードは、`mkString()` を使ってベクトルを読みやすい形式に変換しています。`mkString()` は、コレクションの要素を区切り文字を使って結合し、文字列に変換するためにScalaでよく使われるメソッドです。

model.userFeatures.mapValues(_.mkString(", ")).first()

...
(4293,-0.3233030601963864, 0.31964527593541325,
  0.49025505511361034, 0.09000932568001832, 0.4429537767744912,
  0.4186675713407441, 0.8026858843673894, -0.4841300444834003,
  -0.12485901532338621, 0.19795451025931002)

読者のみなさまの実行結果の値は、上の結果とは異なっているかもしれません。最終的にできあがった結果は、ランダムに選択された特徴ベクトルの初期集合によって変わります。

`trainImplicit()` の他の引数は、**ハイパーパラメータ**であり、その値はこのモデルが行うレコメンデーションの質に影響します。このことについては後ほど説明しましょう。それよりも重要な最初に問うべき質問は、このモデルが良いものかどうかということです。このモデルは、優れたレコメンデーションを生成するでしょうか？

3.5 抜き取りによるレコメンデーション

最初に確認すべきなのは、あるユーザーに対するアーティストのレコメンデーションが、そのユーザーの再生状況から見て、直感的に妥当なものになっているかを見てみることです。例として、ユーザー2093760を見てみましょう。このユーザーが再生したアーティストの ID を取り出し、その名前を出力してみましょう。これはすなわち、このユーザーの入力アーティスト ID を検索し、アーティストの集合をそれらの ID でフィルタリングし、その名前を収集して順番に出力するということです。

```
val rawArtistsForUser = rawUserArtistData.map(_.split(' ')).
  filter { case Array(user,_,_) => user.toInt == 2093760 } ❶

val existingProducts =
  rawArtistsForUser.map { case Array(_,artist,_) => artist.toInt }.
  collect().toSet ❷

artistByID.filter { case (id, name) =>
  existingProducts.contains(id)
}.values.collect().foreach(println) ❸

...
David Gray
Blackalicious
Jurassic 5
The Saw Doctors
Xzibit
```

❶ ユーザーが 2093760 である行を探す

❷ 重複を除いたアーティスト群を収集する

❸ それらのアーティストをフィルタリングして取り出し、名前だけを出力する

　このアーティスト群は、メインストリームのポップとヒップポップが入り交じっているように見えます。Jurassic 5 のファン？ これは 2005 年のデータだということを忘れちゃいけません。Saw Doctors が誰なのかわからない読者のために説明しておくと、彼らはアイルランドで人気のある、とてもアイリッシュなロックバンドです。

```
val recommendations = model.recommendProducts(2093760, 5)
recommendations.foreach(println)

...
Rating(2093760,1300642,0.02833118412903932)
Rating(2093760,2814,0.027832682960168387)
Rating(2093760,1037970,0.02726611004625264)
Rating(2093760,1001819,0.02716011293509426)
Rating(2093760,4605,0.027118271894797333)
```

　この結果は、（冗長な）ユーザー ID、アーティスト ID、数値を持つ Rating オブジェクトが含まれています。また、**rating** というフィールドはありますが、そこに含まれているのは推定されたレーティングではありません。この種の ALS アルゴリズムの場合、レーティングは通常 0 から 1 の、意味のわかりにくい値になり、値が大きい方が優れたレコメンデーションになります。これは確率ではありませんが、0 と 1 という値がそれぞれ、ユーザーがそのアーティストと関係するか

しないかを示す推測値と考えることができます。

　レコメンデーションのためのアーティストIDを取り出した後は、同じようにしてアーティストの名前をルックアップできます。

```
val recommendedProductIDs = recommendations.map(_.product).toSet

artistByID.filter { case (id, name) =>
  recommendedProductIDs.contains(id)
}.values.collect().foreach(println)

...
Green Day
Linkin Park
Metallica
My Chemical Romance
System of a Down
```

　結果は、ポップパンクとメタルのミックスになっています。これは一見、すばらしいレコメンデーションの集合には見えません。これらは概して人気のあるアーティストではありますが、このユーザーのリスニングの習慣に対してパーソナライズされているようには見えません。

3.6　レコメンデーションの質の評価

　もちろん、これは1人のユーザーの結果に対する主観的な判定に過ぎません。このレコメンデーションの優劣を計ることは、そのユーザー自身以外には難しいことでしょう。さらには、この結果を評価するために人間が手作業で評点をつけることは、出力のわずかなサンプルに対してであっても、現実的ではないでしょう。

　ユーザーは、魅力のあるアーティストの曲を再生し、魅力のないアーティストの曲は再生しないと推測するのは妥当でしょう。従って、あるユーザーの再生リストは、「良い」アーティストと、「悪い」アーティストのレコメンデーションの全体像の断片の一部であると言えます。これは確率的な推定ですが、他のデータなしに行える推定としてはほぼ最善の推定です。例えば2093760というユーザーが好きなアーティストは、先ほどのリストにあった5組だけよりも多いことでしょう。そして、再生されていない170万の他のアーティストの中には、このユーザーが関心を持っているアーティストもおり、すべてがレコメンデーションできないアーティストというわけではありません。

　レコメンデーションのリスト中の良いアーティストのランクを高くすることができるかどうかで、レコメンデーションエンジンが評価されるとしたらどうでしょうか？　これは、レコメンデーションエンジンのようにランク付けを行うシステムに対して適用される一般的なメトリクスの1つです。問題は、その良いということの定義が、「ユーザーがすでに再生したことのあるアーティスト」であり、このレコメンデーションのシステムが、すでにこの情報のすべてを入力として受け取ってしまっていることです。ユーザーが再生したことのあるアーティストを、レコメンデーショ

ンのトップに持ってきて、スコアを完璧なものにすることは、このシステムにとっては簡単なことになってしまうかもしれません。レコメンデーションエンジンの役割は、とりわけユーザーが再生したことのないアーティストをレコメンドすることなので、これは有益とはいえません。

これを有益なものにするためには、アーティストの再生データの一部を脇によけておき、ALSのモデル構築プロセスから隠しておくという方法があります。そしてこの隠されたデータを、レコメンデーションエンジンには与えられていない、各ユーザーに対する優れたレコメンデーションの集合と見なすのです。レコメンデーションエンジンは、モデル中のすべてのアイテムをランク付けするよう求められ、隠されていたアーティストのランクが調べられます。理想的には、レコメンデーションエンジンはそれらすべてのアーティストをリストのトップ、あるいはその近くに置くことになります。

そして、レコメンデーションエンジンのスコアは、隠されていたすべてのアーティストのランクを残りと比較することによって計算できます(実際には、そういったすべてのペアからサンプリングしたものだけを調べることになります。これは、そういったペアは潜在的に莫大な数になり得るためです)。隠されていたアーティストのランクが高くなっているペアの比率がスコアになります。1.0 なら完璧で、0.0 が取り得る最悪のスコアです。0.5 は、ランダムにアーティストをランク付けした場合に期待される値です。

このメトリックは、受信者操作特性(Receiver Operating Characteristic = ROC)曲線と呼ばれる、情報の取得に関する概念に直接の関係があります。先の段落のメトリックは、ROC 曲線の下の面積に等しく、実際には AUC(Area Under the Curve)と呼ばれています。AUC は、ランダムに選択された良いレコメンデーションのランクが、ランダムに選択された悪いレコメンデーションよりも上に来る確率と見なすことができます。

AUC というメトリックは、分類器の評価にも使うことができます。分類器は、MLlib の `BinaryClassificationMetrics` というクラスに、関連するメソッドと併せて実装されています。レコメンデーションエンジンに関しては、**ユーザーごとの** AUC を計算して、その結果の平均をとります。その結果のメトリックはわずかに異なる値であり、平均 AUC と呼ぶこともできるでしょう。

ランク付けを行うシステムに関係がある、他の評価のメトリクスは、`RankingMetrics` に実装されています。ここに含まれるメトリクスには、適合率、再現率、平均精度の平均(mean average presition = MAP)があります。MAP も使われることの多いメトリックであり、特に上位のレコメンデーションの質に焦点があります。とはいえ、ここではモデルの出力全体の質に関する一般的かつ広範囲な測定値として AUC を使います。

実際のところ、モデルの選択と正確性の評価のためにデータの一部を取っておくのは、あらゆる機械学習において一般的なやり方です。通常の場合、データは3つの部分集合、すなわちトレーニング用、交差検証(cross-validation = CV)用、テスト用のデータセットに分けます。最初の例である今回は、単純化のためにトレーニングと CV という2つのデータセットだけを使います。モデルを選択するにはこれだけで十分でしょう。**4章**では、この考え方を発展させて、テスト用のデータセットも使います。

3.7 AUCの計算

AUCの実装は、本書のソースコード中にあります。これは複雑であり、ここに再録することはしませんが、ソースコード中のコメントで、詳細の一部は説明してあります。この実装は、各ユーザーの「ポジティブ」あるいは「良い」アーティスト群という形のCVの集合と、予測関数を受け取ります。この関数は、それぞれのユーザー‐アーティストのペアを、ユーザー、アーティスト、値を含むRatingという形で予測へ変換します。この値は、大きいほどレコメンデーションにおけるランクが高いことを意味します。

この実装を使用するには、入力データをトレーニングとCVのデータセットに分けなければなりません。ALSのモデルのトレーニングはトレーニング用のデータセットだけを使って行い、CV用のデータセットは、モデルの評価に使うことになります。ここでは、90%のデータをトレーニングに使い、残りの10%を交差検証に使います。

```
import org.apache.spark.rdd._

def areaUnderCurve(
    positiveData: RDD[Rating],
    bAllItemIDs: Broadcast[Array[Int]],
    predictFunction: (RDD[(Int,Int)] => RDD[Rating])) = {
  ...
}

val allData = buildRatings(rawUserArtistData, bArtistAlias)  ❶
val Array(trainData, cvData) = allData.randomSplit(Array(0.9, 0.1))
trainData.cache()
cvData.cache()

val allItemIDs = allData.map(_.product).distinct().collect()  ❷
val bAllItemIDs = sc.broadcast(allItemIDs)

val model = ALS.trainImplicit(trainData, 10, 5, 0.01, 1.0)
val auc = areaUnderCurve(cvData, bAllItemIDs, model.predict)
```

❶ この関数は、本書のソースコード中で定義されている。

❷ 重複を取り除き、ドライバへデータを収集する。

areaUnderCurve()が第3の引数として関数を取ることに注意してください。ここで渡されているのはMatrixFactorizationModelのpredict()メソッドですが、これはすぐに他の関数で置き換えられます。

結果はおよそ0.96になります。これは良い結果でしょうか？ これは確実に、ランダムにレコメンデーションを行った場合に期待される値である0.5よりも大きな値です。取り得る最大値の1.0に近くなっています。概して、0.9以上のAUCは、高い値と考えられます。

この評価は、トレーニングセットの 90% をさまざまに取ってみて、繰り返すことができます。結果として得られる AUC の値の平均は、このデータセットに対するこのアルゴリズムのパフォーマンスの優れた推定値になるかも知れません。実際のところ、一般的なプラクティスの 1 つとしては、データを k 個の同等の大きさのデータセットに分割し、そのうちの k - 1 個のデータセットをまとめてトレーニングに使い、残りのデータセットで評価を行うという方法があります。この方法は、**K- 分割交差検証**（**https://ja.wikipedia.org/wiki/ 交差検証**）と呼ばれます。サンプルを単純に保つために今回は実装されていませんが、この手法をサポートするための機能は、MLlib のヘルパー関数である MLUtils.kFold() に多少用意されています。

　このやり方を、もっとシンプルなアプローチに対してベンチマークしてみると役に立つでしょう。例えば、世界中の全ユーザーによって最も再生されたアーティストのレコメンドを考えてみます。これはパーソナライズされていませんが、シンプルであり、効率的でもあるかも知れません。このシンプルな予想関数を定義し、その AUC スコアを評価してみてください。

```
def predictMostListened(
    sc: SparkContext,
    train: RDD[Rating])(allData: RDD[(Int,Int)]) = {

  val bListenCount = sc.broadcast(
    train.map(r => (r.product, r.rating)).
      reduceByKey(_ + _).collectAsMap()
  )
  allData.map { case (user, product) =>
    Rating(
      user,
      product,
      bListenCount.value.getOrElse(product, 0.0)
    )
  }
}

val auc = areaUnderCurve(
  cvData, bAllItemIDs, predictMostListened(sc, trainData))
```

　これは、Scala の面白い構文のもう 1 つの例でもあり、2 つの引数リストを取る関数が定義されているように見えます。この関数を呼ぶ際に最初の 2 つの引数だけを渡すと、**部分適用された関数**が生成されます。生成された関数に最初の引数（allData）を渡せば、予測が返されます。predictMostListened(sc, trainData) の結果は、**関数**になるのです。

　結果はおよそ 0.93 になります。この結果は、パーソナライズされていないレコメンデーションは、このメトリックから見る限り、すでに十分に効率的なものになっているということを示唆しています。ここまでで構築したモデルが、このシンプルなアプローチを上回っているのは朗報です。これをさらに改善することはできるでしょうか？

3.8 ハイパーパラメータの選択

ここまで、MatrixFactorizationModel を構築する際に使われるハイパーパラメータの値は、特に取り上げることもなく渡していました。ハイパーパラメータの値はアルゴリズムが学習するものではなく、呼び出し側で選択してやらなければなりません。ALS.trainImplicit() の引数を以下に示します。

rank = 10
    モデル中の潜在因子の数。これは、ユーザー - 特徴、及び製品 - 特徴の行列の列数 k に相当します。特徴が自明でない場合には、この k もまたランクになります。

iterations = 5
    因子分解を繰り返す回数。この回数が多くなれば、要する時間は増えるものの、うまく因子分解できる可能性も増えます。

lambda = 0.01
    標準的な過学習パラメータ。この値を高くすれば過学習が生じにくくなりますが、高くしすぎれば因子分解の正確性が損なわれます。

alpha = 1.0
    因子分解における、ユーザー - 製品の観測されたインタラクションと、観測されていないインタラクションの相対的な重みを制御します。

rank、lambda、alpha はモデルの**ハイパーパラメータ**と見なされます（iterations は、むしろ因子分解の際に使われるリソースに対する制約条件です）。これらの値は、MatrixFactorizationModel の中の行列の中にとどまっている、このアルゴリズムによって選択される単なる**パラメータ**ではありません。これらのハイパーパラメータは、MatrixFactorizationModel を構築するプロセスに与えられるパラメータ群なのです。

先ほどのリスト中で使われている値は、必ずしも最適な値とは限りません。いかにして良いハイパーパラメータの値を選択するかは、機械学習における一般的な課題です。値を選択するための最も基本的な方法は、単純に値の組み合わせを試してみて、それぞれの組み合わせに対してメトリックを評価し、最も良い値になった組み合わせを選択するという方法です。

以下の例では、rank = 10 もしくは 50、lambda = 1.0 もしくは 0.0001、alpha = 1.0 もしくは 40.0 として、取り得る 8 種類の組み合わせを試しています。これらの値は推定しただけのものであることには変わりありませんが、広い範囲のパラメータ値をカバーするように選択したものです。結果は、AUC のスコアが上位になるものから出力しています。

```
val evaluations =
  for (rank <- Array(10, 50);
      lambda <- Array(1.0, 0.0001);
```

```
      alpha <- Array(1.0, 40.0))    ❶
    yield {
      val model = ALS.trainImplicit(trainData, rank, 10, lambda, alpha)
      val auc = areaUnderCurve(cvData, bAllItemIDs, model.predict)
      ((rank, lambda, alpha), auc)
    }
evaluations.sortBy(_._2).reverse.foreach(println)    ❷

...
((50,1.0,40.0),0.9776687571356233)
((50,1.0E-4,40.0),0.9767551668703566)
((10,1.0E-4,40.0),0.97619315339712336)
((10,1.0,40.0),0.976154587705189)
((10,1.0,1.0),0.9683921981896727)
((50,1.0,1.0),0.9670901331816745)
((10,1.0E-4,1.0),0.9637196892517722)
((50,1.0E-4,1.0),0.9543377999707536)
```

❶ 3重の for ループ。

❷ 2番目の値（AUC）の降順でソートして出力する。

ここで使われている for の構文は、Scala でネストしたループを書くのに使われる構文です。これは、rank のループの中で lambda のループを回し、さらにその中で alpha のループを回しています。

　面白いことに、パラメータの alpha に関しては、常に 1 より 40 のほうが良いように見えます（好奇心がある方のために書いておくと、40 という値は先ほど触れたオリジナルの ALS の論文の 1 つでデフォルトとして提案されていた値です）。これは、ユーザーが何を聞かなかったのかということよりも、ユーザーが何を聞いたかということに焦点を当てる方がモデルにとって良いということを示していると解釈できます。

　lambda の値を高くするのも、やや改善効果があるように見えます。これは、このモデルが過学習しやすいため、lambda を高めにして各ユーザーからの疎な入力に対して厳密に適合しすぎないようにする必要があることを示唆しています。過学習については、**4 章**でさらに詳しく見ていきます。

　特徴の数は、それほどはっきりとした違いを生み出してはいません。50 という値は、最高のスコアの組み合わせにも、最低のスコアの組み合わせにも顔を出していますが、絶対値で見ればそれほど大きな差は生じていません。これは、実際には適切な特徴数は 50 以上であって、ここでの値はいずれも小さすぎるということを示しているのかも知れません。

　もちろんこのプロセスは、値の範囲を変えたり、もっと多くの値を対象にしたりして繰り返してみることができます。これは、ハイパーパラメータを選択するための力任せの方法です。とはいえ、今では数 TB のメモリや数百の CPU コアを持つクラスタは珍しくなく、並列処理やメモリを

活用して高速な処理を行える Spark のようなフレームワークを使えば、これは十分現実的なやり方になっています。

ハイパーパラメータの意味を理解することは、絶対的に必要というわけではありませんが、これらの値の通常の範囲を知っておけば、パラメータの空間を広げすぎず、狭くしすぎずに探索をし始めるための役に立つでしょう。

3.9 レコメンデーションの実行

さしあたっては、最も良かったハイパーパラメータ群で話を進めることにしましょう。新しいモデルは、ユーザー 2093760 に何をレコメンドするでしょうか？

```
50 Cent
Eminem
Green Day
U2
[unknown]
```

この例には 2 つのヒップポップのアーティストが含まれていて、妥当な感じです。[unknown] は明らかにアーティストではありません。元々のデータセットを調べてみれば、これは 429,447 回現れており、ほとんど上位 100 位に入りそうなところにいます！ これは、アーティストのない音楽が再生されたときにデフォルト値のようなもので、おそらく特定のスクロビングクライアントが渡してきたものでしょう。これは有益な情報ではないので、次にやり直す時には入力から除外しておくべきでしょう。これは、データサイエンスの実践において、各段階で現れるデータについて判明したことによって、しばしば作業を繰り返すことになるという 1 つの例です。

このモデルは、すべてのユーザーに対するレコメンデーションを行うために使うことができます。これは、データのサイズやクラスタの速度によっては、ユーザーに対して毎時間、あるいはもっとも短い間隔で、モデルを再計算し、レコメンデーションを再計算するバッチプロセスでも役に立つことがあります。

ただし現時点では、Spark の MLlib の ALS 実装は、すべてのユーザーに対するレコメンデーションを行うメソッドはサポートしていません[†]。1 度に 1 人のユーザーに対するレコメンドを行うことはできますが、それぞれの処理は数秒程度の短時間実行される分散ジョブとして起動することになります。これは、小規模なユーザーのグループに対して頻繁にレコメンデーションを行う場合には適しています。以下の例では、本章のデータから取った 100 人のユーザーに対してレコメンデーションを行い、出力しています。

```
val someUsers = allData.map(_.user).distinct().take(100)   ❶
val someRecommendations =
  someUsers.map(userID => model.recommendProducts(userID, 5))   ❷
someRecommendations.map(
```

[†] 訳注：Spark のバージョン 1.4 でサポートされました。

```
    recs => recs.head.user + " -> " + recs.map(_.product).mkString(", ")  ❸
).foreach(println)
```

❶ 100人の（ユニークな）ユーザーをドライバにコピーする

❷ この map() はローカルな Scala の処理

❸ mkString で、コレクションを区切り文字を使って結合し、文字列にする

ここでは、レコメンデーションは単純に出力しているだけですが、それらを HBase（http://hbase.apache.org）のような外部ストアに書き出して、実行時に高速にルックアップできるようにすることも簡単にできるでしょう。

面白いことに、このプロセス全体は、**ユーザーをアーティストに**推薦するために使うこともできます。これは例えば、「あるアーティストの新しいアルバムに最も興味を持ちそうな100人のユーザーを知りたい」といった問いに答えるために使えるでしょう。そうするのに必要なのは、入力をパースする際にユーザーとアーティストのフィールドを入れ替えることだけです。

```
rawUserArtistData.map { line =>
    ...
    val userID = tokens(1).toInt  ❶
    val artistID = tokens(0).toInt  ❷
    ...
}
```

❶ アーティストを「ユーザー」として読み取る

❷ ユーザーを「アーティスト」として読み取る

3.10　今後に向けて

もちろん、モデルのパラメータのチューニングや、[unknown] アーティストのような入力の発見と対処にもっと時間を使うこともできます。

例えば、再生回数を少し分析してみれば、ユーザー 2064012 はアーティスト 4468 を、なんと439,771回も再生していることがわかります！ アーティスト 4468 は、驚くほどの成功を収めたオルタナティヴメタルバンドの System of a Down（https://ja.wikipedia.org/wiki/システム・オブ・ア・ダウン）であり、彼らは早い時期からレコメンデーションに現れていたのです。1曲の平均の長さを4分とすれば、これは "Chop Suey!" や "B.Y.O.B" といったヒット曲が33年間に渡って再生されたということです。このバンドは、1998年にレコードを制作し始めたので、これは7年間に渡って4ないし5曲が同時に再生され続けたということになります。これはスパムかデータのエラーのはずであり、実用システムでは対処しなければならないような種類の、実世界におけるデータの問題の例です。

利用可能なレコメンデーションのアルゴリズムは、ALS だけではありません。現時点では、Spark の MLlib でサポートされているレコメンデーションのアルゴリズムは ALS のみです。しかし、MLlib は、暗黙ではないデータのための ALS の変種もサポートしています。使い方は同じですが、モデルを構築するのに使うメソッドが `ALS.train()` であることだけが異なります。これは、データがカウントのようなものではなく、レーティングのようなものである場合に適切です。例えば、データセットがアーティストに対するユーザーの評価を 1 から 5 で表したものであるような場合がそうです。この場合、さまざまなレコメンデーションのメソッドから返される Rating オブジェクトの rating フィールドに格納されているのは、推測されたレーティングです。

今後、Spark の MLlib やその他のライブラリで、他のレコメンデーションのアルゴリズムも利用できるようになるでしょう。

実際に利用する場合、しばしばレコメンデーションエンジンはリアルタイムにレコメンドを行わなければならないことがあります。これは、そういったエンジンが、ユーザーが商品のページをブラウズするのに従って、レコメンドが頻繁に要求されるような e コマースサイトのような場面で使われるためです。すでに述べた通り、レコメンデーションを事前に計算しておき、NoSQL ストアに保存しておくという方法は、レコメンデーションの性能をスケールさせるための妥当な方法です。このアプローチの欠点の 1 つは、近々にレコメンデーションが必要になるかも知れないすべてのユーザーに対し、事前にレコメンデーションを計算しておく必要があることです。これはすなわち、潜在的にはすべてのユーザーが対象になり得るということです。例えば、1 日にサイトをアクセスするのが 100 万人のユーザーのうちの 10,000 人だけだった場合、100 万人すべてのユーザーのレコメンデーションを毎日事前に計算しておくということは、その 99% の処理が無駄になるということです。

必要になった時点でレコメンデーションを計算できればそれに越したことはありません。1 人のユーザーに対するレコメンデーションは MatrixFactorizationModel で計算できますが、MatrixFactorizationModel は非常に大きく、実際には分散データセットなので、この処理はどうしても数秒を要する分散処理になってしまいます。他のモデルの場合にはこれは当てはまらず、もっと高速なスコアリングが可能です。Oryx 2 (**https://github.com/OryxProject/oryx**) のようなプロジェクトは、MLlib のようなライブラリを使い、効率的にメモリ内のモデルデータにアクセスすることによって、リアルタイムのオンデマンドレコメンデーションを実装しようとしています。

4章
決定木を使った森林被覆の予測

Sean Owen

予測は難しいものだ。特にそれが、未来に関することであるなら。
——Niels Bohr

19世紀末にイギリスの科学者であるFrancis Galton卿は、エンドウ豆や人間などに関する測定で多忙でした。彼は、大きなエンドウ豆（そして人）は、その子孫も平均より大きいことを発見したのです。これは驚くようなことではありません。しかし、その子孫は、平均すれば親よりも小さかったのです。人の場合、210cmの身長を持つバスケットボール選手の子供の身長は、人類の平均よりも高くなることが多いものの、それでも210cmよりは低くなることが多いのです。

彼の研究のほとんど副産物ですが、Galtonは子供と親のサイズをプロットしてみて、大まかにはこの両者が比例していることに気がつきました。大きな親豆からは大きな子豆ができますが、親よりはわずかに小さくなります。小さな親の子供は小さくなりますが、概して親よりは少し大きいのです。従って、この直線の傾きは正にはなりますが、1よりは小さくなります。Galtonは、私たちが今日呼んでいるのと同じく、この現象を平均回帰と呼びました。

当時の認識は異なっていたかも知れませんが、筆者としては、この直線は予測モデルの初期の例だと思われます。この直線は2つの値を関連づけ、一方の値が、もう一方の値について多くを示唆するということを示しています。この関係性を用いれば、子孫が親と同じようになる、あるいは他のエンドウ豆と同じようになるというような単純な推測に比べて、新しいエンドウ豆の大きさから、その子孫の大きさをもっと正確に推測できるかも知れません。

4.1　回帰の解説を駆け足で

その後1世紀に渡って続いた統計学や、現代的な機械学習やデータサイエンスが出現して以来、ある値を他の値から推測するという概念について、私たちはそれを回帰（**https://ja.wikipedia.org/wiki/回帰分析**）と呼んで今でも議論しています。とはいえこれは、平均値へ戻っていくことや、後方に向かって移動することとは関係ありません。回帰の手法は、分類（**https://ja.wikipedia.org/wiki/統計分類**）の手法とも関係があります。概して、**回帰**は大きさや収入や気温といった数値を予測することを指し、**分類**は「スパム」や「猫の絵」といったラベルやカテゴリを予測することを指します。

回帰と分類をつなぐ共通の意図は、どちらも与えられた1つ（以上）の値に基づき、もう1つ

（以上）の値を予測するということです。そのために、どちらの手法でも学習のための入出力の実体が必要になります。これらの手法には、質問と既知の回答を与える必要があるのです。そのため、これらの手法は教師あり学習（https://ja.wikipedia.org/wiki/教師あり学習）という種類に属します。

分類と回帰は、予測分析の中でも最も古く、最も研究されたものです。分析のパッケージやライブラリで使うことになるほとんどのアルゴリズムは、サポートベクタマシン、ロジスティック回帰、ナイーブベイズ、ニューラルネットワーク、深層学習といった分類や回帰の手法です。3章のトピックであるレコメンデーションエンジンは、比較的直感的に紹介できますが、比較的最近出てきたものであり、機械学習の中の別個のトピックです。

本章では、分類と回帰のどちらでも広く使われており、柔軟な種類のアルゴリズムである決定木（https://ja.wikipedia.org/wiki/決定木）と、その拡張版であるランダムフォレスト（https://ja.wikipedia.org/wiki/Random_forest）に焦点を当てます。これらのアルゴリズムが素晴らしいのは、Bohr氏にちなんで言うなら、それらが未来予測を支援しうる、あるいは少なくとも、ユーザーのオンラインの振る舞いに基づく車の購入確率や、内容の単語に基づくスパムメールの判別、作物が最も良く育つ場所の位置及び土壌の化学成分に基づく判定といったような、はっきりとはわからないことの予測に役立つものだということです。

4.2 ベクトルと特徴

本章で取り上げるデータセットとアルゴリズムの選択について説明し、回帰と分類の動作について説明しはじめるには、まず回帰や分類の入出力を記述する用語を簡単に定義しておく必要があります。

今日の天気を元に、明日の最高気温を予測することを考えてみましょう。この考えには何も問題はありませんが、今日の天気というのは漠然とした概念であり、学習アルゴリズムに渡すためには、構造化することが必要です。

明日の気温の予測に役立ちうるのは、実際には以下のような、今日の天気の特定の**特徴**群です。

- 今日の最高気温
- 今日の最低気温
- 今日の平均湿度
- 今日は曇っていたか、雨が降っていたか、それとも晴れていたか
- 明日の寒波を予想している気象予報士の人数

こういった特徴は、**次元**、**予測変数**、あるいは単に**変数**と呼ばれることがあります。これらの特徴は、それぞれ数値化できます。例えば、最大及び最低気温は、摂氏で計ることができ、湿度は0から1の間の小数で計ることができ、天気の種類はcloudy、rainy、clearというラ

ベルにすることができます。気象予報士の数は、もちろん整数値です。従って今日の天気は、`13.1,19.0,0.73,cloudy,1` というような値のリストに落とし込むことができるでしょう。

この5つの特徴を順にまとめたものは、**特徴ベクトル**と呼ばれ、任意の日の天候を記述できます。この言葉の使い方は、線形代数における**ベクトル**という言葉の使い方に似ていますが、この場合のベクトルは、概念として数値以外の値を含みうるという点や、さらには値がない場合もあり得るという点で異なりがあります。

これらの特徴を構成するデータには、異なる型が混在しています。最初の2つの特徴は摂氏で計測されますが、3番目の特徴は、単位のない比率です。4番目はそもそも数値ではなく、5番目は、必ず0もしくは正の値を取る整数です。

本書の議論では、特徴を大きく2つのグループ、すなわち**質的**特徴と、**量的**特徴にだけ分けることにします。ここで、量的特徴とは数値によって計られるもので、順序づけにも意味が生じます。例えば、今日の最高気温が23℃であり、それは昨日の最高気温である22℃よりも高い、ということには意味があります。天候の種類を除けば、これまでに取り上げてきたすべての特徴は数値です。clear のような語は数値ではなく、順序づけは意味を持ちません。cloudy は clear よりも大きい、と言っても意味はないのです。これは質的特徴であり、いくつかの離散値の中の1つを値として取ります。

4.3 トレーニングの例

学習アルゴリズムが予測を行うためには、データでトレーニングを行う必要があります。そのためには、過去のデータから、大量の入力と、正しいことがわかっている出力とが必要になります。例えばここで取り上げる問題では、学習アルゴリズムに対し、ある日の天気の気温が摂氏12℃から16℃、湿度が16%、晴れ、寒波の予想なしであり、その翌日は最高気温が17.2℃だというような情報が与えられます。これらの**サンプル**が十分にあれば、学習アルゴリズムは次の日の最高気温をある程度の正確性を持って予測できるよう、学習できるかも知れません。

特徴ベクトルは、学習アルゴリズムへの入力を記述する（ここでは `12.5,15.5,0.10,clear,0`）ための組織だった方法を提供します。**ターゲット**とも呼ばれる予測の出力もまた特徴と考えることができますが、これはここでは数値の `17.2` という特徴になります。

ターゲットを、特徴ベクトルの中にもう1つの特徴として単純に取り込んでしまうことは、珍しくありません。このトレーニングのサンプルは、全体として `12.5,15.5,0.10,clear, 0,17.2.` と考えることができるでしょう。これらのサンプルすべてからなるコレクションは、**トレーニングセット**と呼ばれます。

回帰の問題は、ターゲットが量的特徴になっている問題であり、分類の問題は、ターゲットが質的特徴になっている問題だということに過ぎないことに注意してください。回帰や分類のすべてのアルゴリズムが質的特徴や質的なターゲットを扱えるわけではないことに注意してください。中には、量的特徴しか扱えないものも存在します。

4.4 決定木とランダムフォレスト

決定木と呼ばれるアルゴリズムのグループは、質的特徴も、量的特徴も自然に扱えることが知られています。決定木は、並列に構築することも容易です。決定木はデータ中の外れ値に対しても強く、極端なデータポイントや、おそらくは間違いを含むデータポイントがあっても、予測にはまったく影響しないかもしれません。決定木は、さまざまな型や範囲のデータを、前処理や正規化を行うことなく利用できます。この前処理や正規化の問題については、**5章**で改めて取り上げます。

決定木を一般化したものが、より強力なアルゴリズムである**ランダムフォレスト**です。これらのアルゴリズムは非常に柔軟であり、本章で検証してみる価値が十分にあります。本章では、SparkのMLlibのDecisionTreeやRandomForestをデータセットに対して適用してみます。

加えて、決定木に基づくアルゴリズムには、直感的に理解しやすく、理由づけがしやすいという利点もあります。実際のところ、私たちは日々の暮らしの中で、決定木に組み込まれているのと同じ理由づけを、暗黙のうちに使っています。例えば、私は毎朝コーヒーにミルクを入れて飲みます。そのミルクを選んでコーヒーを注ぐ前には、予想をしておきたいところです。すなわち、そのミルクは傷んでないでしょうか？ はっきりとはわかりません。賞味期限が過ぎていないか確認して、もし過ぎていないなら、答はnoです。そのミルクは傷んでいません。3日以上が過ぎているなら予想はyes、傷んでいるでしょう。どちらでもなければ匂いを嗅いでみて、おかしな匂いがしたならyes、そうでなければnoです。

決定木が実現するのは、決定木が実際に行う予測に至るこういった一連のyes/noの判断です。**図4-1**に示す通り、それぞれの判断は2つの結果からどちらかを選ぶことであり、それによって予測か、あるいは別の判断へと進むことになります。ここからは、このプロセスを複数の判断から構成される木として考えることが自然にできます。木の中のそれぞれのノードは判断であり、末端の各ノードは最終的な答です。

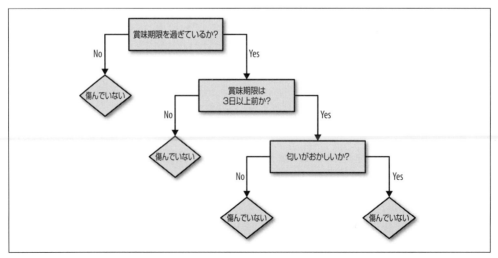

図4-1 決定木：ミルクは傷んでいるか？

これらのルールの適用は、独身時代に何年もかかって直感的に学んだことです。これらのルールは、シンプルであり、ミルクが傷んでいるケースと傷んでないケースを区別するのに役立つように思われます。こうした性質は、優れた決定木の性質でもあります。

これは単純化しすぎた決定木であり、厳密に構築されたものではまったくありません。精密にするために、別の例を考えてみましょう。ロボットが、風変わりなペットショップで仕事をするとします。このロボットは、開店前にショップ内の動物のうち、どれが子供に適したペットになるかを学習したいものとします。ショップのオーナーは、慌てずに9匹のペットのリストを作りました。これらのペットには、子供に向いているものも向いていないものもあるかも知れません。ロボットは、それらの動物について調べた後、**表 4-1** のように情報をまとめました。

表4-1 風変わりなペットショップ「特徴ベクトル」

名前	体重（kg）	足の数	色	子供向きか？
Fido	20.5	4	茶色	Yes
Mr. Slither	3.1	0	緑色	No
Nemo	0.2	0	褐色	Yes
Dumbo	1390.8	4	灰色	No
Kitty	12.1	4	灰色	Yes
Jim	150.9	2	褐色	No
Millie	0.1	100	茶色	No
McPigeon	1.0	2	灰色	No
Spot	10.0	4	茶色	Yes

ここには名前を挙げてありますが、名前は特徴には含まれていません。名前だけで予測に影響すると信じる理由はほとんどありません。ロボットが知っているのは "Felix" は猫の名前のこともあれば、毒蜘蛛の名前のこともあるということだけです。従って、特徴に含まれるのは2つの数値（体重と足の数）と、1つの分類（色）であり、予測するのは質的なターゲット（子供向きのペットかどうか）です。

ロボットは、まず最初に体重に基づく1つの判断だけを含む、**図 4-2** のようなシンプルな決定木をトレーニングデータに適合させようとするかも知れません。

この決定後のロジックは簡単に読み取ることができ、ある程度納得がいくものです。500kg以上の動物は、確かにペットとしては適当ではなさそうです。このルールは、9つのケースのうち、5つでは正しい値を予測します。ざっと眺めてみれば、体重の閾値を100kgに下げてやることでこのルールを改善できそうです。そうすれば、9つのうち6つの例が正しくなります。重い動物については、正しく予想されるようになりました。軽い動物については、部分的にしか正しくありません。

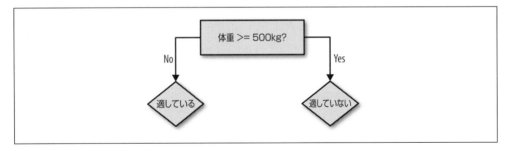

図4-2　ロボットの最初の決定木

　そこで、2つめの判断を取り入れることで、100kg以下の体重の例での予測をさらに改善することができます。間違っているYesの予測のいくつかをNoにするような特徴を選択するのが良いでしょう。例えば、どうも蛇のように思われる小さな緑色の動物がいます。図4-3のように、色で判断すればロボットがこれを正しく予測できるかも知れません。

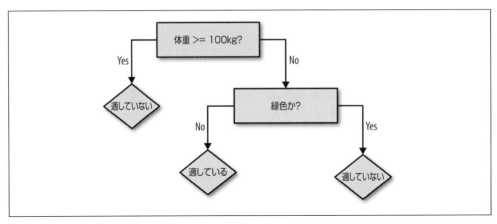

図4-3　ロボットの新たな決定木

　これで、9つのうちの7つまでが正しくなります。もちろん、判断のルールは、9つすべてに対して正しい予想ができるようになるまで追加していくこともできます。できあがった決定木に埋め込まれたロジックは、一般的な言葉に翻訳すれば、信じにくいような感じになるでしょう。「その動物の体重が100kg未満で、色が緑ではなく茶色であり、足が10本以下なら、それはペットとして適しています」。与えられたサンプルに完璧に適合してはいても、こうした決定木では、小さく、茶色で、4本足のアナグマがペットには適していないことを予想するのには失敗します。**過学習**として知られるこうした現象を避けるためには、何らかのバランスが必要になります。
　ここまで紹介すれば、決定木をSparkで扱うためには十分です。本章ではこの後、選択のルールの選び方と、それをやめるタイミングを知る方法、そしてフォレストを生成することで正確性を高める方法を調べていきます。

4.5　Covtypeデータセット

本章で使用するデータセットは、有名な Covtype データセットです。これは、圧縮された CSV フォーマットのデータファイルである Covtype.data.gz と、その情報を含むファイルである covtype.info が、http://bit.ly/1KiJRfg から入手できます。

このデータセットには、アメリカのコロラド州の森林に覆われている区域の種別が記録されています。このデータが実世界の森林に関するデータセットなのは、単なる偶然です！　それぞれのサンプルには、高度、斜度、海岸線からの距離、日陰、土壌の種類とともに、土地を覆っている森林の既知の種別といった、各区域のいくつかの特徴が含まれています。林相は、合計で 54 あるその他の特徴から予測できることでしょう。

このデータセットは研究で使われてきたものであり、Kaggle コンペティション（https://www.kaggle.com/c/forest-cover-type-prediction）においても使われてきました。このデータセットには、質的特徴と量的特徴がどちらも含まれているので、本章で調べてみると面白いでしょう。このデータセットに含まれているサンプルは 581,012 レコードで、これはビッグデータと言うには不足ですが、サンプルとして扱える程度の大きさであると共に、スケーラビリティに関するいくつかの問題に焦点を当てることができるだけの大きさでもあります。

4.6　データの準備

ありがたいことに、このデータはすでにシンプルな CSV フォーマットになっているので、クレンジングやその他の準備を行わなくても、そのまま Spark の MLlib で扱うことができます。後ほどこのデータの変換についても調べていくことにしますが、手始めとしては、このデータをそのまま使っていくことができます。

covtype.data ファイルは、展開してから HDFS にコピーしてください。本章では、このファイルが /user/ds/ に置かれているものとします。spark-shell を起動してください。

Spark の MLlib における特徴ベクトルの抽象化は、LabeledPoint です。これには、Spark の MLlib の Vector で表現された特徴と、**ラベル**と呼ばれるターゲットの値が含まれています。ターゲットは Double 型の値であり、Vector は、基本的には多くの Double 型の上に成り立つ抽象化です。これはすなわち、LabeledPoint が量的特徴のみを扱うものだということを示しています。とはいえ、適切なエンコーディングをすることで、LabeledPoint で質的特徴を扱うこともできます。

そうしたエンコーディングの 1 つが、one-hot（https://ja.wikipedia.org/wiki/One-hot）あるいは 1-of-n と呼ばれるエンコーディングです。このエンコーディングでは、N 個の異なる値を取る質的特徴が、0 もしくは 1 という値を取る N 個の量的特徴になります。ここで、1 という値を持つのは N 個の値のうち 1 つだけであり、他の値は 0 になります。例えば、cloudy、rainy、clear のいずれかの値を取る質的特徴である天候は、3 つの量的特徴になり、cloudy は 1,0,0、rainy は 0,1,0 と言ったように表されます。これらの 3 つの量的特徴は、is_cloudy、is_rainy、is_clear という特徴ととらえることができるでしょう。

もう 1 つのエンコーディングとしては、質的特徴が取り得るそれぞれの値に対して、シンプルに異なる数値を割り当てるという方法があります。例えば、cloudy は 1.0、rainy は 2.0 といった

具合です。

質的特徴を単一の量的特徴としてエンコードする際には注意が必要です。元々の質的な値には順序がありませんが、数値型としてエンコードされてしまうと、順序があるように見えてしまいます。エンコードされた特徴を数値型として扱うと、実質的に rainy が cloudy よりも多少大きい、あるいは 2 倍の大きさであるといったようにアルゴリズムが振る舞ってしまうために、意味の無い結果が生じてしまうことがあります。エンコーディングされた量的な値が、数値として使われなければ問題はありません。

すべての列には数値が含まれていますが、内容的には、Covtype データセットに含まれているのは量的特徴だけではありません。convtype.info ファイルを見れば、4 つの列が実際には、Wilderness_type という 4 つの値を取る 1 つの質的な列を one-hot エンコーディングしたものであることがわかります。同様に、実際には Soil_Type という 1 つの質的特徴が、40 の列で構成されています。ターゲットそのものは、1 から 7 の値としてエンコードされる質的な値です。残りの特徴は、メートル、度、定性的なインデックス値といった、さまざまな単位の量的特徴です。

これで、質的特徴のエンコーディングの種類をどちらも見たことになります。こういった特徴は、むしろエンコードせず（しかも 2 種類の方法まで使うようなことはせず）、"Rawah Wilderness Area" というような値を直接含める方がシンプルで単純明快だったかも知れません。これは、歴史的な経緯によるものかも知れないのです。このデータセットは 1998 年に公開されています。パフォーマンス上の理由、あるいはどちらかと言えば回帰の問題のために構築されていた当時のライブラリ群が求めるフォーマットに合わせるために、こうした方法でエンコードされたデータを含むデータセットが多かったのです。

4.7　最初の決定木

まずは、データをそのまま使ってみましょう。DecisionTree の実装では、Spark の MLlib のいくつかの実装と同じく、入力データが LabeledPoint オブジェクトになっていなければなりません。

```
import org.apache.spark.mllib.linalg._
import org.apache.spark.mllib.regression._

val rawData = sc.textFile("hdfs:///user/ds/covtype.data")

val data = rawData.map { line =>
  val values = line.split(',').map(_.toDouble)
  val featureVector = Vectors.dense(values.init)   ❶
  val label = values.last - 1                      ❷
  LabeledPoint(label, featureVector)
}
```

❶ init は、最後の値以外のすべての値を返す。最後の列はターゲット。

❷ DecisionTree は、0 から始まるラベルを必要とするので 1 を引く。

3章では、利用可能なすべてのデータをそのまま使ってレコメンデーションのモデルを構築しました。こうすることで生成されたレコメンデーションエンジンは、音楽に多少の知識を持っている人物であれば、感覚的にチェックできるかも知れません。すなわち、ユーザーの視聴の習慣とレコメンデーションを見て、エンジンが良い結果を生成しているかをある程度判断できたのです。今回は、その方法は不可能です。私たちは、54 の特徴からなるコロラドの新たな区域の記述内容を埋め合わせる方法も、そういった区域をどういった森林が覆っていると考えられるのかも、まったく知りません。

その代わりに、生成されたモデルを評価するために、多少のデータを取っておくようにしなければなりません。以前には、取っておいた視聴データと、レコメンデーションからの予測との一致を評価するために、AUC メトリックを使いました。ここでも原理は同じですが、評価のメトリックは以前と異なり、**適合率**を使います。今回は、データをトレーニング、交差検証（CV）、テストという完全な 3 つの部分集合に分けます。見て取れる通り、データの 80% をトレーニングに、10% ずつを交差検証とテストに使います。

```
val Array(trainData, cvData, testData) =
  data.randomSplit(Array(0.8, 0.1, 0.1))
trainData.cache()
cvData.cache()
testData.cache()
```

ALS の実装と同じく、DecisionTree の実装にもいくつかのハイパーパラメータがあり、その値を選択してやらなければなりません。そのため、前章と同じく、トレーニング及び CV 用のデータセットを使って、このデータセットに適したハイパーパラメータの設定を選択します。ここでは、第 3 のデータセットであるテストセットを使って、それらのハイパーパラメータを使って構築されたモデルの予想される正確性を、バイアスなしに評価します。交差検証用のデータセットだけを使ってモデルの正確性を検証すると、バイアスがかかってやや良すぎる評価になりがちです。本章では、テストセットでの最終のモデルの評価という、追加のステップを行います。

しかしまずは、いくつかのデフォルト値の下でトレーニングセットで DecisionTreeModel の構築をしてみて、できあがったモデルに関するメトリクスを、CV セットを使って計算してみましょう。

```
import org.apache.spark.mllib.evaluation._
import org.apache.spark.mllib.tree._
import org.apache.spark.mllib.tree.model._
import org.apache.spark.rdd._

def getMetrics(model: DecisionTreeModel, data: RDD[LabeledPoint]):
```

```
    MulticlassMetrics = {
  val predictionsAndLabels = data.map(example =>
    (model.predict(example.features), example.label)
  )
  new MulticlassMetrics(predictionsAndLabels)
}

val model = DecisionTree.trainClassifier(
  trainData, 7, Map[Int,Int](), "gini", 4, 100)

val metrics = getMetrics(model, cvData)
```

ここでは、`trainRegressor`ではなく`trainClassifier`を使っているので、各`LabeledPoint`内のターゲットの値は、量的特徴値ではなく、離散型の分類の番号として扱うべきだということがわかります（`trainRegressor`は回帰の問題に対して`trainClassifier`と同じように動作するので、本章では特に個別に言及はしません）。

この時点で、ターゲットとして現れる値の数は指定しなければなりません。ここでは7がその値です。`Map`には、質的特徴についての情報が格納されます。これについては、"gini"や最大の深さの4、最大のbin数の100と共に、後ほど議論します。

`MulticlassMetrics`は、分類器の予測の質をさまざまな方法で計測する、標準的なメトリクスを計算します。ここでは、それらはCVセットに対して計算します。理想的には、この分類器はCVセット中の各サンプルに対して、正しいターゲットの分類を予測できるはずです。ここで利用できるメトリクスは、この種の正確性をさまざまな方法で計測するものです。

`MulticlassMetrics`と合わせて使われるクラスの`BinaryClassificationMetrics`には、質的なターゲットで一般的な、値が2つだけの場合のための、同様の評価メトリクスの実装が含まれています。ここではターゲットがたくさんの値を取るため、このクラスを直接使うことはできません。

最初に、**混同行列**（confusion matrix）を見ておくと良いでしょう。

```
metrics.confusionMatrix

...
14019.0  6630.0   15.0    0.0    0.0   1.0   391.0
 5413.0 22399.0  438.0   16.0    0.0   3.0    50.0
    0.0   457.0 2999.0   73.0    0.0  12.0     0.0
    0.0     1.0  163.0  117.0    0.0   0.0     0.0
    0.0   872.0   40.0    0.0    0.0   0.0     0.0
    0.0   500.0 1138.0   36.0    0.0  48.0     0.0
 1091.0    41.0    0.0    0.0    0.0   0.0   891.0
```

読者が実行してみたときの値は、上記とはやや異なっているはずです。決定木を構築するプロセスには、ランダムな選択が多少含まれるため、分類がやや異なったものになり得ます。

ターゲットの分類値は7つあるので、これは7−×−7の行列になります。各行には実際の正しい値が、各列には予測された値が順に並びます。i 行目の j 列にあるエントリは、正しい分類が i になっているサンプルが j に分類された回数です。従って、正しい予測は対角線上に並び、それ以外はすべて正しくない予測ということになります。対角線上のカウント数が大きくなっているので、これは良いことです。しかし、間違った分類の数もそれなりにあって、例えば分類5はまったく予測されていません。

精度を1つの数字にまとめられれば便利です。出発点は、明らかに正しく予測されたサンプル数の比率を計算することでしょう。

```
metrics.precision

...
0.7030630195577938
```

サンプルの70%は正しく分類されています。これは一般に**精度（accuracy）**と呼ばれるもので、Spark の MulticlassMetrics では**適合率**と呼ばれています。これは、用語のちょっとした多重定義といったところです。

実際には、適合率が一般的なメトリックとして使われるのは、**二値分類**の問題です。分類の値が2つしかない二値分類の問題では、positive と negative のようなクラスがあり、分類器が positive としたサンプルで、実際に positive なものの比率を適合率とします。このメトリックは、しばしば**再現率**というメトリックと共に使われます。再現率は、分類器が positive としたサンプルの、サンプル全体の中で実際に positive なものに対する比率です。

例えば、50個のサンプルがあるデータセットで、実際に positive となるサンプルが20あるとしましょう。分類器は、50個のうち10個のサンプルを positive として、そのうちの4個が本当に positive だった（すなわち正しく分類された）とします。この場合、適合率は 4/10 = 0.4 であり、再現率は 4/20 = 0.2 です。

これらの概念は、それぞれの分類を独立に positive クラスとして見ることによって、この複数クラスの問題に適用できます。例えば、以下のようにすれば適合率と再現率をそれぞれの分類とそれ以外との対比で計算できます。

```
(0 until 7).map( ❶
  cat => (metrics.precision(cat), metrics.recall(cat))
).foreach(println)

...
(0.6805931840866961,0.6809492105763744)
(0.7297560975609756,0.7892237892589596)
(0.6376224968044312,0.8473952434881087)
(0.5384615384615384,0.3917910447761194)
(0.0,0.0)
```

```
(0.7083333333333334,0.0293778801843318)
(0.6956168831168831,0.42828585707146427)
```

❶ DecisionTreeModel の分類番号は 0 から始まる

　ここからは、各クラスの精度がそれぞれに異なっていることがわかります。ここでの目的からは、ある分類の精度が他の精度よりも重要だと考える理由はないので、全体を単一の予測精度の計測値として見れば、このサンプルでの複数クラスの適合率は優れているということになります。
　70% の精度はまずまずに思えますが、これがきわめて優れた値なのか、物足りない値なのかは即断できません。単純すぎるアプローチが、うまくベースラインを確立できるようなことがあるでしょうか？ 壊れている時計でさえ 1 日に 2 回正しい時刻を示すように、各サンプルに対してランダムに推測した分類もまた、正しい回答を生成することがあります。
　トレーニングセットの分布に比例してランダムにクラスを選択するようにすれば、そういった分類器を構築することができます。それぞれの分類は、CV セット中の比率に従って正しくなるはずです。例えば、トレーニングセット中で 20%、CV セット中で 10% を占めるクラスは、10% 中の 20%、すなわち全体の精度に対して 2% 寄与するでしょう。この 10% のうち 20% は、正しく分類されるものと推測されます。この精度は、これらの確率の積を合計することで評価できます。

```
import org.apache.spark.rdd._

def classProbabilities(data: RDD[LabeledPoint]): Array[Double] = {
  val countsByCategory = data.map(_.label).countByValue() ❶
  val counts = countsByCategory.toArray.sortBy(_._1).map(_._2) ❷
  counts.map(_.toDouble / counts.sum)
}

val trainPriorProbabilities = classProbabilities(trainData)
val cvPriorProbabilities = classProbabilities(cvData)
trainPriorProbabilities.zip(cvPriorProbabilities).map { ❸
  case (trainProb, cvProb) => trainProb * cvProb
}.sum

...
0.37737764750734776
```

❶ データ中の (category,count) のカウント

❷ 分類ごとのカウントをソートして、カウント数を取り出す

❸ トレーニングセットと CV セットでの確率をペアにして、積を合計する

　ランダムな推定で、37% の精度が得られるので、結局のところ 70% は良い結果のように思われ

ます。しかし、この結果は`DecsionTree.trainClassifier()`にデフォルトの引数を渡して得られたものです。これらの引数、すなわちハイパーパラメータが決定木の構築プロセスで果たす役割を調べれば、さらに良い結果を得ることができます。

4.8 決定木のハイパーパラメータ群

3章では、ALSのアルゴリズムにはいくつかのハイパーパラメータがあり、さまざまな値の組み合わせの下でモデルを構築し、いくつかのメトリクスを用いてそれぞれの結果の質を評価することによって、その値を選択しなければなりませんでした。このプロセスは今回も同じですが、メトリクスはAUCではなく、マルチクラスの精度であり、木の判断を制御するハイパーパラメータは、最大の深さ、最大のbin数、そして不純度です。

最大の深さは、単に決定木のレベル数を制限するものです。これは、サンプルを分類する際に分類器が行う、連続する判断の最大数です。この値を制限することは、先ほどのペットショップの例で示したような、トレーニングデータに対する過学習を避けるための役に立ちます。

決定木のアルゴリズムは、各レベルで試行する潜在的な判断ルールを見つけなければなりません。これは、ペットショップの例で言えば、`weight >= 100`あるいは`weight >= 500`といった判断です。判断は、常に同じ形式になります。量的特徴の場合の判断は、`feature >= value`という形式になり、質的特徴は、`feature in (value1, value2, ...)`といった形式になります。従って、試行する判断のルール群は、実際にはそれらの判断のルールにはめ込む値の集合なのです。これらは、SparkのMLlibの実装では、"bin"と呼ばれます。大量のbinがあれば、それだけの処理時間が必要になりますが、より適合度の高い決定木を見つけられる可能性が高まります。

決定木を優れたものにするのは何でしょうか？ 直感的には、優れたルールはターゲットの分類値によって、意味のあるサンプルの識別をするものです。例えば、Covtypeデータセットを分割し、一方には分類1-3のサンプルだけが含まれ、もう一方には分類4-7のサンプルだけが含まれるようにするルールは、ある分類を他の分類からきれいに切り分けてくれることから、優れていると言えるでしょう。データセット全体の中のすべての分類が、同じような比率で結果にも表れてしまうようなルールは、役に立つとは言えません。そういった判断のどちらの枝を見ても、取り得るターゲットの値は同じように分散しているので、しっかりした分類を行う上で、進歩があったとは言えないのです。

言い換えれば、優れたルールとは、トレーニングデータのターゲットの値を、比較的均質、すなわち純粋な部分集合に分割してくれるようなルールです。最高のルールを選択するということは、そのルールから生成される2つの部分集合の不純度を最小限にするということです。不純度を測るには、ジニ不純度（https://en.wikipedia.org/wiki/Decision_tree_learning#Gini_impurity）とエントロピー（https://ja.wikipedia.org/wiki/エントロピー）という、2つの計測値が用いられます。

ジニ不純度は、ランダムに推測を行う分類器の精度に直接的に関係します。部分集合内においては、ジニ不純度が表すのは、ランダムに選択されたサンプルのランダムに選択された分類（どちらも部分集合中のクラスの分散の度合いに依存します）が、**正しくない**確率です。これは、クラスの

比率の2乗の合計を、1から引いたものです。部分集合がN種類のクラスを持ち、p_iをクラスiのサンプルの比率だとすれば、そのジニ不純度は、ジニ不純度の方程式で与えられます。

$$I_G(p) = 1 - \sum_{i=1}^{N} p_i^2$$

仮に、この部分集合の中に含まれるクラスが1つだけであれば、その部分集合は完全に純粋なので、この値は0になります。部分集合の中にN種類のクラスがあるなら、この値は0より大きくなり、それぞれのクラスが同じ回数現れる場合に最大になります。これが、最も不純度が高い状態です。

不純度を測るもう1つの方法であるエントロピーは、情報理論から来たものです。エントロピーの説明は簡単ではありませんが、部分集合中のターゲットの値の集合が含む不確実性の量を示すものです。1つのクラスだけを含む部分集合は、完全に確定的であり、エントロピーは0です。従って、ジニ不純度が低い場合と同じように、エントロピーが低いということは、良いことなのです。エントロピーは、エントロピーの方程式で定義されます。

$$I_E(p) = \sum_{i=1}^{N} p_i \log\left(\frac{1}{p}\right) = -\sum_{i=1}^{N} p_i \log(p_i)$$

興味深いことに、不確実性には単位があります。ここで使われている対数は自然対数（底がe）なので、その単位は **nats** になります。これは、おなじみの **bits**（これは対数の底を2とすれば得られる値です）に対して、底がeになっている場合に相当します。これは本当に情報を計測している値なので、決定木でエントロピーを使う場合には、決定木の**情報ゲイン**について議論することも一般的です。

データセットによっては、判断のルールを選択する際に、他の計測方法の方がもっと優れたメトリックになるかも知れません。Sparkの実装でのデフォルトは、ジニ不純度です。

決定木の実装によっては、判断のルールの候補に対し、最小の情報ゲインや不純度の減少を課すものもあります。部分集合の不純度を十分に改善しないルールは、拒否されることになります。最大の深さを低くするのと同様に、トレーニングの入力の分割にほとんど役立たない判断は、実際上将来のデータの分割に役立つことも期待できないかも知れないので、こうすることでモデルは過学習を起こしにくくなります。しかし、最小の情報ゲインのようなルールは、まだSparkのMLlibには実装されていません。

4.9 決定木のチューニング

どの不純度の計測値を見れば精度を上げることができるか、あるいは最大の深さやbinの数として、どの程度が必要十分なのかは、データを見るだけでは明確ではありません。ありがたいことに、**3章**にある通り、Sparkにこれらの値の組み合わせを試させて、その結果を報告させることは簡単です。

```
val evaluations =
  for (impurity <- Array("gini", "entropy");
       depth <- Array(1, 20);
       bins <- Array(10, 300))   ❶
  yield {
    val model = DecisionTree.trainClassifier(
      trainData, 7, Map[Int,Int](), impurity, depth, bins)
    val predictionsAndLabels = cvData.map(example =>
      (model.predict(example.features), example.label)
    )
    val accuracy =
      new MulticlassMetrics(predictionsAndLabels).precision
    ((impurity, depth, bins), accuracy)
  }

evaluations.sortBy(_._2).reverse.foreach(println)   ❷

...
((entropy,20,300),0.9125545571245186)
((gini,20,300),0.9042533162173727)
((gini,20,10),0.8854428754813863)
((entropy,20,10),0.8848951647411211)
((gini,1,300),0.6358065896448438)
((gini,1,10),0.6355669661959777)
((entropy,1,300),0.4861446298673513)
((entropy,1,10),0.4861446298673513)
```

❶ やはりこれも3重にネストしたループ

❷ 2番目の値（精度）の降順にソートし、出力する

　明らかに、最大の深さの1は小さすぎ、劣った結果しか生成しません。binを増やせば、多少は良くなります。2つの不純度の計測値は、最大の深さの設定を妥当なものにする上では、同等に役立つようです。このプロセスは、こうしたハイパーパラメータを探索するために継続できます。binが多くても害になることはありませんが、構築のプロセスの速度は低下し、メモリの使用量は増大します。どちらの不純度の計測値も、すべてのケースで見てみるべきです。深さを増やすのは、ある程度までは効果があります。

　ここまで、本章のコードサンプルではテストセットとして取っておいた10%のデータは無視してきました。CVセットの目的がトレーニングセットへの**パラメータ群の適合を評価する**ことだとすれば、テストセットの目的は、CVセットに適合した**ハイパーパラメータの評価**です。すなわちそれは、テストセットが保証するのは、選択されたモデルとそのハイパーパラメータの最終的な精度の推定がバイアスなしに行えるということです。

　先ほどのテストが示しているのは、エントロピーをベースとする不純度、最大の深さ20、そし

て300個のbinが、ここまでわかっている範囲では最も優れたハイパーパラメータの設定であり、およそ91.2%の精度を達成しているということです。しかし、これらのモデルの構築方法には、ランダムな要素があります。場合によっては、このモデルとその評価の結果が、異常に良くなってしまうこともあり得ます。最高のモデルと評価結果は、多少の幸運によるものかも知れないので、その精度の推定値は、やや楽観的になっていることでしょう。言い換えれば、ハイパーパラメータも過学習を起こすことがあり得るのです。

将来のサンプルに対し、この最善のモデルがどれほどうまく動作するかを本当に評価するには、そのモデルのトレーニングに使われなかったサンプルで評価をする必要があります。しかし、そのモデルを評価するのに使われたCVセットのサンプルも避ける必要があります。これが、第3の部分集合であるテストセットを取っておいた理由です。最後のステップとして、トレーニング及びCVセットでモデルを構築するのに使ったハイパーパラメータをまとめて使い、これまでのように評価することができます。

```
val model = DecisionTree.trainClassifier(
  trainData.union(cvData), 7, Map[Int,Int](), "entropy", 20, 300)
```

この結果は、およそ91.6%の精度であり、ほぼ変わっていません。ということは、最初の推定は、信頼できるものだったということです。

これは、過学習の問題を振り返ってみるのに興味深い点です。すでに議論した通り、決定木を非常に深く、複雑に構築することで、与えられたトレーニングのサンプルには非常に良く、あるいは完璧に適合するものの、他のサンプルに対応できるほどの一般性が得られなくなってしまうことがあり得ます。これは、トレーニングデータの特異性やノイズに対し、あまりに密接に適合してしまうことによります。これは、決定木だけではなく、機械学習のアルゴリズムのほとんどに共通の問題です。

過学習になってしまった決定木は、モデルを適合させたのと同じトレーニングデータを処理させた場合、高い精度を示すものの、他のサンプルを処理させると低い精度を示すことになります。ここでは、他の新しいサンプルでの最終のモデルの精度はおよそ91.6%です。精度は、モデルのトレーニングに使われたのと同じデータを含む`trainData.union(cvData)`に対しても容易に評価できます。これで返される精度は、およそ95.3%です。

この差は大きくはありませんが、決定木がトレーニングデータに対して多少の過学習を起こしていることを示しています。最大の深さを減らすことが良い選択肢でしょう。

4.10　質的特徴再び

ここまで、コードサンプルに含まれている`Map[Int,Int]()`という引数については説明していませんでした。このパラメータは、7と同じように、入力中のそれぞれの質的特徴について、期待されるユニークな値の数を指定するものです。この`Map`のキーは、入力の`Vector`の特徴のインデックスであり、値はユニークな値の数です。現時点の実装では、この情報は事前に指定しなければなりません。

空の Map() は、分類型として扱う特徴が無く、すべての特徴が数値型であることを示します。実際のところ、すべての特徴は数値になっていますが、その中には概念としては質的特徴を表現しているものもあります。すでに述べた通り、質的特徴のそれぞれの値に数値を単純にマッピングさせてしまうと、アルゴリズムが実際には意味を持たない順序から学習してしまおうとすることから、問題が生ずるかも知れません。

ありがたいことに、ここでのいくつかの質的特徴は、二値表現である 0/1 という値を使って one-hot エンコーディングされています。これらのそれぞれの特徴を数値として扱っても、その数値型の特徴に対する判断のルールは 0 と 1 との間に閾値を選択するだけになり、いずれの値も 0 か 1 であることからすべての閾値は等しくなるので、問題にはならないことがわかります。

もちろん、このエンコーディングによって、決定木のアルゴリズムは下位層の質的特徴の値を個別に考慮することになります。この方法で学習できる質的特徴は、1 つには限定されません。40 の値を持つ 1 つの質的特徴がある場合、決定木はその分類を元にして 1 回で判断をすることが可能で、これは直接的で、最適でもあり得ます。一方で、40 の値を持つ質的特徴を表現する 40 の量的特徴は、メモリの使用量を増加させると共に、処理速度の低下を招きます。

one-hot エンコーディングをやめればどうでしょうか？ 以下の例では、入力をパースする際に別の方法を取り、2 つの質的特徴を、one-hot エンコーディングから一連の離散値による表現に変換しています。

```
val data = rawData.map { line =>
  val values = line.split(',').map(_.toDouble)
  val wilderness = values.slice(10, 14).indexOf(1.0).toDouble  ❶
  val soil = values.slice(14, 54).indexOf(1.0).toDouble  ❷
  val featureVector =
    Vectors.dense(values.slice(0, 10) :+ wilderness :+ soil)  ❸
  val label = values.last - 1
  LabeledPoint(label, featureVector)
}
```

❶ 4 つの "wilderness" を示す特徴のうち 1 であるもの

❷ 40 の "soil" を示す特徴についても同様に調べる

❸ 導き出した特徴を最初の 10 個の特徴に追加

そして、トレーニング／ CV ／テストの分割と評価の同じプロセスを、繰り返すことができます。今回は、2 つの質的特徴のユニークな値の数はわかっているので、それらの特徴は数値型ではなく、分類型として扱うことになります。土壌の特徴は 40 のユニークな値を持っているので、DecisionTree の bin は最低でも 40 以上にしなければなりません。先ほどの結果を与えると、深い木が構築されて、現時点で DecisionTree がサポートしている最大の深さの 30 になりました。最後に、トレーニングと CV の精度が共に報告されました。

```
val evaluations =
  for (impurity <- Array("gini", "entropy");
       depth <- Array(10, 20, 30);
       bins <- Array(40, 300))
    yield {
      val model = DecisionTree.trainClassifier(
        trainData, 7, Map(10 -> 4, 11 -> 40),
        impurity, depth, bins) ❶
      val trainAccuracy = getMetrics(model, trainData).precision
      val cvAccuracy = getMetrics(model, cvData).precision
      ((impurity, depth, bins), (trainAccuracy, cvAccuracy)) ❷
    }
...
((entropy,30,300),(0.9996922984231909,0.9438383977425239))
((entropy,30,40),(0.9994469978654548,0.938934581368939))
((gini,30,300),(0.9998622874061833,0.937127912178671))
((gini,30,40),(0.9995180059216415,0.9329467634811934))
((entropy,20,40),(0.9725865867933623,0.9280773598540899))
((gini,20,300),(0.9702347139020864,0.9249630062975326))
((entropy,20,300),(0.9643948392205467,0.9231391307340239))
((gini,20,40),(0.9679344832334917,0.9223820503114354))
((gini,10,300),(0.7953203539213661,0.7946763481193434))
((gini,10,40),(0.7880624698753701,0.7860215423792973))
((entropy,10,40),(0.78206336500723,0.7814790598437661))
((entropy,10,300),(0.7821903188046547,0.7802746137169208))
```

❶ 質的特徴の 10 と 11 の値の数を指定

❷ トレーニング及び CV の精度を返す

これをクラスタ上で実行すれば、木の構築プロセスが数倍高速に終了することに気づくかも知れません。

深さ 30 では、トレーニングセットにはほぼ完璧に適合します。これはある程度過学習になっていますが、それでも交差検証のデータセットに対して最高の精度を発揮します。エントロピーと大量の bin はここでもやはり精度の向上を助けてくれます。テストセットの精度は 94.5% です。質的特徴を実際に質的特徴として扱うことで、分類器の精度はほぼ 3% 向上しました。

4.11 ランダムフォレスト

ここまでコードサンプルを追ってきていれば、本書のコードリスト中にある結果の出力と、自分でやってみた結果とがやや異なっていることに気づいたかも知れません。これは、決定木の構築にはランダム性を含む要素があるためであり、このランダム性は、使うデータと調べる判断のルールを決定する際に関わります。

決定木のアルゴリズムは、あり得る判断のルールを、すべてのレベルで漏れなく考慮するわけで

はありません。そうするためには、信じられないほどの時間がかかってしまいます。N 種類の値を持つ質的特徴の場合、取り得る判断のルールは $2^N - 2$ 種類あります（すべてが 0 の部分集合とすべてが 1 の部分集合は除く）。N がそれなりに大きくなれば、判断ルールの候補は数十億に達します。

実際のところ、実際に考慮するルールの数をうまく減らすため、決定木はいくつかの発見的な手法を使います。ルールを選択するプロセスにも、多少のランダム性があります。毎回調べられるのは、ランダムに選択されたいくつかの特徴と、トレーニングデータのランダムな部分集合のみなのです。これは、多少の正確性と、大きな速度とのトレードオフですが、同時に決定木のアルゴリズムが構築する木は、毎回同じとは限らないということでもあります。これは良いことです。

これが良いことなのは、通常、みんなの意見が個人の予測を凌駕するのと同じ理由からです。

このことを説明するために、簡単なクイズを取り上げてみます。ロンドンを走っている黒いタクシーは何台でしょうか？

答を見ないで、まずは推測してみてください。

私は 10,000 台と予想しました。正解は約 19,000 台なので、悪くありません。私は低めに推測したので、あなたは私より多く推測した可能性がやや高くなるはずで、私たちの回答は正確になっていく傾向があります。ここでも平均への回帰が見られるのです。非公式にオフィスの 13 人に対して調査をしたところ、平均の推測値は実に正解に近い、11,170 台でした。

この効果をもたらす鍵は、推測が独立に行われており、お互いが影響し合っていないことです（答を覗いたりはしませんでしたよね？）。この演習は、参加者が合意して、推測をするのに同じ方法を使ったりすれば、潜在的に同じように間違っているかもしれない答に揃ってしまうかも知れないので、意味が無くなってしまいます。私の推測を先に示して、あなたに影響を与えていたなら、答は悪い方向に異なってさえいたかも知れません。

決定木が 1 つだけではなく、正しいターゲット値について、それぞれが妥当でありながら異なっており、独立して推定を生成する複数の決定木があれば素晴らしいことでしょう。集約された平均の予測は、いずれの決定木の単独の予測よりも、正しい答に近いものになるはずです。この独立性を生み出す役に立つのが、構築プロセス中の**ランダム性**です。これが、ランダム**フォレスト**への鍵となるのです。

Spark MLlib では、`RandomForest` でランダムフォレストを構築できます。その名の通り、ランダムフォレストは独立して構築された決定木の集合です。実際的には、呼び出し方は同じです。

```
val forest = RandomForest.trainClassifier(
  trainData, 7, Map(10 -> 4, 11 -> 40), 20,
  "auto", "entropy", 30, 300)
```

`DecisionTree.trainClassifier()` と比較すると、新しいパラメータがあります。1 つめは、構築する決定木の数で、ここでは 20 です。このモデル構築のプロセスは、1 つではなく 20 の決定木を構築するので、これまでよりもかなり長くかかるかも知れません。

2 つめのパラメータは、決定木の各レベルで評価する特徴を選択するための方針で、ここでは

「auto」に設定しています。Spark の MLlib のランダムフォレストの実装は、判断のルールの基礎として、**すべての特徴**を考慮するのではなく、**一部の特徴**だけを考慮します。このパラメータは、この特徴の部分集合の選択を制御します。調べる特徴がわずかな数だけであれば、もちろん速度は向上します。ランダムフォレストでは数多くの決定木を構築するので、速度が向上すればとても役に立つのです。

とはいえ、これはまた、それぞれの決定木の判断の独立性を高め、フォレスト全体として過学習を起こしにくくしてくれます。特定の特徴のデータがノイズを多く含んでいたり、**トレーニング**セットでのみ間違った予測を起こしやすかったりする場合、ほとんどの決定木は、多くの場合この問題の特徴を考慮しないでしょう。ほとんどの決定木はノイズに対して適合せず、フォレスト内では適合を起こした決定木を、票数で上回る傾向を見せるでしょう。

実際のところ、ランダムフォレストを構築する場合、それぞれの決定木がすべてのトレーニングデータを見なければならないわけでさえありません。同様の理由で、ランダムに選択された部分集合だけが渡されることもあるのです。

ランダムフォレストの予測は、決定木群の予測の単純な加重平均です。質的なターゲットの場合は多数決か、決定木群が生成した確率の平均に基づく、最も確度の高い値とすることができます。ランダムフォレストは、決定木と同じく回帰もサポートしており、その場合のフォレストの予測は、それぞれの木が予測した数値の平均になります。

この RandomForestModel の精度は、そのままで 96.3% で、すでに 2% 改善されています。見方を変えてみれば、これはこれまで構築した決定木の中で最も優れていたものに対して、エラー率が 5.5% から 3.7% に下がったということで、これは 33% の削減です。

ランダムフォレストには、ビッグデータという視点で見たときの魅力的があります。すなわち、決定木群は独立に構築されるはずであり、Spark や MapReduce のようなビッグデータのテクノロジーは、本来的に**データ - 並列**型の問題を必要とします。こうした問題においては、全体のソリューションを分割し、全体のデータの中の対応する部分を独立に計算することができます。決定木群のトレーニングは、特徴や入力データの部分集合だけを使って行うことができ、さらにはそうするべきなので、決定木群の構築を並列化するのは容易なのです。

まだ Spark の MLlib では直接サポートされていませんが、ランダムフォレストは構築の過程でその精度を評価することもできます。これは、しばしば決定木群はトレーニングデータの部分集合だけを使って構築されるので、残りのデータで内部的に交差検証を行えることによります。これはすなわち、フォレストはどの木の精度が最も高そうかを知り、それに応じて重みづけをすることさえできるということです。

この性格は、入力される特徴の中でターゲットの予測にもっとも役立つものを評価する方法、さらには特徴の選択の問題の支援へとつながります。これはまた、本章と、現時点での MLlib の扱う範囲を超えています。

4.12　予測の実行

　分類器の構築は、面白くて微妙なプロセスですが、最終目的ではありません。最終目的は、予測をすることです。それこそが結果であり、実行は比較的容易です。トレーニングセットは、`LabeledPoint`で構成されており、それぞれの`LabeledPoint`には1つの`Vector`とターゲットの値が含まれています。これらはそれぞれ、入力と既知の出力です。予測を行う場合、Bohr氏に言わせればとりわけそれが未来に関するものなら、もちろん出力はまだわかっていません。

　ここまでに示した`DecisionTree`や`RandomForest`のトレーニングの結果は、それぞれ`DecisionTreeModel`及び`RandomForestModel`オブジェクトです。基本的には、どちらも`predict()`というメソッドが1つあります。このメソッドは、`LabeledPoint`の特徴ベクトルの部分のような`Vector`を受け付けます。従って、新しいサンプルを同じ特徴ベクトルに変換し、そのターゲットのクラスを予測させれば、そのサンプルを分類することができます。

```
val input = "2709,125,28,67,23,3224,253,207,61,6094,0,29"
val vector = Vectors.dense(input.split(',').map(_.toDouble))
forest.predict(vector) ❶
```

❶ RDD全体に対して1度に予測を行うこともできる

　結果は、元々のCovtypeデータセットのクラス5に対応する4.0になるはずです（元々の特徴は1を起点としてインデックスづけされています）。このサンプルで示された土地に対して予測された被覆の種類は"Aspen"です。もちろんそうでしょう†。

4.13　今後に向けて

　本章では、関連し合う2つの重要な種類の機械学習である分類と回帰を、特徴、ベクトル、トレーニング、交差検証といった、モデルの構築とチューニングに関する基本的な概念と合わせて紹介しました。Covtypeデータセットを使い、SparkのMLlibで位置や土壌の種類といったことから森林被覆の種類を予測する方法を示しました。

　3章でのレコメンデーションエンジンと同じく、精度に対するハイパーパラメータの影響を調べ続けてみると役に立つかも知れません。決定木のハイパーパラメータの多くは、精度と時間のトレードオフです。概して、binや木を増やせば精度は高まりますが、ある時点に達すれば、それ以上は見返りがなくなります。

　本章の分類器は非常に精度が高いことがわかりました。95%以上の精度が出ることは普通ありません。概して、もっと多くの特徴を取り入れたり、既存の特徴をもっと予測に適した形式に変換することによって、精度をさらに高めることができるでしょう。これは、イテレーティブに分類器のモデルを改善していく際に繰り返し行われる一般的なステップです。例えばこのデータセットの場合、海面への水平及び垂直の距離をエンコードしている2つの特徴からは、海面への直線距離と

---

†　訳注：ここの予測に使っているデータは、元データの37行目のデータです。

いう第3の特徴を生成することができるでしょう。この特徴は、元々のいずれの特徴よりも有益であることがわかるかも知れません。あるいは、さらに多くのデータを収集することができるなら、土壌の水分のような新しい情報を追加してみることで、分類器を改善できるかも知れません。

もちろん、実世界の予測の問題のすべてが、Covtypeデータセットとまったく同じようなものというわけではありません。例えば、質的な値ではなく、連続的な数値を予測しなければならないような問題もあります。そういった回帰の問題にも、同じ分析やコードのほとんどが適用できます。その場合、`trainClassifier()`の代わりに`trainRegressor()`メソッドを使うことになります。

さらには、分類や回帰のアルゴリズムは、決定木とフォレストだけはなく、SparkのMLlibにも他の実装があります。分類に関して言えば、以下の実装がMLlibにはあります。

- ナイーブベイズ（https://ja.wikipedia.org/wiki/単純ベイズ分類器）
- サポートベクタマシン（SVM）（https://ja.wikipedia.org/wiki/サポートベクターマシン）
- ロジスティック回帰（https://ja.wikipedia.org/wiki/ロジスティック回帰）

そう、ロジスティック回帰は分類の手法なのです。舞台裏では、ロジスティック回帰はクラスの確率の連続関数を予測することによって分類を行います。この詳細を理解する必要はないでしょう。

これらのアルゴリズムは、それぞれ決定木やランダムフォレストとはまったく異なる動作をします。とはいえ、同じ要素も数多くあります。いずれも`LabeledPoint`のRDDを入力として受け付け、トレーニング、交差検証、テストという入力データの部分集合を使ってハイパーパラメータを選択してやらなければなりません。同じ一般的な原則は、これらの他のアルゴリズムの場合でも、モデルの分類や回帰の問題に対して適用することができます。

本章で見てきたのは、教師あり学習の例でした。ターゲットの値の一部、あるいはすべてが未知だった場合はどうなるでしょうか？次章では、そうした状況でできることを探っていきましょう。

5章
K平均クラスタリングを使った
ネットワークトラフィックにおける
異常の検出

Sean Owen

> 世の中には、既知であることが既知であることがある。すなわち、我々がそれを知っていることを知っている何かだ。
> そしてまた、我々は未知であることが既知であることがあるということも知っている。
> これはすなわち、我々が知らない何かがあるということを、我々は知っているというということだ。
> しかし、未知であることが未知であることもある。
> それはつまり、我々がそれを知らないということすら知らない何かだ。
> ——Donald Ramsfeld

　分類と回帰は強力であり、十分に研究された機械学習の手法です。4章では、未知の値の予測を行うものとしての分類器を紹介しました。ただしここには落とし穴があります。新しいデータに対する未知の値を予測するには、大量の既知のサンプルに対するターゲットの値がわかっている必要があるのです。分類器が役に立つのは、自分が何を探しているのかあらかじめデータサイエンティストが把握できており、入力に対する出力がわかっている大量のサンプルがある場合に限られます。これらは総じて**教師あり学習**の手法と呼ばれます。これは、この手法の学習プロセスが、入力の各サンプルに対する正しい出力を受け取ることから来ています。

　しかし、サンプルの一部、あるいはすべてに対する正しい出力がわかっていないような問題もあります。eコマースサイトの顧客を、買い物の習慣や好みで分類することを考えてみましょう。入力される特徴は、購買の内容、クリック、デモグラフィック情報などです。出力は、グループ化された顧客ということになるでしょう。おそらくは、あるグループはファッションにこだわりのある購買者たちを表し、別のグループは価格に敏感なバーゲンハンターたちだということを表していたりといったことがわかることでしょう。

　新しい顧客が増える度に、このターゲットのラベルを決めるように求められたなら、分類器のような教師あり学習の手法を適用する際に、すぐに問題にぶつかることになるでしょう。すなわち、例えばファッションにこだわりがあると考えられるのは誰か、前もって知っておくことはできないということです。実際のところ、サイトに顧客がアクセスして来始めた時点では、「ファッションにこだわりがある」というグループ化に意味があることさえ定かではないのです！

　ありがたいことに、こういった場合に役立つ手法として、教師なし学習（https://ja.wikipedia.

org/wiki/教師なし学習）があります。教師なし学習の手法は、ターゲットの値を予測する方法を学ぶものではありません。これはターゲットの値がわかっていないためですが、データが内包する構造を学習し、似ている入力のグループを見つけ出したり、生じそうな種類の入力や、生じることがなさそうな種類の入力を学習することができるのです。本章では、MLlibのクラスタリングの実装を使い、教師なし学習を紹介します。

5.1 異常検出

その名の通り、異常検出の問題とは、普通ではない何かを見つけ出すという問題です。あるデータセットにおける異常の意味がわかっているなら、教師あり学習でそのデータの異常を検出することは容易です。アルゴリズムは、正常や異常といったラベルのついた入力を受け取り、この両者の見分け方を学習します。しかし、異常であるということの本質は、元々それらが知られていないこと自体が知られていないということにあります。言い換えれば、観測され、理解された異常は、その時点でもう異常ではないのです。

異常検出は、しばしば詐欺の発見、ネットワークに対する攻撃の検出、サーバーやその他のセンサーを装備したマシンの問題の発見のために使われます。こうしたケースでは、それまでに見られたことのない、新しい種類の異常、すなわちこれまでになかった新しい形態の詐欺、侵入、サーバーの障害などを発見できるということが重要になります。

教師なし学習の手法は、こうしたケースで役立ちます。これは教師なし学習が、入力データの通常の様子を学ぶことによって、新しいデータが過去のデータとは似ていないことを検出できるということによります。こうした新しいデータは、必ずしも攻撃や詐欺であるとは限りません。それは単純に普通ではないのであり、従ってさらなる調査をするべきだということなのです。

5.2 K平均クラスタリング

クラスタリングは、教師なし学習の中でも最もよく知られています。クラスタリングのアルゴリズムは、データの中から自然なグループを見つけ出そうとします。お互いに似ていて、かつ他のデータポイント群とは似ていないデータポイント群があれば、それらは何らかの意味を持つグループを表すものと考えられるので、クラスタリングのアルゴリズムは、そういったデータ群を同じクラスタにまとめようとします。

K平均法によるクラスタリング（**https://ja.wikipedia.org/wiki/K平均法**）は、クラスタリングのアルゴリズムの中でも最も広く使われているものでしょう。K平均法のクラスタリングは、データサイエンティストが与える k という値に基づき、k 個のクラスタをデータセットから検出しようとします。k はモデルのハイパーパラメータであり、適切な値はデータセットごとに異なります。実際のところ、k の適切な値の選択方法は、本章の話題の中心になります。

データセットに含まれているのが顧客のアクティビティやトランザクションのような情報だった場合、「似ている」とは何を意味するのでしょうか？ K平均法では、データポイント間の距離という考え方が求められます。K平均法でデータポイント間の距離を測る際には、単純なユークリッド距離が使われることが一般的です。そしてこれは、本書の執筆時点でSparkのMLlibがサポート

している唯一の距離に関する機能でもあります。ユークリッド距離は、すべての特徴が数値であるデータポイント間で定義されます。「似ている」データポイント群とは、それらの間の距離が小さいもの同士を指します。

　K平均法においては、クラスタは単なる点、すなわちそのクラスタを構成するすべてのデータポイントの中心に過ぎません。それらは事実上すべての量的特徴を含む特徴ベクトルであり、ベクトルと呼んでしまってかまいません。ここでは、それらはユークリッド空間内の点として扱われるので、点として考える方が直感的かも知れません。

　この中心は、クラスタの**重心**と呼ばれるもので、データポイント群の数学的な平均です。K平均法という名前はここから来ています。このアルゴリズムは、まずいくつかのデータポイントをクラスタの重心の初期値として選択します。そして、それぞれのデータポイントを最も近い重心に割り当てます。そしてそれぞれのクラスタに対し、そのクラスタに割り当てられたデータポイント群の平均として、新しい重心が計算されます。この処理は、繰り返し行われます。

　K平均法の説明はこれで十分でしょう。興味深い詳細な内容は、この後のユースケースの話の中で出て来ることになります。

5.3　ネットワーク侵入

　いわゆるサイバー攻撃に関するニュースを目にすることは、ますます増えてきています。攻撃の中には、大量のネットワークトラフィックでコンピュータを手一杯にして、正当なトラフィックを処理できなくさせてしまうようなものもあります。しかし他のケースとして、ネットワークの処理を行うソフトウェアの脆弱性を突いて、そのコンピュータへの許可されていないアクセス権を奪取しようとするものもあります。コンピュータが大量のトラフィックで攻撃されている場合ははっきりわかりますが、脆弱性に対する攻撃を検出するのは、きわめて大量のネットワークリクエストの山の中から1本の針を探すようなものです。

　脆弱性に対する攻撃の中には、既知のパターンに従うものもあります。例えば、普通のソフトウェアプログラムであれば、あるマシンのすべてのポートに次々とアクセスするようなことはしないでしょう。しかし、これは典型的な攻撃の最初のステップであり、これによって攻撃者は、攻撃対象のコンピュータ上で動作しているサービスの中で、脆弱性を持っているかも知れないものを探すのです。

　リモートのホストから短時間にアクセスされたポート数を数えてみれば、それはポートスキャン攻撃の予測に非常に役立つ特徴になるかも知れません。片手で足りる程度のポート数なら、おそらくは正常でしょう。しかし、数百に及ぶなら、それは攻撃を受けていることを示しています。同じことは、送受信されたバイト数やTCPのエラーなど、ネットワーク接続に関する別の特徴から他の種類の攻撃を検出する場合にも当てはまります。

　しかし例の、わかっていないことがわかっていないことについてはどうでしょうか？　最も大きな脅威は、まだ検出も分類もされていない脅威です。潜在的なネットワーク侵入を検出するということは、部分的には異常を検出するということです。そういった接続は、攻撃だということが知られてはいないものの、過去に検出された接続に似てはいません。

K平均法のような教師なし学習の手法は、こういった場合に異常なネットワーク接続を検出するために利用できます。K平均法は、接続をそれぞれの統計に基づいてクラスタリングできます。生成されるクラスタ群は、それ自体が興味深いものではありませんが、集合として過去の接続群に似ている接続の種類を定義するものになります。近くにクラスタがない接続は、どれも異常かも知れません。クラスタは、それらが正常な接続の領域を定義するという点において、興味深いものになります。クラスタ外のものは、すべて通常のものではなく、異常である可能性があるのです。

5.4 KDD Cup 1999データセット

KDD Cup（http://kdd.org/kdd-cup）は、ACMの分科会によって運営される、年次のデータマイニングの競技会でした。機械学習の課題が毎年データセットと共に提示され、招待された研究者達が、その課題に対するできる限りのソリューションを詳述した論文を提出するのです。これはKaggle（http://www.kaggle.com）のようなものですが、Kaggleよりも以前からありました。1999年のテーマはネットワーク侵入であり（http://kdd.org/kdd-cup/view/kdd-cup-1999）、そのデータセットは今でも入手できます（http://bit.ly/1ALCuZN）。本章では、Sparkを使ってこのデータから学習を行い、異常なネットワークトラフィックを検出するシステムの構築を見ていきます。

このデータセットを使って、本物のネットワーク侵入検知システムを構築してはなりません！ このデータは、必ずしも当時の本物のネットワークトラフィックを反映しているとは限らず、反映しているとしてもそれは15年前のトラフィックパターンに過ぎないのです。

ありがたいことに、運営者は事前に生のネットワークパケットデータを集計して、個々のネットワーク接続について集計された情報にしてくれています。このデータセットは708MBほどで、490万の接続の関する情報が含まれています。これは巨大というほどではないとしても大規模なデータセットであり、ここでの目的には十分な量です。このデータセットには、送信されたバイト数、ログインの試行回数、TCPのエラーなどといった、それぞれの接続に関する情報が含まれています。それぞれの接続は、CSV形式の1行のデータになっており、以下のように38の特徴が含まれています。

```
0,tcp,http,SF,215,45076,
0,0,0,0,0,1,0,0,0,0,0,0,0,0,0,0,1,1,
0.00,0.00,0.00,0.00,1.00,0.00,0.00,0,0,0.00,
0.00,0.00,0.00,0.00,0.00,0.00,0.00,normal.
```

例えばこの接続は、あるHTTPのサービスへのTCP接続であり、215バイトが送信され、45,706バイトが受信されています。このユーザーはログインなどをしていました。多くの特徴は、例えば17番目の列の num_file_creations のように、回数をカウントしたものです。

15列目の su_attempted のように、0か1の値を取ることによって特定の振る舞いがあったかど

うかを示す特徴もたくさんあります。これらは、**4 章**で見た one-hot エンコードされた質的特徴のように見えますが、グループ化されているわけでもなく、お互いに関係性を持っているわけでもありません。それぞれは yes/no のような二択の特徴であり、従って質的特徴であることは間違いありません。質的特徴を数値に変換して、それらに順序があるかのように扱うことは、必ずしも正しいこととは限りません。とはいえ、二択の質的特徴の場合に限れば、それらを 0 か 1 の値を取る量的特徴にマッピングしても、多くの機械学習のアルゴリズムはうまく働くことでしょう。

残りの特徴は、最後の 1 つ前の列の `dst_host_srv_rerror_rate` のように比率を示すものであり、0.0 以上 10 以下の値を取ります。

面白いことに、最後のフィールドにはラベルがあります。ほとんどの接続のラベルは `normal.` となっていますが、各種のネットワーク攻撃のサンプルとして特定されているものもあります。これらは、既知の攻撃を通常の接続と区別するための学習に役立つでしょう。ただし、ここでの問題は異常検出であり、新種で未知の攻撃の攻撃かも知れないものを見つけ出すことです。このラベルは、ここでの目的からはほとんど脇によけておくことになるでしょう。

5.5　初めてのクラスタリング

データファイルの `kddcup.data.gz` を展開し、HDFS にコピーしてください。他の例と同様に、ここではこのファイルが `/user/ds/kddcup.data` に置かれているものとします。`spark-shell` を立ち上げ、この CSV データを `String` の `RDD` にロードします。

```
val rawData = sc.textFile("hdfs:///user/ds/kddcup.data")
```

まずは、このデータセットを調べてみましょう。データにどんなラベルが付けられていて、それぞれのラベルは何回登場しているでしょうか？ 以下のコードは、ラベルをカウントしてラベルとその登場回数のタプルを生成し、回数の降順でソートして結果を出力します。

```
rawData.map(_.split(',').last).countByValue().toSeq.
  sortBy(_._2).reverse.foreach(println)
```

Spark と Scala では、1 行でとてもたくさんのことができます！ ラベルは 23 種類あり、最も頻繁に登場しているのは `smurf.` と `neptune.` という攻撃です。

```
(smurf.,2807886)
(neptune.,1072017)
(normal.,972781)
(satan.,15892)
...
```

このデータには、数値型ではない特徴も含まれていることに注意してください。例えば、2 番目の列には `tcp`、`udp`、`icmp` といった値があります。ただし、K 平均法によるクラスタリングには、量的特徴が必要になります。最後のラベルの列もまた数値型ではありません。最初は、これらを

単に無視しておくことにしましょう。以下の Spark のコードは、この CSV の行を列に切り分け、インデックス 1 から始まる 3 つの質的な値の列と、最後の列を取り除きます。残った値群を数値（Double のオブジェクト）の配列に変換し、末尾のラベルの列と併せてタプルに出力します。

```
import org.apache.spark.mllib.linalg._

val labelsAndData = rawData.map { line =>
  val buffer = line.split(',').toBuffer ❶
  buffer.remove(1, 3)
  val label = buffer.remove(buffer.length-1)
  val vector = Vectors.dense(buffer.map(_.toDouble).toArray)
  (label,vector)
}

val data = labelsAndData.values.cache()
```

❶ toBuffer はミュータブルなリストである Buffer を生成する

K 平均法が処理するのは、特徴ベクトルだけです。従って、RDD の data には、各タプルの 2 番目の要素だけが含まれています。タプルからなる RDD 内の 2 番目の要素には、values でアクセスできます。Spark の MLlib では、KMeans の実装をインポートして実行するだけでデータのクラスタリングを行うことができます。以下のコードは、データをクラスタリングして KMeansModel を生成し、その中心を出力します。

```
import org.apache.spark.mllib.clustering._

val kmeans = new KMeans()
val model = kmeans.run(data)

model.clusterCenters.foreach(println)
```

出力されるベクトルは 2 つで、これは K 平均法で k = 2 のクラスタに対してデータを適合させたためです。少なくとも 23 の異なる種類の接続があることが示されているような複雑なデータセットの場合、データ内のさまざまなグループを性格にモデリングするには、これでは足りないことはほぼ確実です。

ここで、与えられているラベルを使って、それぞれのラベルの行き先がこの 2 つのクラスタのどちらになっているのか、それぞれのクラスタ内のラベル数をカウントしてその感覚をつかんでおくと良いでしょう。以下のコードは、先ほどのモデルを使って各データポイントをどちらかのクラスタに割り当て、クラスタとラベルのペアの出現回数をカウントし、結果を整えて出力します。

```
val clusterLabelCount = labelsAndData.map { case (label,datum) =>
  val cluster = model.predict(datum)
```

```
    (cluster,label)
}.countByValue

clusterLabelCount.toSeq.sorted.foreach {
  case ((cluster,label),count) =>
    println(f"$cluster%1s$label%18s$count%8s") ❶
}
```

❶ フォーマット文字列で変数を挿入して整形する

その結果からは、このクラスタリングがまったく役に立っていないことがわかります。クラスタ1に割り当てられたデータポイントは、たった1つだけです！

```
0              back.    2203
0   buffer_overflow.      30
0         ftp_write.       8
0       guess_passwd.     53
0              imap.      12
0           ipsweep.   12481
0              land.      21
0         loadmodule.      9
0           multihop.      7
0           neptune. 1072017
0              nmap.    2316
0            normal.  972781
0              perl.       3
0               phf.       4
0               pod.     264
0         portsweep.   10412
0            rootkit.      10
0             satan.   15892
0             smurf. 2807886
0               spy.       2
0           teardrop.     979
0        warezclient.   1020
0        warezmaster.     20
1         portsweep.       1
```

5.6　Kの選択

2つのクラスタでは、単純に不十分です。このデータセットに対して、適切なクラスタ数はいくつでしょうか？　このデータ中に、23の異なるパターンがあることは明らかなので、最低でもkは23に、そしておそらくはそれ以上にするべきなのは明らかなように思われます。通常は、多くの値をkとして試してみて、最も優れた値を見つけることになるでしょう。しかし、もっと優れたということは、どういうことなのでしょうか？

それぞれのデータポイントが最も近い中心点の近くにあれば、そのクラスタリングがうまく行っていると考えることができるでしょう。従って、ユークリッド距離を求める関数と、データポイントから最も近いクラスタの中心への距離を返す関数を定義します。

```scala
def distance(a: Vector, b: Vector) =
  math.sqrt(a.toArray.zip(b.toArray).
    map(p => p._1 - p._2).map(d => d * d).sum)

def distToCentroid(datum: Vector, model: KMeansModel) = {
  val cluster = model.predict(datum)
  val centroid = model.clusterCenters(cluster)
  distance(centroid, datum)
}
```

Scala の関数を見ていけば、このユークリッド距離の定義を読み取ることができるでしょう。すなわち、2 つのベクトルの対応する要素 (a.toArray.zip(b.toArray)) の距離 (map(p => p._1 - p._2)) の 2 乗 (map(d => d * d)) の合計 (sum) を取り、その平方根 (math.sqrt) を計算します。

これを使って、指定された k の下で構築されたモデルに対し、中心への平均距離を求める関数を定義することができます。

```scala
import org.apache.spark.rdd._

def clusteringScore(data: RDD[Vector], k: Int) = {
  val kmeans = new KMeans()
  kmeans.setK(k)
  val model = kmeans.run(data)
  data.map(datum => distToCentroid(datum, model)).mean()
}
```

これで、k の値を例えば 5 から 40 にした場合の評価ができます。

```scala
(5 to 40 by 5).map(k => (k, clusteringScore(data, k))).
  foreach(println)
```

Scala の (x to y by z) という構文は、開始値以上終了値以下で指定された差分の数値のコレクションを生成するためのパターンです。この方法を使えば、k に対して "5, 10, 15, 20, 25, 30, 35, 40" という値を生成し、それぞれの値を使って何らかの処理を行うことがコンパクトにできます。

出力された結果からは、k が増加するのに従って、スコアが減っていくことがわかります。

```
(5,1938.858341805931)
(10,1689.4950178959496)
(15,1381.315620528147)
(20,1318.256644582388)
```

(25,932.0599419255919)
(30,594.2334547238697)
(35,829.5361226176625)
(40,424.83023056838846)

ここでもやはり、読者の実行結果はやや異なったものになるでしょう。クラスタリングの結果は、ランダムに選択された中心点の初期セットに依存します。

とはいえ、この結果は明らかです。クラスタを増やしていけば、データポイントから最も近い中心点への距離を近づけることができるはずです。実際のところ、k をデータポイント数と同じにすれば、すべてのポイントがそれ自身で 1 つのポイントからなるクラスタとなるので、平均の距離は 0 になるはずです！

悪いことに、先ほどの結果では k = 35 の時の距離は、k = 30 の時の距離より大きくなっています。k の値を大きくすれば、クラスタリングの結果は少なくともそれ以下の k の場合と同等にはなるはずなので、こうした結果が出るはずではありません。問題は、K 平均法は必ずしも与えられた k に対して最適なクラスタリングを見いだせるとは限らないことです。K 平均法のイテレーティブな処理は、ランダムな開始地点から、局所極小へ収束することがあり、これは良い結果ではあっても最適ではないかも知れないのです。

これは、もっと聡明な方法で中心点の初期値の選択したとしても変わりません。K 平均法 ++ や K 平均法 || は、多様で分離された中心点を選択する可能性が高い選択アルゴリズムを採用した変種です。Spark の MLlib で実際に実装されているのは K 平均法 ||（http://stanford.io/1ALCOaN）です。とはいえ、この方法でも選択に際してランダム性の要素は残っているので、最適なクラスタリングが行われることは保証できません。

k = 35 に対して選択された、クラスタのランダムな初期値の集合のために、おそらくは得られたクラスタリングの結果が最適からは遠いものになってしまったか、あるいは居所極小に到達する前に処理を終えてしまったのでしょう。これは、1 つの k の値に対し、開始時のランダムな中心点の集合を毎回異なるものにしてクラスタリングを何度も実行し、最も良かった結果を選択することで改善できます。このアルゴリズムには setRuns() というメソッドがあり、1 つの k に対するクラスタリングの実行回数を設定できます。

イテレーションを長く行うことによって改善することもできます。このアルゴリズムには setEpsilon() によって設定される閾値があり、中心点の大きな移動と見なされる最小の距離を制御できます。この値を低くすれば、K 平均法のアルゴリズムは中心点を長い間移動させ続けます。

同じテストを、今度は値を 30 から 100 と大きくして実行してみましょう。以下の例では、30 から 100 という範囲を、Scala の並列コレクションに変換しています。これによって、それぞれの k に対する演算処理は、**Spark シェル内で**並列に処理されるようになります。Spark は、それぞれの演算処理を同時に行うように管理します。もちろん、それぞれの k に対する演算処理もクラスタ上で分散処理されます。これは並列処理の中の並列処理です。これによって、大規模なクラスタが

フルに活用されて全体のスループットが向上することもありますが、ある時点を超えれば、非常に大量のタスクを同時に投入することによって逆にスループットが下がることにもなるでしょう。

```
...
kmeans.setRuns(10)
kmeans.setEpsilon(1.0e-6) ❶
...
(30 to 100 by 10).par.map(k => (k, clusteringScore(data, k))).
  toList.foreach(println)
```

❶ デフォルトの 1.0e-4 よりも低くする

今度は、スコアは一貫して下がっていっています。

(30,862.9165758614838)
(40,801.679800071455)
(50,379.7481910409938)
(60,358.6387344388997)
(70,265.1383809649689)
(80,232.78912076732163)
(90,230.0085251067184)
(100,142.84374573413373)

見つけたいのは、k を増やしてもスコアがあまり下がらなくなるポイント、もしくは k に対するスコアのグラフの曲がり角です。このグラフは、すなわち概して下がる傾向にありながらも、どこかで水平になっていきます。ここでは、100 を超えても明らかに値が減っていっています。適切な k の値は、100 以上なのかも知れません。

5.7　Rでの可視化

この時点で、データポイント群をプロットして見てみると役に立つでしょう。Spark そのものには可視化のツールはありません。ただし、データを HDFS にエクスポートして、R（http://www.r-project.org）のような統計処理の環境に読み込むことは簡単にできます。この短いセクションでは、R を使ってデータセットを可視化する方法を紹介します。

R には 2 次元あるいは 3 次元にポイントをプロットするライブラリ群がありますが、このデータセットは 38 次元です。最低でも 3 次元にまでは、このデータセットを射影して次元を減らさなければなりません。さらには、R そのものは大規模なデータセットを扱うのには適しておらず、このデータセットは確実に R には大きすぎるので、サンプリングして R のメモリに収まるようにしなければならないでしょう。

はじめに、k = 100 でモデルを構築し、各データポイントをクラスタの番号にマッピングします。特徴は、CSV 形式の 1 行の文字列として、HDFS 上のファイルに書き出します。

```
val sample = data.map(datum =>
  model.predict(datum) + "," + datum.toArray.mkString(",")) ❶
).sample(false, 0.05)

sample.saveAsTextFile("/user/ds/sample")
```

❶ mkString は、区切り文字を使ってコレクションを結合して文字列にする

sample() は、R のメモリに問題なく収まるように、すべての行から小さな部分集合を選択するために使われています。ここでは、行のうちの 5% を選択しています (同じ行が 2 回選択されることはありません)。

以下の R のコードは、HDFS から CSV のデータを読み取ります。これは rhdfs (**https://github.com/RevolutionAnalytics/RHadoop/wiki**) のようなライブラリを使って行うこともできますが、rdhfs を使うにはセットアップとインストールに多少の手間がかかります。ここでは単純に済ませるために、Hadoop のディストリビューションでローカルにインストールされた hdfs コマンドを使っています。この場合、HDFS クラスタの場所を指定する Hadoop の設定の場所を、HADOOP_CONF_DIR で指定する必要があります。

これで、ランダムに選択された 3 つの単位ベクトルへデータを射影することによって、38 次元のデータセットから 3 次元のデータセットを生成できます。次元削減の方法としては、これは単純で、すぐに使えるものの大ざっぱな方法です。もちろん、主成分分析 (**https://ja.wikipedia.org/wiki/主成分分析**) や特異値分解 (**https://ja.wikipedia.org/wiki/特異値分解**) のように、もっと洗練された次元削減のアルゴリズムもあります。これらは R でも利用できますが、実行には時間がかかります。このサンプルでの可視化に関しては、ランダムプロジェクションでほぼ同様の結果がもっと早く得られます。

結果は、インタラクティブな 3D の表示になります。この処理を行うためには、rgl ライブラリとグラフィックスをサポートしている環境下で R を実行する必要があります (例えば Mac OS X であれば、Apple Developer Tools の X11 をインストールしておかなければなりません)。

```
install.packages("rgl") # 初回のみ
library(rgl)

clusters_data <-
  read.csv(pipe("hadoop fs -cat /user/ds/sample/*")) ❶
clusters <- clusters_data[1]
data <- data.matrix(clusters_data[-c(1)])
rm(clusters_data)

random_projection <- matrix(data = rnorm(3*ncol(data)), ncol = 3)
random_projection_norm <-
  random_projection /
    sqrt(rowSums(random_projection*random_projection)) ❷
```

```
projected_data <- data.frame(data %*% random_projection_norm)  ❸

num_clusters <- nrow(unique(clusters))
palette <- rainbow(num_clusters)
colors = sapply(clusters, function(c) palette[c])
plot3d(projected_data, col = colors, size = 10)
```

❶ hdfs コマンドでクラスタからデータを読み取る

❷ ランダムな単位ベクトルを 3D で生成する

❸ データを射影する

　結果の表示は図 5-1 のようになり、3 次元空間でクラスタの番号ごとの色つきでデータポイントが示されています。多くのポイントが重なり合っており、結果は疎で解釈しづらいものになっています。とはいえ、この表示中で際立っているのは、それが "L" のような形になっていることです。ポイント群は、2 つの次元に対して広がっていますが、もう 1 つの次元ではほとんど広がりが見られません。

　このデータセットには、他の特徴よりもはるかに大きなスケールを持つ特徴が 2 つあるので、これは妥当なことです。ほとんどの特徴は 0 から 1 の間の値を持つのに対し、送信バイト数と受信バイト数は 0 から数万の間の値を取ります。従って、ポイント間のユークリッド距離は、ほとんど完全にこの 2 つの特徴で決定されてしまうのです。これでは、他の特徴はほとんどないも同然です！ 従って、それぞれの特徴の重みをほぼ等しくするために、このスケールの違いを正規化しておくことが重要になります。

5.8　特徴の正則化

　それぞれの特徴は、偏差値に変換することによって正規化できます。そのためには、以下の偏差値の式が示す通り、特徴の値の平均値をそれぞれの値から引き、その結果を標準偏差で割ってやります。

$$normalized_i = \frac{feature_i - \mu_i}{\sigma_i}$$

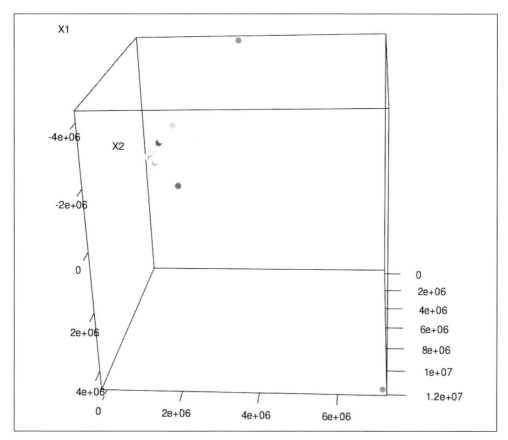

図5-1 ランダムな3Dへの射影

　実際のところ、平均を引いてもクラスタリングには影響しません。減算は、すべてのデータポイントを同じ方向に同じ距離だけ移動させるのみなので、データポイント間のユークリッド距離には影響しません。とはいえ、式との一貫性を持たせるために、とにかく平均は引いておくことにしましょう。

　偏差値は、カウント、合計、各特徴の2乗の合計から計算できます。これは、reduceですべての配列を1度に加算し、foldで0の並ぶ配列の2乗の合計を取ることで、連続的に処理できます。

```
val dataAsArray = data.map(_.toArray)
val numCols = dataAsArray.first().length
val n = dataAsArray.count()
val sums = dataAsArray.reduce(
  (a,b) => a.zip(b).map(t => t._1 + t._2))
val sumSquares = dataAsArray.fold(
    new Array[Double](numCols)
```

```
  )(
    (a,b) => a.zip(b).map(t => t._1 + t._2 * t._2)
  )
val stdevs = sumSquares.zip(sums).map {
  case(sumSq,sum) => math.sqrt(n*sumSq - sum*sum)/n
}
val means = sums.map(_ / n)

def normalize(datum: Vector) = {
  val normalizedArray = (datum.toArray, means, stdevs).zipped.map(
    (value, mean, stdev) =>
      if (stdev <= 0) (value - mean) else (value - mean) / stdev
  )
  Vectors.dense(normalizedArray)
}
```

同じテストを、今度は正規化されたデータに対して、k の範囲をもっと上にして実行してみましょう。

```
val normalizedData = data.map(normalize).cache()
(60 to 120 by 10).par.map(k =>
  (k, clusteringScore(normalizedData, k))).toList.foreach(println)
```

これで、k = 100 が妥当な選択だという証拠が得られます。

```
(60,0.0038662664156513646)
(70,0.003284024281015404)
(80,0.00308768458568131)
(90,0.0028326001931487516)
(100,0.002550914511356702)
(110,0.002516106387216959)
(120,0.0021317966227260106)
```

正規化されたデータポイントをもう一度 3D で表示させてみれば、予想通りにもっと多彩な構造が現れます。ある方向に等間隔で離れて並んでいるポイントもあります。これらは、カウントのようなデータ中の離散値の次元が射影されたものでしょう。100 個のクラスタともなれば、それぞれのポイントがどのクラスに属しているのかを見分けることは難しくなります。1 つの大きなクラスタが支配的で、多くのクラスタは部分的で小さな領域に対応しているように見えます（この 3D 表示全体が詳細を見るためにズームされていることから、小さいクラスタの中には視界から外れているものもあります）。図 5-2 に示すこの結果は、必ずしも分析を進展させるとは限りませんが、正常性のチェックとしては面白いでしょう。

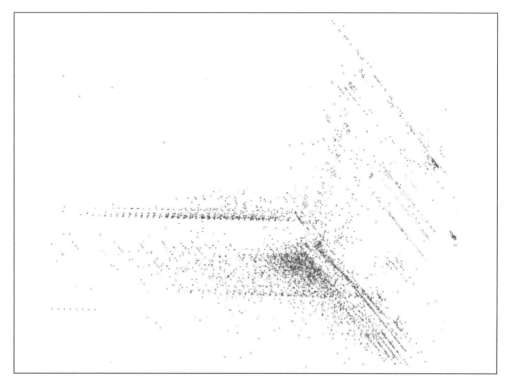

図5-2 正規化されたデータに対するランダムな3Dの射影

5.9 質的変数

　以前に、MLlibでK平均法が使うユークリッド距離の関数で利用できないことから、3つの質的特徴を除外しました。これは、**4章**で取り上げた、質的特徴が必要な場合に、量的特徴を使って質的特徴を表現したのと、逆のケースです。

　質的特徴は、one-hotエンコーディングを使い、複数の二値のインジケータ型の特徴に変換できます。変換後の特徴は、量的な次元と見なすことができます。例えば、2列目にはtcp、udp、icmpといったプロトコルの種類が含まれています。この特徴は、is_tcp、is_udp、is_icmpといった3つの特徴と見なすこともできるでしょう。tcpという1つの特徴の値は1,0,0であり、udpは0,1,0というようになります。本書の付属のソースコードでは、これらの質的特徴をこうした1つのone-hotエンコーディングで変換しています。ここではソースコードを再録することはしません。

　この新しい、大きなデータセットもはやり正規化してクラスタリングすることができます。おそらくはkの値はもっと大きくしてみることになるでしょう。個々のクラスタリングのジョブが大きくなってきているので、.parは外して、1度に処理するのは1つのモデルだけに戻す方が良いでしょう。

```
(80,0.038867919526032156)
(90,0.03633130732772693)
(100,0.025534431488492226)
(110,0.02349979741110366)
(120,0.015792113606181129)
(130,0.011155491535441237)
(140,0.010273258258627196)
(150,0.008779632525837223)
(160,0.009000858639068911)
```

これらの結果のサンプルからは、$k = 150$ とするのが良さそうです。このサイズで 10 回ずつ実行しているにもかかわらず、$k = 160$ ではクラスタリングの結果が改善されていません。これらのスコアについては、まだ多少の不確実さがあります。

5.10　エントロピーとラベルの利用

以前に、クラスタリングの品質の簡単なチェックのために、各データポイントに対して割り当てられたラベルを使いました。この表記をさらに形式化して、クラスタリングの品質の評価方法の 1 つとして利用し、k の選択に活かすことができます。

クラスタリングをうまく行えば、1 つあるいはいくつかの既知の攻撃が含まれ、他のものはほとんど含まれないクラスタ群が生成されると考えるのは妥当なことです。4 章で、均一性を計測するメトリクスを扱ったことを思い出したかも知れません。そう、ジニ不純度とエントロピーです。ここでは、エントロピーを使って見てみることにしましょう。

クラスタリングをうまく行えば、同一種類のラベルの集合を持つクラスタができるので、エントロピーは低くなることでしょう。従って、重みづけされたエントロピーの平均をクラスタのスコアとして利用できます。

```
def entropy(counts: Iterable[Int]) = {
  val values = counts.filter(_ > 0)
  val n: Double = values.sum
  values.map { v =>
    val p = v / n
    -p * math.log(p)
  }.sum
}

def clusteringScore(
    normalizedLabelsAndData: RDD[(String,Vector)],
    k: Int) = {
  ...

  val model = kmeans.run(normalizedLabelsAndData.values)
```

```
    val labelsAndClusters =
      normalizedLabelsAndData.mapValues(model.predict)   ❶

    val clustersAndLabels = labelsAndClusters.map(_.swap)   ❷

    val labelsInCluster = clustersAndLabels.groupByKey().values   ❸

    val labelCounts = labelsInCluster.map(
      _.groupBy(l => l).map(_._2.size))   ❹

    val n = normalizedLabelsAndData.count()

    labelCounts.map(m => m.sum * entropy(m)).sum / n   ❺
  }
```

❶ 各データに対するクラスタの予測

❷ キーと値を交換

❸ クラスタごとにラベルのコレクションを取り出す

❹ コレクション中のラベルのカウント

❺ クラスタのサイズで重みづけしたエントロピーの平均を取る

以前と同様に、この分析は適切な k の値についての情報を得るために利用できます。エントロピーは、k を増やしても必ずしも減るとは限らず、局所極小値に行き当たってしまうこともありうるでしょう。ここでもやはり、$k = 150$ が妥当な選択であることが示唆されています。

```
(80,1.0079370754411006)
(90,0.9637681417493124)
(100,0.94036151999645968)
(110,0.47317647785621114)
(120,0.37056636906883805)
(130,0.36584249542565717)
(140,0.10532529463749402)
(150,0.10380319762303959)
(160,0.14469129892579444)
```

5.11　クラスタリングの実際

最終的に、完全に正規化されたデータセットを、$k = 150$ で自信を持ってクラスタリングすることができます。今回も各クラスタに対するラベル群を出力して、得られたクラスタ群についての感覚をつかんでおきましょう。クラスタ群には、ほぼ1つのラベルだけが含まれているように見えます。

```
0 back. 6
0 neptune. 821239
0 normal. 255
0 portsweep. 114
0 satan. 31
...
90 ftp_write. 1
90 loadmodule. 1
90 neptune. 1
90 normal. 41253
90 warezclient. 12
...
93 normal. 8
93 portsweep. 7365
93 warezclient. 1
```

これで、実際の異常検出器を作ることができます。異常を検出するということは、新しいデータポイントから最も近い中心点への距離を測るということです。この距離が何らかの閾値を超えていたなら、それは異常だということになります。この閾値としては、例えば既知のデータの中で100番目に遠いデータポイントの距離を選ぶことができるでしょう。

```
val distances = normalizedData.map(
  datum => distToCentroid(datum, model)
)
val threshold = distances.top(100).last
```

最後のステップは、この閾値を新たにやってくるデータポイントのすべてに対して適用することです。例えば、Spark Streaming を使えば、Flume、Kafka あるいは HDFS 上のファイルといったソースからやってくる入力データの小さなバッチに対し、この関数を適用できます。閾値を超えたデータポイントがあれば、メールの送信やデータベースの更新といったアラートを発することができるでしょう。

例として、これをオリジナルのデータセットに対して適用し、いくつかのデータポイントが入力中でとても異常なものと考えられることを見てみましょう。結果を解釈するために、元々の入力行をパースされた特徴ベクトルと併せて保存しておきます。

```
val model = ...
val originalAndData = ...
val anomalies = originalAndData.filter { case (original, datum) =>
  val normalized = normalizeFunction(datum)
  distToCentroid(normalized, model) > threshold
}.keys
```

お遊びとして見てみると、チャンピオンは以下のデータポイントです。このモデルによれば、このデータが最も異常だということになります。

```
0,tcp,http,S1,299,26280,
0,0,0,1,0,1,0,1,0,0,0,0,0,0,0,0,15,16,
0.07,0.06,0.00,0.00,1.00,0.00,0.12,231,255,1.00,
0.00,0.00,0.01,0.01,0.01,0.00,0.00,normal.
```

ネットワークセキュリティのエキスパートであれば、これがなぜ実際におかしな接続なのか、あるいはそうでないのかをもっと解釈することができるかも知れません。これが普通ではないように見えるのは、少なくとも normal. というラベルが付けられていながら、同じサービスに対して短時間に 200 以上の異なる接続が行われており、終了時の TCP の状態が S1 という普通ではない状態になっているためのように見えます。

5.12 今後に向けて

KMeansModel は、それ自身が異常検出システムのエッセンスです。ここまで示してきたコードは、異常を検出するために KMeansModel をデータに対して適用する方法を示しています。同じコードを Spark Streaming（https://spark.apache.org/streaming/）内で使えば、新しいデータが来るたびにほぼリアルタイムでスコアを与え、アラートを発したり、レビューを求めたりすることができるでしょう。

MLlib には、KMeansModel の変種である StreamingKMeans もあります。これは、新しいデータが StreamingKMeansModel に来るたびに、クラスタリングをインクリメンタルに更新することができます。これを使えば、既存のクラスタに対して新しいデータを評価するだけではなく、新しいデータがクラスタリングに対して与える大まかな影響を、継続的に学び続けることもできるでしょう。これもまた、Spark Streaming と組み合わせることが可能です。

このモデルは、単純なものに過ぎません。例えば、このモデルでユークリッド距離を使ったのは、それが距離の関数として、現時点で Spark の MLlib でサポートされている唯一のものだからに過ぎません。将来的には、特徴の分散や関係性をもっとうまく評価できる、マハラノビス距離（https://ja.wikipedia.org/wiki/マハラノビス距離）のような距離の関数も使えるようになるかも知れません。

クラスタリングの品質評価のメトリクス（https://en.wikipedia.org/wiki/Cluster_analysis#Internal_evaluation）についても、ラベルなしで k を選択できる、さらに洗練されたシルエット係数（https://en.wikipedia.org/wiki/Silhouette_(clustering)）などを適用することができます。こうしたメトリクスは、1 つのクラスタ内でのポイントの距離だけではなく、ポイントから他のクラスタ群への距離も評価する傾向があります。

最後に、単純な K 平均法のクラスタリング以外にも、さまざまなモデルを適用することができます。例えば、混合ガウスモデル（http://bit.ly/1GzKhLJ）や DBSCAN（http://bit.ly/1GzKCOG）は、データポイントやクラスタの中心間の、より微妙な関係性をとらえることが

できるでしょう。

　将来的には、SparkのMLlibや、他のSparkベースのライブラリでこれらの実装も利用できるようになるかも知れません。

　もちろん、クラスタリングは異常検出のためだけのものではありません。実際には、クラスタリングが通常使われるのは、実際にクラスタが問題になるようなケースなのです！　例えば、クラスタリングは振る舞いや好みや属性に応じて顧客をグルーピングするために使われます。それぞれのクラスタそのものが、有益な識別された顧客のタイプを表すかも知れません。これは顧客をセグメント化する上で、恣意的で一般的な「20歳から34歳」や「女性」といった区分けに依存するよりも、もっとデータ主導型の方法なのです。

6章
潜在意味解析を使った
Wikipediaの理解

Sandy Ryza

> 去年のスノーデン達はどこにいたのかね？
> ——Yossarian 機長

　データエンジニアリングにおけるほとんどの作業は、クエリできる何らかのフォーマットにデータを構成することです。構造化されたデータに対しては、形式的な言語でクエリを実行できます。例えば、構造化されたデータがテーブル形式なら、SQL を使うことができます。テーブル形式のデータをアクセスできるようにするのは、簡単に実践できることではないとはいえ、高いレベルから見れば単純な作業ではあります。さまざまなデータソースからデータを取り出して1つのテーブルに格納し、おそらくはその過程でクレンジングや融合も行うことになるでしょう。構造化されていないテキストデータを扱う際の課題群は、それとはまったく異なったものになります。人が扱えるフォーマットにデータを整えるプロセスは、「組み立て」と呼べるようなものではなく、むしろ良くて「インデックスづけ」、あるいは状況が悪くなれば「強制的な変換」とでもいうべきものになります。標準的な検索インデックスを使えば、与えられた語の集合を含む一連の文書に対して、高速にクエリを実行できるようになります。とはいえ、場合によっては指定された文字列そのものを文書が含むか否かに関わらず、その特定の語を巡る概念に関係する文書を見つけたいことがあります。標準的な検索インデックスは、そのテキストの主題の中の潜在的な構造をとらえられないことが良くあります。

　潜在意味解析（Latent Semantic Analysis = LSA）は、自然言語の処理と、文書のコーパス及びそれらの文書中の語の間の関係をよりよく理解しようとする情報抽出の手法の1つです。LSA では、コーパスを要約して、関連する**概念**の集合を生成します。それぞれの概念は、データ中の変化の流れをとらえるものであり、多くの場合そのコーパスで議論されているトピックに対応します。まだ数学には踏み込みませんが、それぞれの概念には、コーパス中の各文書に対する関連度、コーパス中の各語に対する関連度、データセット中における分散を示す上でその概念がどれほど役立つかを反映する重要度のスコアという、3つの属性があります。例えば、LSA は "Asimov" と "robot" という語と、"Foundation series" 及び "Science Fiction" という文書に対して、高い関連度を持つ概念を見つけるかも知れません[†]。最も重要な概念だけを選択することで、LSA は関連性

[†] 訳注：アイザック・アシモフの有名な SF である『ファウンデーション』シリーズには、ロボットも登場します。

の低いノイズを捨て去り、共起する要素をマージし、データのシンプルな表現を見つけ出すことができるのです。

　この簡潔な表現は、さまざまなタスクで利用できます。この表現からは、語同士、文書同士、語と文書間の相似性のスコアが得られます。これらのスコアの算出は、概念がコーパス中の分散パターンをカプセル化していることによって、単純な語の出現回数や共起の回数よりも深い理解に基づいて行えるのです。こうした相似性の計測値は、クエリの語に関連する文書群の検索や、トピックごとの文書のグループ化、関連語の発見といったタスクにとって理想的です。

　LSAは、この低次元の表現を、**特異値分解**（singular value decomposition = SVD）と呼ばれる線形代数の手法を使って見つけ出します。SVDは、3章で説明したALSの因子分解をもっと強力にしたものと考えることができます。SVDでは、まずそれぞれの文書中の単語の出現頻度をカウントすることによって、**語 - 文書行列**を生成します。この行列では、各文書が列、各語が行に相当し、それぞれの要素は文書中の語の重要度を表します。そしてSVDはこの行列を、文書に関係する概念を表現する行列と、語に関係する概念を表現する行列と、それぞれの概念の重要度を含む行列という3つの行列に因子分解します。これらの行列の構造は、元々の行列から、重要度が低い概念に対応する量と列を取り除くことによって**低ランク近似**を行えるようになっています。これはすなわち、この低ランク近似中の行列を掛け合わせれば、元々の行列に近い行列を生成できるということです。このとき、概念を取り除いていくにつれて、忠実性が失われていくことになります。

　本章では、潜在意味解析に基づき、人類の知識のすべてに対するクエリを実行できるようにするという、控えめなタスクに取り組みます。さらに詳しく言えば、生のテキストとしては46GBに及ぶ、Wikipediaが持つすべての記事を含むコーパスにLSAを適用します。読み取り、クレンジング、数値形式への変換といった、データの前処理にSparkを使う方法を取り上げます。SVDの計算方法と、その解釈及び利用方法を説明します。

　SVDの適用分野は、LSA以外にも広範囲に及びます。SVDは、気候学的なトレンドの検出（マイケルマンの有名なホッケースティックグラフ https://ja.wikipedia.org/wiki/ホッケースティック論争）、顔認識、画像圧縮といった、さまざまな領域に登場します。Sparkでの実装は、巨大なデータセットに対して行列の因子分解を実行できることから、この手法にとっての新しい応用分野が開けていくことになるでしょう。

6.1　語-文書行列

　LSAでは、分析をはじめる前にコーパスの生のテキストを語 - 文書行列に変換しなければなりません。この行列では、各行はコーパス中に現れる語を表します。大まかに言えば、それぞれの位置の値は、その行の語の、その列の文書における重要度に対応します。重みづけの仕組みはいくつも提案されていますが、現時点で最も広く使われているのは、**語の出現頻度**に**逆文書頻度**をかけた値です。これは縮めて、一般的にTF-IDFと呼ばれます。

```
def termDocWeight(termFrequencyInDoc: Int, totalTermsInDoc: Int,
    termFreqInCorpus: Int, totalDocs: Int): Double = {
```

```
    val tf = termFrequencyInDoc.toDouble / totalTermsInDoc
    val docFreq = totalDocs.toDouble / termFreqInCorpus
    val idf = math.log(docFreq)
    tf * idf
}
```

TF-IDFは、語から文書への関係性に関する2つの直感的な事項を捉えます。1つは、ある語が文書中で頻繁に登場すればするほど、その語はその文書にとって重要であるということです。もう1つは、全体を見たときに、すべての語が等しいわけではないということです。ほとんどの文書中に現れる語よりも、コーパス全体を見たときにほとんど登場していない語が登場することの方が大きな意味を持つので、このメトリクスはコーパス全体の中での文書中の語の登場回数の**逆数**を使います。

コーパス中の語の登場頻度は、指数的に分布する傾向があります。広く使われている語は、しばしばそれほどでもない語の10倍の登場頻度を持ちますが、それほどでもない語であっても、珍しい語に比べれば10倍から100倍も登場していることがあります。生の逆文書頻度によるメトリックに基づいてしまうと、珍しい語が非常に大きな重みを持つことになり、他のすべての語のインパクトが無視されてしまうことになってしまうかも知れません。この分散を捉えるのに、このスキームでは、逆文書頻度の**対数**を使います。こうして乗法的な差を加算的な差に変換することによって、文書の頻度の差異を緩和することができます。

このモデルは、いくつかの前提に依存しています。それぞれの文書は "bag of terms" として扱われます。これはすなわち、語の順序や文章の構造、あるいは否定などには注意が払われないということです。各語は1度しか見ないことから、このモデルは同じ語を複数の意味で使うような、多義性を扱うことが苦手です。例えば、このモデルは **band** という語が "Radiohead is the best band ever" という文章で使われた場合と、"I broke a rubber band." という文章で使われた場合の違いを区別することができません。これらの文章がどちらもコーパス中で頻繁に登場する場合、このモデルは **Radiohead** を **rubber** に関連づけてしまうかも知れません。

このコーパスには、1千万の文書があります。微妙な技術的専門用語も含めれば、英語にはおよそ100万の語があり、その中の数万語の部分集合が、おそらくはこのコーパスを理解するのに役立つことでしょう。コーパスに含まれる文書は語の数より多いので、語と文書の行列は、文書に対応する疎なベクトルのコレクションとして生成するのが最も妥当でしょう。

生のWikipediaのダンプをこの形式に変換するには、数ステップの前処理が必要になります。まず、入力データは単一の巨大なXMLファイルになっており、その中で<page>タグで文書が区切られています。これは分割し、Wikiのフォーマットをプレーンなテキストにして次のステップに渡す必要があります。そしてこのプレーンなテキストはトークンに分割し、**レンマ化**と呼ばれるプロセスを通じてさまざまな語形を語幹に揃えます。そして、これらの語幹を使って語の出現頻度と文書の頻度を計算します。最後のステップは、これらの頻度を結合し、実際のベクトルオブジェクトを構築します。

最初のステップは、各ドキュメントに対して完全に並列に実行できますが (Sparkでは、これは

map の関数群で行います）、逆文書頻度の計算は、すべてのドキュメントに渡っての集計が必要になります。これらのタスクについては、便利な汎用の NLP のツールや、Wikipedia 用の抽出ツールがたくさんあります。

6.2　データの入手

Wikipedia は、すべての記事のダンプを用意してくれています。完全なダンプは、単一の大きな XML ファイルになっています。これは **http://dumps.wikimedia.org/enwiki** からダウンロードできるので、以下のようにして HDFS に置いてください。

```
$ curl -s -L http://dumps.wikimedia.org/enwiki/latest/\
$ enwiki-latest-pages-articles-multistream.xml.bz2 \
$   | bzip2 -cd \
$   | hadoop fs -put - /user/ds/wikidump.xml
```

これには少し時間がかかるでしょう。

6.3　データのパースと準備

以下のリストは、ダンプの先頭の部分です。

```
<page>
  <title>Anarchism</title>
  <ns>0</ns>
  <id>12</id>
  <revision>
    <id>584215651</id>
    <parentid>584213644</parentid>
    <timestamp>2013-12-02T15:14:01Z</timestamp>
    <contributor>
      <username>AnomieBOT</username>
      <id>7611264</id>
    </contributor>
    <comment>Rescuing orphaned refs (&quot;autogenerated1&quot; from rev
    584155010; &quot;bbc&quot; from rev 584155010)</comment>
    <text xml:space="preserve">{{Redirect|Anarchist|the fictional character|
    Anarchist (comics)}}
{{Redirect|Anarchists}}
{{pp-move-indef}}
{{Anarchism sidebar}}

'''Anarchism''' is a [[political philosophy]] that advocates [[stateless society|
stateless societies]] often defined as [[self-governance|self-governed]] voluntary
institutions,&lt;ref&gt;&quot;ANARCHISM, a social philosophy that rejects
authoritarian government and maintains that voluntary institutions are best suited
to express man's natural social tendencies.&quot; George Woodcock.
```

```
&quot;Anarchism&quot; at The Encyclopedia of Philosophy&lt;/ref&gt;&lt;ref&gt;
&quot;In a society developed on these lines, the voluntary associations which
already now begin to cover all the fields of human activity would take a still
greater extension so as to substitute
...
```

さあ、Spark シェルを立ち上げてください。本章では、仕事を楽にするために、いくつかのライブラリを利用します。GitHub のリポジトリには、すべての依存対象がまとめてパッケージ化された JAR ファイルを構築するのに使える Maven のプロジェクトが含まれています。

```
$ cd lsa/
$ mvn package
$ spark-shell --jars target/ch06-lsa-1.0.0-jar-with-dependencies.jar
```

この中には XmlInputFormat というクラスがあります。これは、Apache Mahout プロジェクトから取ったもので、巨大な Wikipedia のダンプを文書に分割してくれます。これを使って RDD を生成するには、以下のようにします。

```
import com.cloudera.datascience.common.XmlInputFormat
import org.apache.hadoop.conf.Configuration
import org.apache.hadoop.io._

val path = "hdfs:///user/ds/wikidump.xml"
@transient val conf = new Configuration()
conf.set(XmlInputFormat.START_TAG_KEY, "<page>")
conf.set(XmlInputFormat.END_TAG_KEY, "</page>")
val kvs = sc.newAPIHadoopFile(path, classOf[XmlInputFormat],
  classOf[LongWritable], classOf[Text], conf)
val rawXmls = kvs.map(p => p._2.toString)
```

Wiki の XML を記事のコンテンツのプレーンなテキストに変換する作業を説明するには、丸々 1 つの章が必要になりますが、ありがたいことに Cloud9 プロジェクトは、この処理を完全にこなしてくれる API を提供してくれています。

```
import edu.umd.cloud9.collection.wikipedia.language._
import edu.umd.cloud9.collection.wikipedia._

def wikiXmlToPlainText(xml: String): Option[(String, String)] = {
  val page = new EnglishWikipediaPage()
  WikipediaPage.readPage(page, xml)
  if (page.isEmpty) None
  else Some((page.getTitle, page.getContent))
}

val plainText = rawXmls.flatMap(wikiXmlToPlainText)
```

6.4 レンマ化

プレーンテキストができたなら、次はそれを bag of terms に変換しなければなりません。いくつかの理由から、このステップには注意が必要です。第一に、**the** や **is** といった一般的な語はかなりの領域を占めますが、どうがんばってもこのモデルに対して有益な情報はもたらしません。一連の**ストップワード**を除外することで、領域を節約し、忠実度を改善することができます。第二に、同じ意味を持つ語が、微妙に異なる形式になることがあります。例えば、**monkey** と **monkeys** は別々の語として扱うべきではありません。**nationalize** と **nationalization** も同様です。これらのさまざまな語形を単一の語にまとめる処理は、**ステミングやレンマ化**と呼ばれます。ステミングは、語の末尾にある文字を切り捨てるための発見的な手法を指しますが、それに対してレンマ化はもっと原理原則に沿ったアプローチです。例えば、ステミングは **drew** を **dr** に切り詰めてしまいますが、レンマ化ではもっと正確に **draw** を出力するかも知れません。Stanford Core NLP プロジェクトは、レンマ化を行う素晴らしいツールを提供しており、これは Java の API を持っているので、Scala から利用することができます。以下のコードは、プレーンテキストの文書の RDD を受け取り、レンマ化とストップワードのフィルタリングの両方を行います。

```
import java.util.Properties
import edu.stanford.nlp.pipeline._
import edu.stanford.nlp.ling.CoreAnnotations._
import org.apache.spark.rdd.RDD

def createNLPPipeline(): StanfordCoreNLP = {
  val props = new Properties()
  props.put("annotators", "tokenize, ssplit, pos, lemma")
  new StanfordCoreNLP(props)
}

def isOnlyLetters(str: String): Boolean = {
  str.forall(c => Character.isLetter(c))
}

def plainTextToLemmas(text: String, stopWords: Set[String],
    pipeline: StanfordCoreNLP): Seq[String] = {
  val doc = new Annotation(text)
  pipeline.annotate(doc)

  val lemmas = new ArrayBuffer[String]()
  val sentences = doc.get(classOf[SentencesAnnotation])
  for (sentence <- sentences;
       token <- sentence.get(classOf[TokensAnnotation])) {
    val lemma = token.get(classOf[LemmaAnnotation])
    if (lemma.length > 2 && !stopWords.contains(lemma)
        && isOnlyLetters(lemma)) { ❶
      lemmas += lemma.toLowerCase
```

```
      }
    }
    lemmas
  }

  val stopWords = sc.broadcast(
    scala.io.Source.fromFile("stopwords.txt").getLines().toSet).value
    val lemmatized: RDD[(String, Seq[String])] = plainText.mapPartitions(iter => {
      val pipeline = createNLPPipeline()
      iter.map{ case(title, contents) =>
        (title, plainTextToLemmas(contents, stopWords, pipeline))
      }
  }) ❷
```

❶ ゴミを取り除くための最小限のレンマを指定する

❷ mapPartitions を使って、NLP パイプラインオブジェクトの初期化が文書ごとにではなく、パーティションごとに 1 度だけ行われるようにする

6.5　TF-IDFの計算

この時点で、`lemmatized` は語の配列からなる RDD を参照しています。それぞれの語の配列は、文書に対応しています。次のステップは、それぞれの文書内の語の出現頻度と、コーパス全体の中での語の出現頻度の計算です。以下のコードは、語と、その語の各文書内での出現回数の map を構築します。

```
import scala.collection.mutable.HashMap

val docTermFreqs = lemmatized.mapValues(terms => {
  val termFreqsInDoc = terms.foldLeft(new HashMap[String, Int]()) {
    (map, term) => map += term -> (map.getOrElse(term, 0) + 1)
  }
  termFreqsInDoc
})
```

これで得られる RDD は、この後少なくとも 2 回使われることになります。1 回は逆文書頻度の計算で、もう 1 回は最終的な語 - 文書の行列の計算です。従って、これをメモリにキャッシュしておくのは良いアイデアです。

```
docTermFreqs.cache()
```

文書の頻度を計算するアプローチは、いくつか考えておくと良いでしょう（例えば、それぞれの語に対して、コーパス全体の中でその語が現れる文書数を数えるなど）。この RDD が最初に参照される逆文書頻度の計算では、`aggregate` アクションを使って語から頻度へのローカルな map を

各パーティションで作成し、そしてそれらの map をすべてドライバでマージします。aggregate は、2 つの関数を引数として取ります。1 つは、パーティション単位の結果オブジェクトにレコードをマージする関数で、もう 1 つはそういった結果の 2 つのオブジェクトをマージする関数です。この場合、それぞれのレコードは語から文書内の頻度への map です。このレコードが集計され、結果のオブジェクトが同じ型（例えば合計）を持っているなら reduce が役立ちますが、この場合のように型が異なるなら、aggregate がもっと強力な選択肢です。

```
val zero = new HashMap[String, Int]()
def merge(dfs: HashMap[String, Int], tfs: HashMap[String, Int])
  : HashMap[String, Int] = {
  tfs.keySet.foreach { term =>
    dfs += term -> (dfs.getOrElse(term, 0) + 1)
  }
  dfs
}
def comb(dfs1: HashMap[String, Int], dfs2: HashMap[String, Int])
  : HashMap[String, Int] = {
  for ((term, count) <- dfs2) {
    dfs1 += term -> (dfs1.getOrElse(term, 0) + count)
  }
  dfs1
}
docTermFreqs.map(_._2).aggregate(zero)(merge, comb)
```

これをコーパス全体に対して実行すると、以下のエラーが吐かれます。

```
java.lang.OutOfMemoryError: Java heap space
```

何が起きているのでしょうか？　どうやら、すべての文書の語の完全な集合がメモリに収まらず、ドライバが耐えられなかったようです。いったいいくつの語があるのでしょうか？

```
docTermFreqs.flatMap(_._2.keySet).distinct().count()
...
res0: Long = 9014592
```

これらの語の多くはゴミか、コーパス中で 1 度しか現れないものです。頻度の低い語をフィルタリングすることで、パフォーマンスが向上し、ノイズが除去できます。出現頻度の上位 N 語だけを残すのが、妥当な選択肢です。ここで N は、数万程度を選択します。以下のコードは、文書の頻度を分散処理で計算します。これは、シンプルな MapReduce のショウケースとして広く使われている、クラシックなワードカウントのジョブに似ています。語と 1 という数値のキー - 値ペアが、文書中の語の出現ごとに出力され、reduceByKey が各語のデータセット全体の中での数値の集計を行います。

```
val docFreqs = docTermFreqs.flatMap(_._2.keySet).map((_, 1)).
  reduceByKey(_ + _)
```

top アクションは、値の大きい上位 N レコードをドライバに返します。カスタムの Ordering を使えば、この処理を語 - カウントのペアに対して実行できます。

```
val numTerms = 50000
val numDocs = 10
val ordering = Ordering.by[(String, Int), Int](_._2)
val topDocFreqs = docFreqs.top(numTerms)(ordering)
```

文書の頻度が用意できたので、逆文書頻度が計算できます。語が参照されるたびにこの値をエグゼキュータ内で計算するのに比べて、ドライバ内で計算を行うことで、冗長な浮動小数点数の計算を多少節約できます。

```
val idfs = topDocFreqs.map{
  case (term, count) => (term, math.log(numDocs.toDouble / count))
}.toMap
```

語の出現頻度と逆文書頻度は、TF-IDF ベクトルを計算するのに必要な数値です。とはいえ、最後にもう 1 つ必要な処理があります。それは、この時点では map のキーは文字列になっていますが、MLlib に処理させるためには、数値をキーとするベクトルに変換しなければならないのです。前者から後者を生成するには、各語にユニークな ID を割り当てます。

```
val idTerms = idfs.keys.zipWithIndex.toMap
val termIds = idTerms.map(_.swap)
```

語の ID の map は非常に大きく、いくつかの場所で使うことになるので、ブロードキャストしておきましょう。

```
val bTermIds = sc.broadcast(termIds).value
val bIdfs = sc.broadcast(idfs).value
val bIdTerms = sc.broadcast(idTerms).value
```

最後に、TF-IDF で重みづけされたベクトルを各文書に対して生成して、すべてをまとめ上げましょう。疎なベクトルを使っているのは、それぞれの文書が含む語の集合は、語の全体の集合から見れば小さな部分集合にしか過ぎないためです。MLlib の疎なベクトルを構築するには、サイズとインデックス - 値ペアのリストを渡します。

```
val termDocMatrix = docTermFreqs.map(_._2).map(termFreqs => {
  val docTotalTerms = termFreqs.values().sum
  val termScores = termFreqs.filter {
    case (term, freq) => bIdTerms.contains(term)
```

```
    }.map{
      case (term, freq) => (bIdTerms(term),
        bIdfs(term) * termFreqs(term) / docTotalTerms)
    }.toSeq
    Vectors.sparse(bIdTerms.size, termScores)
})
```

6.6 特異値分解

語 - 文書の行列 M ができたので、分析を因子分解と次元削減へと進めることができるようになりました。MLlib には、巨大な行列を扱うことができる特異値分解（SVD）の実装が含まれています。特異値分解は、$m \times n$ の行列を取り、掛け合わせるとほぼこの行列と等しくなる3つの行列を返します。

$$M \approx U S V^T$$

- U は $m \times k$ の行列で、列は文書空間の正規直交基底を形成する

- S は $k \times k$ の対角行列で、それぞれの要素は1つの概念の強度に対応する

- V は $k \times n$ の行列で、列は語空間の正規直交基底を形成する

LSA の場合、m は文書の番号で、n は語の番号です。この分解にはパラメータとして n 以下の数値である k があり、保持する概念数を指定します。$k = n$ の場合、因子行列の積はオリジナルの行列を正確に再構成します。$k < n$ の場合、積の結果はオリジナルの行列の低ランク近似になります。通常、k には n よりもはるかに小さな値を選択します。SVD は、k 個の概念だけを使って表現しなければならないというという制約の下で、この近似ができる限りオリジナルの行列に近いものになることを保証します（これは L2 ノルムの差異、すなわち二乗の合計として定義されています）。

行列の特異値分解を得るには、行ベクトルの RDD を RowMatrix でラップし、computeSVD を呼びます。

```
import org.apache.spark.mllib.linalg.distributed.RowMatrix

termDocMatrix.cache()
val mat = new RowMatrix(termDocMatrix)
val k=1000
val svd = mat.computeSVD(k, computeU=true)
```

この演算処理は、データに対して複数回処理を行う必要があるので、RDD はメモリにキャッシュしておくべきです。演算に際しては、ドライバに $O(nk)$、各タスクに $O(n)$ の領域が必要になり、データに対する処理のサイクルは $O(k)$ になります。

語空間のベクトルは、各語に対する重みを持ったベクトルであり、**文書空間**のベクトルは、各文

書に対する重みを持ったベクトルであり、**概念空間**のベクトルは、各概念に対する重みを持ったベクトルであることを思い出してください。それぞれの語、文書、概念は、それぞれの空間における**座標軸**を定義し、語、文書、概念の持つ重みは、その座標軸上の長さを意味します。それぞれの語や文書のベクトルは、概念空間の対応するベクトルにマッピングできます。それぞれの概念ベクトルには、多くの語や文書ベクトルがマッピングされることがあります。それらの語や文書のベクトルには、逆に概念から変換されたときにマッピングされる正統的な語や文書のベクトルが含まれています。

V は、$n \times k$ の行列で、各行は語に、各列は概念に対応します。この行列は、語空間（この空間内の点は k 次元のベクトルで、各語の重みを保持します）と概念空間（この空間内の点は k 次元のベクトルで、各概念の重みを保持します）のマッピングを定義するものです。

同様に、U は $m \times k$ の行列で、各行が文書に、各列が概念に対応します。この行列は、文書空間と概念空間のマッピングを定義するものです。

S は $k \times k$ の対角行列で、特異値を保持します。S のそれぞれの対角要素は、1つの概念(すなわち V の列や U の列) に対応します。これらの特異値の大きさは、その概念の重要度、すなわちそのデータの分散を説明する力に対応します。（非効率的な）SVC の実装では、ランク k の分解を得るのに、ランク n の分解から始めて、$n-k$ の最小の特異値を、k 個の特異値が残るまで捨てていきます（この時、U と V の対応する列も捨てていきます）。LSA における重要な洞察は、そのデータを表現するのに重要な概念の数は少ないということです。行列 S の要素は、それぞれの概念の重要度を直接示します。それらはまた、MM^T の固有値の平方根にもなっています。

6.7 重要な概念の発見

従って、SVD は大量の数値を出力します。それらが実際に役立つ何かに関係していることを確かめるには、どうすれば良いのでしょうか？ 行列 V には、それぞれの概念の列と、それぞれの語の行が含まれています。それぞれの要素の値は、語と概念の関係性と考えることができます。これはすなわち、以下のようにすれば、最も重要な概念群への関連性の高い語が得られるということです。

```
import scala.collection.mutable.ArrayBuffer

val v = svd.V
val numConcepts = 10
val topTerms = new ArrayBuffer[Seq[(String, Double)]]()
val docIds = docTermFreqs.map(_._1).
  zipWithUniqueId().map(_.swap).collectAsMap().toMap
for (i <- 0 until numConcepts) {
  val offs = i * v.numRows
  val termWeights = arr.slice(offs, offs + v.numRows).zipWithIndex
  val sorted = termWeights.sortBy(-_._1)
  topTerms += sorted.take(numTerms).map{
    case (score, id) => (termIds(id), score)
```

```
    }
  }
  topTerms
```

V は、ドライバのプロセスにローカルなメモリ内の行列であり、この演算処理は分散処理されないことに注意してください。U を使えば重要な概念のそれぞれに対応する語も同様に得られますが、U は分散保存された行列なので、コードは少し異なった形になります。

```
import org.apache.spark.mllib.linalg.SingularValueDecomposition
import org.apache.spark.mllib.linalg.Matrix

def topDocsInTopConcepts(
    svd: SingularValueDecomposition[RowMatrix, Matrix],
    numConcepts: Int, numDocs: Int, docIds: Map[Long, String])
  : Seq[Seq[(String, Double)]] = {
  val u = svd.U
  val topDocs = new ArrayBuffer[Seq[(String, Double)]]()
  for (i <- 0 until numConcepts) {
    val docWeights = u.rows.map(_.toArray(i)).zipWithUniqueId()
    topDocs += docWeights.top(numDocs).map{
      case (score, id) => (docIds(id), score) ❶
    }
  }
  topDocs
}
```

❶ 文書 ID のマッピングの生成処理は難しくありませんが、説明の邪魔にならないように紙面では省いています。この処理については、リポジトリを参照してください。

最初のいくつかの概念を確認してみましょう。

```
val topConceptTerms = topTermsInTopConcepts(svd, 4, 10, termIds)
val topConceptDocs = topDocsInTopConcepts(svd, 4, 10, docIds)
for ((terms, docs) <- topConceptTerms.zip(topConceptDocs)) {
  println("Concept terms: " + terms.map(_._1).mkString(", "))
  println("Concept docs: " + docs.map(_._1).mkString(", "))
  println()
}

Concept terms: summary, licensing, fur, logo, album, cover, rationale,
  gif, use, fair
Concept docs: File:Gladys-in-grammarland-cover-1897.png,
  File:Gladys-in-grammarland-cover-2010.png, File:1942ukrpoljudeakt4.jpg,
  File:Σακελλαρίδης.jpg, File:Baghdad-texas.jpg, File:Realistic.jpeg,
  File:DuplicateBoy.jpg, File:Garbo-the-spy.jpg, File:Joysagar.jpg,
  File:RizalHighSchoollogo.jpg
```

```
Concept terms: disambiguation, william, james, john, iran, australis,
    township, charles, robert, river
Concept docs: G. australis (disambiguation), F. australis (disambiguation),
    U. australis (disambiguation), L. maritima (disambiguation),
    G. maritima (disambiguation), F. japonica (disambiguation),
    P. japonica (disambiguation), Velo (disambiguation),
    Silencio (disambiguation), TVT (disambiguation)

Concept terms: licensing, disambiguation, australis, maritima, rawal,
    upington, tallulah, chf, satyanarayana, valerie
Concept docs: File:Rethymno.jpg, File:Ladycarolinelamb.jpg,
    File:KeyAirlines.jpg, File:NavyCivValor.gif, File:Vitushka.gif,
    File:DavidViscott.jpg, File:Bigbrother13cast.jpg, File:Rawal Lake1.JPG,
    File:Upington location.jpg, File:CHF SG Viewofaltar01.JPG

Concept terms: licensing, summarysource, summaryauthor, wikipedia,
    summarypicture, summaryfrom, summaryself, rawal, chf, upington
Concept docs: File:Rethymno.jpg, File:Wristlock4.jpg, File:Meseanlol.jpg,
    File:Sarles.gif, File:SuzlonWinMills.JPG, File:Rawal Lake1.JPG,
    File:CHF SG Viewofaltar01.JPG, File:Upington location.jpg,
    File:Driftwood-cover.jpg, File:Tallulah gorge2.jpg

Concept terms: establishment, norway, country, england, spain, florida,
    chile, colorado, australia, russia
Concept docs: Category:1794 establishments in Norway,
Category:1838 establishments in Norway,
    Category:1849 establishments in Norway,
    Category:1908 establishments in Norway,
    Category:1966 establishments in Norway,
    Category:1926 establishments in Norway,
    Category:1957 establishments in Norway,
    Template:EstcatCountry1stMillennium,
    Category:2012 establishments in Chile,
    Category:1893 establishments in Chile
```

最初の概念についての文書はすべて画像ファイルで、語は画像の属性とライセンスに関係するもののようです。2番目の概念は、曖昧性の除去（disambiguation）に関するページのようです。おそらくこのダンプは生のWikipediaの記事に限定されておらず、管理のページや議論のページもごっちゃになっているのでしょう。中間ステージの出力を調べてみると、こうした問題を早期に捉える役に立ちます。ありがたいことに、Cloud9はこうしたことを抜き出すための機能を提供してくれています。更新された`wikiXmlToPlainText`メソッドは、以下のようになります。

```
def wikiXmlToPlainText(xml: String): Option[(String, String)] = {
    ...
    if (page.isEmpty || !page.isArticle || page.isRedirect ||
```

```
      page.getTitle.contains("(disambiguation)")) {
  }else{
    Some((page.getTitle, page.getContent))
  }
}
```

フィルタリングされた文書の集合に対して処理のパイプラインを再実行すると、もっと妥当な結果が得られます。

```
Concept terms: disambiguation, highway, school, airport, high, refer,
  number, squadron, list, may, division, regiment, wisconsin, channel,
  county
Concept docs: Tri-State Highway (disambiguation),
  Ocean-to-Ocean Highway (disambiguation), Highway 61 (disambiguation),
  Tri-County Airport (disambiguation), Tri-Cities Airport (disambiguation),
  Mid-Continent Airport (disambiguation), 99 Squadron (disambiguation),
  95th Squadron (disambiguation), 94 Squadron (disambiguation),
  92 Squadron (disambiguation)

Concept terms: disambiguation, nihilistic, recklessness, sullen, annealing,
  negativity, initialization, recapitulation, streetwise, pde, pounce,
  revisionism, hyperspace, sidestep, bandwagon
Concept docs: Nihilistic (disambiguation), Recklessness (disambiguation),
  Manjack (disambiguation), Wajid (disambiguation), Kopitar (disambiguation),
  Rocourt (disambiguation), QRG (disambiguation),
  Maimaicheng (disambiguation), Varen (disambiguation), Gvr (disambiguation)

Concept terms: department, commune, communes, insee, france, see, also,
  southwestern, oise, marne, moselle, manche, eure, aisne, isere
Concept docs: Communes in France, Saint-Mard, Meurthe-et-Moselle,
  Saint-Firmin, Meurthe-et-Moselle, Saint-Clement, Meurthe-et-Moselle,
  Saint-Sardos, Lot-et-Garonne, Saint-Urcisse, Lot-et-Garonne, Saint-Sernin,
  Lot-et-Garonne, Saint-Robert, Lot-et-Garonne, Saint-Leon, Lot-et-Garonne,
  Saint-Astier, Lot-et-Garonne

Concept terms: genus, species, moth, family, lepidoptera, beetle, bulbophyllum,
  snail, database, natural, find, geometridae, reference, museum, noctuidae
Concept docs: Chelonia (genus), Palea (genus), Argiope (genus), Sphingini,
  Cribrilinidae, Tahla (genus), Gigartinales, Parapodia (genus),
  Alpina (moth), Arycanda (moth)

Concept terms: province, district, municipality, census, rural, iran,
  romanize, population, infobox, azerbaijan, village, town, central,
  settlement, kerman
Concept docs: New York State Senate elections, 2012,
  New York State Senate elections, 2008,
```

```
    New York State Senate elections, 2010,
    Alabama State House of Representatives elections, 2010,
    Albergaria-a-Velha, Municipalities of Italy, Municipality of Malmo,
    Delhi Municipality, Shanghai Municipality, Goteborg Municipality

Concept terms: genus, species, district, moth, family, province, iran, rural,
   romanize, census, village, population, lepidoptera, beetle, bulbophyllum
Concept docs: Chelonia (genus), Palea (genus), Argiope (genus), Sphingini,
   Tahla (genus), Cribrilinidae, Gigartinales, Alpina (moth), Arycanda (moth),
   Arauco (moth)

Concept terms: protein, football, league, encode, gene, play, team, bear,
   season, player, club, reading, human, footballer, cup
Concept docs: Protein FAM186B, ARL6IP1, HIP1R, SGIP1, MTMR3,
   Gem-associated protein 6, Gem-associated protein 7, C2orf30, OS9 (gene),
   RP2 (gene)
```

最初の2つの概念は曖昧なままですが、残りは意味のある分類に対応しているように見えます。3番目の概念はフランスの場所から構成されており、4番目と6番目の概念は、動物と虫の分類のようです。5番目の概念は、選挙や自治体、政府に関係しています。7番目の記事群はタンパク質に関係していますが、語の中にはフットボールに関係しているものもあるので、おそらくはパフォーマンス向上の薬物とフィットネスが混ざっているのでしょうか？ それぞれに予想外の語が現れてはいるものの、どの概念にも主題の一貫性があります。

6.8　低次元での表現を使ったクエリとスコアリング

　語と文書はどれほど関係しているでしょうか？ 2つの語は、どれほど関係しているでしょうか？ クエリに含まれる一群の語に対して、最もマッチするのはどのドキュメントでしょうか？ オリジナルの語 - 文書の行列は、これらの疑問に対して回答する浅い方法を提供してくれます。2つの語の間の関連性のスコアは、行列内におけるこの2つの列ベクトル間の**コサイン類似度**を計算することによって得られます。コサイン類似度は、2つのベクトル間の角度を計測するものです。高次元の文書空間内で同じ方向を向いているベクトル同士は、お互いに関連していると考えられます。これは、両ベクトルの長さの積でそれぞれのベクトルを割り、そのドット積を計算することで得られます。コサイン類似度は、自然言語と情報抽出のアプリケーションにおいて、語と文書の重みベクトル間の類似度を示すメトリックとして広く使われています。同様に、2つの文書についても、相似スコアは2つの行ベクトル間のコサイン類似度として計算できます。語と文書の相似スコアは単純で、行列における語と文書の交差点の要素で得ることができます。

　とはいえ、これらのスコアは語や文書の関係についての浅い知識から来たものであり、単純な出現頻度に依存しています。LSAでは、概念についてのもっと深い理解に基づくスコアが得られます。例えば、**Normandy Landing**（ノルマンディー上陸）という記事の文書が**artillery**（砲台）という語をまったく含まず、ただし**howitzer**（榴弾砲）という語に頻繁に言及している場合、

LSAの表現は他の文書でのartilleryとhowitzerとの共起に基づき、artilleryとこの記事の関係を回復できるかも知れません。

LSAの表現には、効率性の面でもメリットがあります。LSAの表現は、重要な情報を低次元の表現にまとめており、オリジナルの語 - 文書行列の代わりにこの表現を使うことができます。特定の語に最も関係が深い語の集合を得るというタスクを考えてみましょう。単純なアプローチでは、その語の列ベクトルと、語 - 文書行列中の他のすべての列ベクトルとのドット積を計算する必要があります。この処理には、語数と文書数の積に比例する回数の乗算が必要になります。LSAでは、概念空間の表現をルックアップし、それを語の空間にマッピングし直すだけで同じ処理ができるので、乗算の回数は語数とkとの積に比例するだけです。低ランク近似は、データ内の関連性のパターンを符号化することによって、完全なコーパスに対するクエリを不要にしてくれます。

6.9 語と語の関連度

LSAは、2つの語の間の関係を、再構築された低ランクの行列中のそれらの語に対応する2つの列の間のコサイン類似度として理解します。すなわち、その行列は、3つの近似因子を掛け合わせ直した場合に得られる行列です。LSAの背景となっている考え方の1つは、この行列が元々のデータの表現に比べて、より有益なデータの表現方法を提供しているということです。この行列は、以下のようにその表現を提供します。

- 関連する語をまとめることで、同義性を説明できる。

- 複数の意味を持つ語の重みを下げることで、多義性を説明できる。

- ノイズを除去できる。

ただし実際には、この行列の内容を計算しなくても、コサイン類似度を得ることができます。線形代数の操作を多少するだけで、再構築された行列内の2つの列のコサイン類似度は、SV^T中の対応する列同士のコサイン類似度に完全に等しいことがわかります。特定の語に最も関連性の深い語の集合を得るタスクについて考えてみましょう。ある語と、他のすべての語とのコサイン類似度を得るということは、VS中の各行を長さ1に正規化し、その語に対応する行にそれをかけるということと同じです。その結果のベクトルの各要素には、語とクエリ中の語の間の類似度が含まれます。

簡潔にするため、VSを計算し、その行を正規化するメソッドの実装は、ここでは省略しますが、リポジトリにあります。

```
import breeze.linalg.{DenseVector => BDenseVector}
import breeze.linalg.{DenseMatrix => BDenseMatrix}

def topTermsForTerm(
    normalizedVS: BDenseMatrix[Double],
```

```
    termId: Int): Seq[(Double, Int)] = {
  val rowVec = new BDenseVector[Double](
    row(normalizedVS, termId).toArray) ❶

  val termScores = (normalizedVS * rowVec).toArray.zipWithIndex ❷

  termScores.sortBy(-_._1).take(10) ❸
}

val VS = multiplyByDiagonalMatrix(svd.V, svd.s)

val normalizedVS = rowsNormalized(VS)

def printRelevantTerms(term: String) {
  val id = idTerms(term)
  printIdWeights(topTermsForTerm(normalizedVS, idTerms(term)), termIds)
}
```

❶ 指定された語の ID に対応する VS 中の行のルックアップ

❷ すべての語に対するスコアの計算

❸ 最高のスコアの語を見つける

以下に、いくつかのサンプルの語に対して最もスコアが高かった語を示します。

```
printRelevantTerms("algorithm")

(algorithm,1.000000000000002), (heuristic,0.8773199836391916),
(compute,0.8561015487853708), (constraint,0.8370707630657652),
(optimization,0.8331940333186296), (complexity,0.823738607119692),
(algorithmic,0.8227315888559854), (iterative,0.822364922633442),
(recursive,0.8176921180556759), (minimization,0.8160188481409465)

printRelevantTerms("radiohead")

(radiohead,0.9999999999999993), (lyrically,0.8837403315233519),
(catchy,0.8780717902060333), (riff,0.861326571452104),
(lyricsthe,0.8460798060853993), (lyric,0.8434937575368959),
(upbeat,0.8410212279939793), (song,0.8280655506697948),
(musically,0.8239497926624353), (anthemic,0.8207874883055177)

printRelevantTerms("tarantino")

(tarantino,1.0), (soderbergh,0.780999345687437),
(buscemi,0.7386998898933894), (screenplay,0.7347041267543623),
```

(spielberg,0.7342534745182226), (dicaprio,0.7279146798149239),
(filmmaking,0.7261103750076819), (lumet,0.7259812377657624),
(directorial,0.7195131565316943), (biopic,0.7164037755577743)

6.10　文書と文書の関連度

文書間の関連度のスコアも、同じように計算できます。2つの文書間の類似性を求めるには、$u_1^T S$ と $u_2^T S$ の間のコサイン類似度を計算します。ここで、u_i は語 i に対応する U の行です。ある文書と他のすべての文書との類似性を求めるには、正規化された $(US)\, u_t$ を計算します。

この場合、U はローカルの行列ではなく RDD に保存されているので、実装はやや異なるものになります。

```
import org.apache.spark.mllib.linalg.Matrices

def topDocsForDoc(normalizedUS: RowMatrix, docId: Long)
  : Seq[(Double, Long)] = {
  val docRowArr = row(normalizedUS, docId) ❶
  val docRowVec = Matrices.dense(docRowArr.length, 1, docRowArr)

  val docScores = normalizedUS.multiply(docRowVec) ❷

  val allDocWeights = docScores.rows.map(_.toArray(0)).
    zipWithUniqueId() ❸

  allDocWeights.filter(!_._1.isNaN).top(10) ❹
}

val US = multiplyByDiagonalMatrix(svd.U, svd.s)

val normalizedUS = rowsNormalized(US)

def printRelevantDocs(doc: String) {
  val id = idDocs(doc)
  printIdWeights(topDocsForDoc(normalizedUS, id, docIds))
}
```

❶ 指定された文書 ID に対応する US 中の行のルックアップ

❷ すべての文書に対してスコアを計算する

❸ 最も高いスコアを持つ文書群を見つける

❹ U の中の対応する行がすべてゼロのため、その文書のスコアは NaN になることがある。それらの文書は取り除く

以下に、いくつかのサンプルの文書に対して最も類似していた文書群を示します。

printRelevantDocs("Romania")

(Romania,0.9999999999999994), (Roma in Romania,0.9229332158078395),
(Kingdom of Romania,0.9176138537751187),
(Anti-Romanian discrimination,0.9131983116426412),
(Timeline of Romanian history,0.9124093989500675),
(Romania and the euro,0.9123191881625798),
(History of Romania,0.9095848558045102),
(Romania-United States relations,0.9016913779787574),
(Wiesel Commission,0.9016106300096606),
(List of Romania-related topics,0.8981305676612493)

printRelevantDocs("Brad Pitt")

(Brad Pitt,0.9999999999999984), (Aaron Eckhart,0.8935447577397551),
(Leonardo DiCaprio,0.8930359829082504), (Winona Ryder,0.8903497762653693),
(Ryan Phillippe,0.8847178312465214), (Claudette Colbert,0.8812403821804665),
(Clint Eastwood,0.8785765085978459), (Reese Witherspoon,0.876540742663427),
(Meryl Streep in the 2000s,0.8751593996242115),
(Kate Winslet,0.873124888198288)

printRelevantDocs("Radiohead")

(Radiohead,1.0000000000000016), (Fightstar,0.9461712602479349),
(R.E.M.,0.9456251852095919), (Incubus (band),0.9434650141836163),
(Audioslave,0.9411291455765148), (Tonic (band),0.9374518874425788),
(Depeche Mode,0.9370085419199352), (Megadeth,0.9355302294384438),
(Alice in Chains,0.9347862053793862), (Blur (band),0.9347436350811016)

6.11　語と文書の関連度

語と文書の間の関連度のスコア計算はどうでしょうか？ これは、その語と文書に対応する要素を、語 - 文書の行列のランク削減された近似の中から見つけることと同じです。これは、u_d を文書に対応する U の行、v_t を語に対応する V の行とした場合の $u_d^T S v_t$ と等価です。簡単な線形代数の操作をすれば、語とすべての文書との類似性の計算は、$U S v_t$ に等しいことがわかります。結果のベクトルの各要素には、文書とクエリの中の語の間の類似性が含まれます。反対の方向としては、文書とすべての語の類似性は、$u_d^T S V$ で得られます。

```
def topDocsForTerm(US: RowMatrix, V: Matrix, termId: Int)
  : Seq[(Double, Long)] = {
  val rowArr = row(V, termId).toArray
  val rowVec = Matrices.dense(termRowArr.length, 1, termRowArr)
```

```
    val docScores = US.multiply(termRowVec) ❶

    val allDocWeights = docScores.rows.map(_.toArray(0)).
      zipWithUniqueId() ❷
    allDocWeights.top(10)
  }

  def printRelevantDocs(term: String) {
    val id = idTerms(term)
    printIdWeights(topDocsForTerm(normalizedUS, svd.V, id, docIds))
  }
```

❶ すべての文書に対するスコアの計算

❷ 最もスコアの高い文書を見つける

```
printRelevantDocs("fir")

(Silver tree,0.006292909647173194),
(See the forest for the trees,0.004785047583508223),
(Eucalyptus tree,0.004592837783089319),
(Sequoia tree,0.004497446632469554),
(Willow tree,0.004442871594515006),
(Coniferous tree,0.004429936059594164),
(Tulip Tree,0.004420469113273123),
(National tree,0.004381572286629475),
(Cottonwood tree,0.004374705020233878),
(Juniper Tree,0.004370895085141889)

printRelevantDocs("graph")

(K-factor (graph theory),0.07074443599385992),
(Mesh Graph,0.05843133228896666), (Mesh graph,0.05843133228896666),
(Grid Graph,0.05762071784234877), (Grid graph,0.05762071784234877),
(Graph factor,0.056799669054782564), (Graph (economics),0.05603848473056094),
(Skin graph,0.055129367593655371), (Edgeless graph,0.05507918292342141),
(Traversable graph,0.05507918292342141)
```

6.12　複数語のクエリ

最後に、複数語を含むクエリを扱うにはどうすれば良いでしょうか？ 1 つの語に関連する文書は、V からその語に対応する行を選択すれば見つけることができます。これは、V に対して、ゼロではない要素が 1 つだけある語のベクトルを掛けることと等価です。複数の語を扱うには、概念空間のベクトルを計算する際に、単純に V に対し、複数の語に対応するゼロでないエントリ群を持つ語のベクトルを掛ければ良いのです。オリジナルの語-文書行列の重みのスキームを保つためには、クエリ中の各語の値として、その逆文書頻度を設定します。ある意味では、こうした方法で

クエリを実行するのは、わずかな語だけを含む新しい文書をコーパスに追加し、低ランクの語 – 文書行列の近似の中の新しい行としてのその文書の表現を見つけ、その表現とこの行列中の他の行とのコサイン類似度を求めることに似ています。

```
import breeze.linalg.{SparseVector => BSparseVector}

def termsToQueryVector(
    terms: Seq[String],
    idTerms: Map[String, Int],
    idfs: Map[String, Double]): BSparseVector[Double] = {
  val indices = terms.map(idTerms(_)).toArray
  val values = terms.map(idfs(_)).toArray
  new BSparseVector[Double](indices, values, idTerms.size)
}

def topDocsForTermQuery(
    US: RowMatrix,
    V: Matrix,
    query: BSparseVector[Double]): Seq[(Double, Long)] = {
  val breezeV = new BDenseMatrix[Double](V.numRows, V.numCols,
    V.toArray)
  val termRowArr = (breezeV.t * query).toArray

  val termRowVec = Matrices.dense(termRowArr.length, 1, termRowArr)

  val docScores = US.multiply(termRowVec)  ❶

  val allDocWeights = docScores.rows.map(_.toArray(0)).
    zipWithUniqueId()  ❷
  allDocWeights.top(10)
}

def printRelevantDocs(terms: Seq[String]) {
  val queryVec = termsToQueryVector(terms, idTerms, idfs)
  printIdWeights(topDocsForTermQuery(US, svd.V, queryVec), docIds)
}
```

❶ すべての文書に対するスコアの計算

❷ 最もスコアの高い文書を見つける

```
printRelevantDocs(Seq("factorization", "decomposition"))

(K-factor (graph theory),0.04335677416674133),
(Matrix Algebra,0.038074479507460755),
(Matrix algebra,0.038074479507460755),
```

```
(Zero Theorem,0.03758005783639301),
(Birkhoff-von Neumann Theorem,0.03594539874814679),
(Enumeration theorem,0.03498444607374629),
(Pythagoras' theorem,0.03489110483887526),
(Thales theorem,0.03481592682203685),
(Cpt theorem,0.03478175099368145),
(Fuss' theorem,0.034739350150484904)
```

6.13 今後に向けて

特異値分解とその兄弟に当たる手法である主成分分析（PCA）は、テキスト分析以外にも幅広い応用があります。固有顔と呼ばれる人の顔認識の一般的な方法は、さまざまな人の外見のパターンを理解する際に、これらに依存しています。気象の研究においては、さまざまなノイズを含む年輪などのデータから世界的な気候のトレンドを見いだすために使われています。20世紀を通じての気温の上昇を描き出した、マイケルマンの有名なホッケースティックグラフ（**https://ja.wikipedia.org/wiki/ホッケースティック論争**）は、実際には**概念**を表すものです。特異値分解とPCAは、高次元のデータセットの可視化にも役立ちます。データセットを最初の2つないし3つの概念に絞れば、人間が見るためのグラフにプロットできるようになります。

大規模なテキストのコーパスを理解するための方法は、他にもさまざまなものがあります。例えば、Latent Dirichlet Allocation（LDA **https://en.wikipedia.org/wiki/Latent_Dirichlet_allocation**）と呼ばれる手法は、同じような多くの応用分野で役立ちます。LDAは、**トピックモデル**としてコーパスからトピックの集合を推測し、それぞれの文書に対して各トピックへの関与のレベルを割り当てます。

7章
GraphXを使った共起ネットワークの分析

Josh Wills

> 世間って狭いから
> ——David Mitchell

　データサイエンティストは人それぞれであり、そのアカデミックな背景はきわめて多彩です。多くのデータサイエンティストは、コンピュータサイエンス、数学、物理学といった修養を多少なりとも受けていますが、成功を収めたデータサイエンティストの中には、神経科学、社会学、政治学を学んだ者もいます。これらの分野では、学生はさまざまな事柄（例えば頭脳、民族、政治機関など）を研究するものの、プログラミングを学ぶ必要はないことが通例ですが、これらはすべて、共通する2つの重要な特徴のおかげで、データサイエンティストにとって肥沃な訓練の場となっています。

　第一に、これらの分野はすべて、神経や個人、あるいは国といった、何らかの事柄の間の**関係**と、観測されるそれらの振る舞いにその関係がどのように影響するかということを関心の対象としています。第二に、この10年間にわたるデジタルデータの爆発によって、研究者達はこれらの関係に関する莫大な量の情報にアクセスできるようになり、そうしたデータセットを取得し、管理するための新たなスキルを身につけることを求められるようになりました。

　こうした研究者達がお互いに、そしてコンピュータ科学者達とも協力し始めるにつれて、関係性を分析するために自分たちが使っている手法の多くが、領域をまたがる様々な問題に対して適用できることを発見しました。こうして、**ネットワーク科学**という分野が誕生したのです。ネットワーク科学は、事項（**頂点**と呼ばれます）群のペアの関係（**辺**と呼ばれます）の性質を研究する数学の分野である、**グラフ理論**の道具立てを活用します。コンピュータ科学においても、データ構造からコンピュータのアーキテクチャ、そしてインターネットのようなネットワークの設計に至る、あらゆるものの研究にグラフ理論は広く利用されています。

　グラフ理論とネットワーク科学は、ビジネスの世界にも大きなインパクトを与えました。主要なインターネット企業のほとんどすべてが、重要な関係性のネットワークの構築と分析を、どの競合企業よりもうまくできることからその価値のかなりの部分を生み出しています。AmazonとNetflixが使っているレコメンデーションのアルゴリズムは、それぞれが作りだし、コントロールしている消費者と商品の購入（Amazon）や、ユーザーと映画のレーティング（Netflix）のネットワークに依存しています。FacebookやLinkedInは、人々の間の関係性のグラフを構築し、コ

ンテンツのフィードを構成し、広告をプロモーションし、新しいつながりを仲介するためにそのグラフを分析しています。そしておそらく、中でも最も有名なのはGoogleで、創始者が開発したPageRankアルゴリズムを使い、World Wide Webの検索を根本的に改善する方法を創造しました。

　こうしたネットワークを中心に置く企業群が演算や分析を必要としたことによって、MapReduceのような分散処理フレームワークの誕生が促されると共に、そういった新しいツールを使って増え続けるデータを分析し、そこから価値を生み出すことができるデータサイエンティストの雇用も促されることになりました。MapReduceの最も初期のユースケースの1つは、PageRankの中核にある方程式を解くためのスケーラブルで信頼性のある方法を生み出すことでした。時間の経過と共にグラフ群が大きくなっていき、データサイエンティストは以前にも増して速くそれらを解析しなければならなくなったことから、GoogleにおけるPregel、Yahoo!におけるGiraph、カーネギーメロン大学におけるGraphLabといった、新しいグラフの並列処理フレームワーク群が開発されました。これらのフレームワークは、耐障害性を持つ、インメモリのイテレーティブなグラフを中心とする処理をサポートしており、ある種のグラフ演算処理を同等のデータ並列なMapReduceのジョブよりも数桁も高速に処理できたのです。

　本章では、GraphXと呼ばれるSparkのライブラリを紹介します。これは、Sparkを拡張し、Pregel、Giraph、GraphLabがサポートしているグラフ並列処理の多くをサポートするものです。GraphXは、あらゆるグラフ演算をカスタムのグラフ処理フレームワークのように高速に扱えるわけではありませんが、Sparkのライブラリであるということは、ネットワークを中心とするデータセットを分析したい場合に、GraphXを通常のデータ分析のワークフローに持ち込むのが比較的容易だということです。GraphXを使えば、グラフ並列処理のプログラミングを、使い慣れたSparkの抽象概念と組み合わせることができるのです。

7.1　MEDLINEの引用索引：あるネットワーク分析

　MEDLINE（Medical Literature Analysis and Retrieval System Online）は、ライフサイエンスと薬物を扱う学会誌に発表された学術論文のデータベースです。このデータベースは、アメリカ国立衛生研究所（National Insutitute of Health = NIH）の部門であるアメリカ国立医学図書館（United States National Library of Medicine = NLM）によって管理され、リリースされています。その引用索引は、公表された論文を数千の学会誌に渡って追跡しており、その記録は1879年まで遡ることができます。この引用索引は、医学校では1971年からオンラインで利用できるようになっており、1996年にはWorld Wide Webで一般公開されました。メインのデータベースには、1950年代の初期にまで遡る2000万以上の論文が含まれており、週5日更新されています。

　引用の量と更新の頻度から、研究者のコミュニティは、MeSH（Medical Subject Headings）と呼ばれる、広範囲にわたるセマンティックなタグの集合を開発し、索引中のすべての引用に適用しています。これらのタグは、文献レビューを支援するための文書間の関係性の探索に利用できる、有益なフレームワークを提供し、データ製品を構築するための基礎としても使われてきました。2001年にPubGeneは、文書間をつなぐMeSHの語のグラフをユーザーが探索できる検索エンジンを立ち上げることによって、生体医学のテキストマイニングアプリケーションの初めての製品の

1つを示したのです。

本章では、Scala、Spark、そして GraphX を使って、MIDLINE から最近公開された引用データの部分集合における MeSH の語のネットワークの取得、変換、そして分析を行います。ここで行うネットワーク分析は、Kastrin らによる 2014 年の "Large-Scale Structure of a Network of Co-Occurring MeSH Terms: Statis‐tical Analysis of Macroscopic Properties" という論文に着想を得たものですが、ここではこの論文とは異なる引用データの部分集合を使い、この論文で使われている R のパッケージと C++ のコードの代わりに GraphX で分析を行います。

ここでの目的は、引用グラフの形と属性の感覚をつかむことです。データセットの全体像を得るために、いくつかの異なる角度から攻めてみましょう。まずは、主要なトピックとその共起を見てみることから始めましょう。これはシンプルな分析であり、GraphX を使う必要はありません。続いて、**連結成分**を探してみましょう。引用のパスをたどって、任意のトピックから他の任意のトピックまでたどり着けるでしょうか？ あるいはこのデータの実体は、独立した小さなグラフの集合なのでしょうか？ さらにはこのグラフの**次数分布**を見てみましょう。次数分布からは、トピック群の相関の分散の様子をつかむことができ、他のほとんどのトピック群に連結されているトピック群を見つけることができます。最後に、**クラスタ係数**や**平均のパス長**といったもう少し高度なグラフの統計情報をいくつか計算します。これらの情報にはいろいろな用途がありますが、中でも、World Wide Web や Facebook のソーシャルネットワークのような、広く利用されている実世界の他のグラフとこのグラフとの類似性を理解するために役立つのです。

7.2 データの入手

引用索引のデータのサンプルは、NIH の FTP サーバーから取得できます。

```
$ mkdir medline_data
$ cd medline_data
$ wget ftp://ftp.nlm.nih.gov/nlmdata/sample/medline/*.gz
```

HDFS にロードする前に、引用データを展開し、確認しておきましょう。

```
$ gunzip *.gz
$ ls -ltr
...
total 843232
-rw-r--r-- 1 spark spark 162130087 Dec 17  2013 medsamp2014h.xml
-rw-r--r-- 1 spark spark 146357238 Dec 17  2013 medsamp2014g.xml
-rw-r--r-- 1 spark spark 132427298 Dec 17  2013 medsamp2014f.xml
-rw-r--r-- 1 spark spark 102401546 Dec 17  2013 medsamp2014e.xml
-rw-r--r-- 1 spark spark 102715615 Dec 17  2013 medsamp2014d.xml
-rw-r--r-- 1 spark spark  89355057 Dec 17  2013 medsamp2014c.xml
-rw-r--r-- 1 spark spark  69209079 Dec 17  2013 medsamp2014b.xml
-rw-r--r-- 1 spark spark  58856903 Dec 17  2013 medsamp2014a.xml
```

このサンプルファイル群には、XML 形式のデータが展開後のサイズでおよそ 600MB 含まれています。サンプルファイル群の各エントリは `MedlineCitation` レコードであり、その中には学会誌名、発行号、公開日、著者名、アブストラクト、その論文に関連づけられた MeSH のキーワード群といった、生物医学の学会誌で公開された論文に関する情報が含まれています。加えて、MeSHのそれぞれのキーワードには、そのキーワードが言及している概念が、その論文の主要なトピックかどうかを示す属性があります。`medsamp2014a.xml` の最初の引用レコードを見てみましょう。

```
<MedlineCitation Owner="PIP" Status="MEDLINE">
<PMID Version="1">12255379</PMID>
<DateCreated>
  <Year>1980</Year>
  <Month>01</Month>
  <Day>03</Day>
</DateCreated>
...
<MeshHeadingList>
...
  <MeshHeading>
    <DescriptorName MajorTopicYN="N">Intelligence</DescriptorName>
  </MeshHeading>
  <MeshHeading>
    <DescriptorName MajorTopicYN="Y">Maternal-Fetal Exchange</DescriptorName>
  </MeshHeading>
...
</MeshHeadingList>
...
</MedlineCitation>
```

前章で行った Wikipedia の記事の潜在意味分析では、主に関心を持っていたのは、XML の各レコード中に含まれている構造化されていない記事のテキストでした。しかし、ここでの共起分析では、XML の構造を直接パースすることによって、`DescriptorName` タグに含まれる値を取り出します。ありがたいことに、Scala には XML 文書のパースとクエリを直接行える **scala-xml** という素晴らしいライブラリがあるので、これに助けてもらうことにしましょう。

まず、引用データを HDFS にロードします。

```
$ hadoop fs -mkdir medline
$ hadoop fs -put *.xml medline
```

それでは Spark シェルを立ち上げましょう。本章では、XML 形式のデータをパースする上で、**6 章**で説明したコードを使います。このコードを JAR として使えるようにコンパイルするには、Git のリポジトリの `common/` ディレクトリへ移動して、Maven でビルドしてください。

```
$ cd common/
$ mvn package
$ spark-shell --jars target/common-1.0.0-with-dependencies.jar
```

XML 形式の MEDLINE データをシェルに読むための関数を書きましょう。

```
import com.cloudera.datascience.common.XmlInputFormat
import org.apache.spark.SparkContext
import org.apache.spark.rdd.RDD
import org.apache.hadoop.io.{Text, LongWritable}
import org.apache.hadoop.conf.Configuration

def loadMedline(sc: SparkContext, path: String) = {
  @transient val conf = new Configuration()
  conf.set(XmlInputFormat.START_TAG_KEY, "<MedlineCitation ")
  conf.set(XmlInputFormat.END_TAG_KEY, "</MedlineCitation>")
  val in = sc.newAPIHadoopFile(path, classOf[XmlInputFormat],
      classOf[LongWritable], classOf[Text], conf)
  in.map(line => line._2.toString)
}
val medline_raw = loadMedline(sc, "medline")
```

設定パラメータの START_TAG_KEY の値は、MedlineCitation の開始タグのプレフィックスに設定しています。これは、このタグの属性の値は、レコードごとに変わっているかも知れないためです。XmlInputFormat は、返すレコードの値の中にこれらの変化する属性を含めてくれます。

7.3　ScalaのXMLライブラリを使ったXMLドキュメントのパース

Scala には、XML についての面白い歴史があります。バージョン 1.2 から、Scala は XML を第一級のデータ型として扱ってきました。これはすなわち、以下のコードが構文上は適切だということです。

```
import scala.xml._

val cit = <MedlineCitation>data</MedlineCitation>
```

XML のリテラルをこのようにサポートしているということは、特に JSON のような他のシリアライゼーション形式が広く使われるようになる中で、主要なプログラミング言語としては珍しいことでした。2012 年に、Martin Odersky は以下のノートを Scala 言語のメーリングリストで公開しました。

> ［XMLリテラル］当時は素晴らしいアイデアのように思えたが、今では目立って場違いだ。新しい文字列の補完スキームを使えば、XML の処理はすべてライブラリ群に入れることができると思うし、そうできれば素晴らしいことだろう。

Scala 2.11 では、`scala.xml` パッケージは Scala のコアライブラリの一部ではなくなりました。アップグレード後は、Scala の XML ライブラリを使いたい場合、明示的に `scala-xml` への依存性をプロジェクトに含めてやらなければなりません。

この警告を念頭に置いてさえいれば、XML 文書のパースとクエリに対する Scala のサポートは実に素晴らしいもので、必要な情報を MEDLINE の引用から取り出すのに役立つことでしょう。それでは、まずはパースされていない最初の引用レコードを Spark のシェルに読み込みましょう。

```
val raw_xml = medline_raw.take(1)(0)
val elem = XML.loadString(raw_xml)
```

変数の `elem` は `scala.xml.Elem` クラスのインスタンスで、Scala はこれを使って XML 文書の個々のノードを表現します。このクラスには、ノードとその内容についての情報を取り出すための以下のような組み込み関数がたくさんあります。

```
elem.label
elem.attributes
```

このクラスには、指定された XML のノードの子を見つけるための演算子もいくつかあります。最初の演算子の `\` は、ノードの直接の子を名前で取り出します。

```
elem \ "MeshHeadingList"
...
NodeSeq(<MeshHeadingList>
<MeshHeading>
<DescriptorName MajorTopicYN="N">Behavior</DescriptorName>
</MeshHeading>
...
```

`\` 演算子は、ノードの**直接の**子にしか使えません。`elem \ "Mesh Heading"` を実行しても、結果は空の `NodeSeq` になります。指定されたノードの直接ではない子を取り出すには、`\\` 演算子を使わなければなりません。

```
elem \\ "MeshHeading"
...
NodeSeq(<MeshHeading>
<DescriptorName MajorTopicYN="N">Behavior</DescriptorName>
</MeshHeading>,
... \\
```

`\\` 演算子は、`DescriptorName` のエントリ群を直接得るために使うこともできます。そして、`NodeSeq` の各要素に対して `text` 関数を呼べば、各ノード内の MeSH タグを取り出すことができます。

```
(elem \\ "DescriptorName").map(_.text)
...
List(Behavior, Congenital Abnormalities, ...
```

最後に、`DescriptorName` のそれぞれのエントリには `MajorTopicYN` という属性があることに注意してください。この属性は、この MeSH のタグが、引用された論文の主要なトピックなのかどうかを示すものです。XML のタグの属性の値は、\ や \\ 演算子の前に、"@" を付けて属性名を前置すればルックアップできます。これを使えば、各論文の主要な MeSH タグの名前だけを返すフィルタを作ることができます。

```
def majorTopics(elem: Elem): Seq[String] = {
  val dn = elem \\ "DescriptorName"
  val mt = dn.filter(n => (n \ "@MajorTopicYN").text == "Y")
  mt.map(n => n.text)
}
majorTopics(elem)
```

これで、ローカルでは XML のパースのコードが動くようになったので、これを使って RDD 中の各引用レコードの MeSH のコードをパースし、結果をキャッシュしておきましょう。

```
val mxml: RDD[Elem] = medline_raw.map(XML.loadString)
val medline: RDD[Seq[String]] = mxml.map(majorTopics).cache()
medline.take(1)(0)
```

7.4 MeSHの主要なトピック群とその共起の分析

これで、必要な MeSH のタグを MEDLINE の引用レコードから取り出すことができたので、レコード数や、主要な MeSH のトピック群の登場頻度のヒストグラムなど、いくつかの基本的な要約統計の計算をして、データセット中のタグの全体的な分布の様子をつかんでみましょう。

```
medline.count()
val topics: RDD[String] = medline.flatMap(mesh => mesh)
val topicCounts = topics.countByValue()
topicCounts.size
val tcSeq = topicCounts.toSeq
tcSeq.sortBy(_._2).reverse.take(10).foreach(println)
...
(Research,5591)
(Child,2235)
(Infant,1388)
(Toxicology,1251)
(Pharmacology,1242)
(Rats,1067)
(Adolescent,1025)
```

```
(Surgical Procedures, Operative,1011)
(Pregnancy,996)
(Pathology,967)
```

驚くには値しませんが、主要なトピックの中で最も頻繁に登場しているのは、きわめて一般的な "Research" や、それに比べればやや一般的ではない "Toxicology", "Pharmacology", "Pathology" といった、よく出てくるトピック群です。頻繁に登場するトピックのこのリストには、さまざまな患者の層である "Child", "Infant", "Rats" あるいは（さらに不快な）"Adolescent" などが含まれています。幸運なことに、このデータセットには 13,000 以上のさまざまな主要なトピックが含まれており、最も頻繁に登場する主要なトピックが登場するのは、全体の文書から見てわずかな部分にすぎない（5,591 / 240,000 〜 2.3%）ことを踏まえれば、あるトピックが含まれる文書数の全体的な分布は、比較的ロングテールになっていることが予想されます。これは、map の topicCounts の値の頻度のカウントを取ってみれば確かめられます。

```
val valueDist = topicCounts.groupBy(_._2).mapValues(_.size)
valueDist.toSeq.sorted.take(10).foreach(println)
...
(1,2599)
(2,1398)
(3,935)
(4,761)
(5,592)
(6,461)
(7,413)
(8,394)
(9,345)
(10,297)
```

もちろん、ここで最も関心があるのは、共起している MeSH のトピックです。medline データセット中の各エントリは、それぞれの引用レコード中で言及されているトピック名の文字列のリストです。共起を得るには、この文字列リストの 2 要素の部分集合をすべて生成する必要があります。ありがたいことに、Scala のコレクションのライブラリには combinations という組み込みメソッドがあり、こういった部分リストの生成はきわめて容易です。combinations は Iterator を返すので、すべての組み合わせを 1 度にメモリに保持する必要はありません。

```
val list = List(1, 2, 3)
val combs = list.combinations(2)
combs.foreach(println)
```

Spark で集計する部分リストを生成するのにこの関数を使う場合、すべてのリストが同じようにソートされていなければならないことに注意してください。これは、combinations 関数が返すリストは入力要素の順序に依存しており、要素が同じでも順序が違う 2 つのリストは、等価とは見

なされないためです。

```
val combs = list.reverse.combinations(2)
combs.foreach(println)
List(3, 2) == List(2, 3)
```

従って、2 要素の部分リストをそれぞれの引用レコードに対して生成するときには、combinations を呼ぶ前に、そのトピックのリストがソートされているようにしなければなりません。

```
val topicPairs = medline.flatMap(t => t.sorted.combinations(2))
val cooccurs = topicPairs.map(p => (p, 1)).reduceByKey(_+_)
cooccurs.cache()
cooccurs.count()
```

このデータには 13,034 のトピックがあるので、順序づけされていない共起ペアは 13,034 × 13033 / 2 = 84,936,061 組あり得ることになります。とはいえ、共起数を実際にカウントしてみれば、このデータセットにあるペアは 259,920 組に過ぎず、あり得る組み合わせ全体から見ればごくわずかだということがわかります。データ中で最も頻繁に現れている共起のペアを見てみると、以下のようになっています。

```
val ord = Ordering.by[(Seq[String], Int), Int](_._2)
cooccurs.top(10)(ord).foreach(println)
...
(List(Child, Infant),1097)
(List(Rats, Research),995)
(List(Pharmacology, Research),895)
(List(Rabbits, Research),581)
(List(Adolescent, Child),544)
(List(Mice, Research),505)
(List(Dogs, Research),469)
(List(Research, Toxicology),438)
(List(Biography as Topic, History),435)
(List(Metabolism, Research),414)
```

最も頻繁に現れている主要なトピックのカウントから推測できたように、最も頻繁に現れている共起のペアもまた、どちらかと言えば興味深いとは言いがたいものです。("Child," "Infant") や ("Rats," "Research") といった上位のペアのほとんどは、それぞれが最も頻繁に現れているトピックが 2 つ組み合わさっただけのものです。こうしたペアがデータ中にあるということは、驚くべきことでも、有益な情報でもありません。

7.5　GraphXによる共起ネットワークの構築

前セクションで見た通り、共起ネットワークの研究をする際には、データを要約する標準的なツールからは、それほどの洞察は得られません。単純なカウントのような、そういったツールで計算できる要約統計からは、ネットワーク内の関係性の構造の全体的な様子をつかむことはできません。そして、分布の極値で見つかるような共起ペアは、通常は最も気にする必要がないペアです。

本当にやりたいことは、トピックをグラフ中の頂点として、そして2つのトピックを含む引用レコードの存在を、それらの頂点間の辺として考えることによって、共起ネットワークを**ネットワークとして**分析することです。そうすれば、ネットワーク指向の統計を計算することができるようになり、ネットワークの全体的な構造を理解し、さらなる調査に値するような、興味深い近隣の異常な頂点群を特定しやすくなることでしょう。

共起ネットワークは、さらに調査すべき、エンティティ間の意味を持つ相互作用を特定するためにも使えます。図7-1は、服用した患者に生じた悪い事象と関連づけられていた、癌の薬の組み合わせの共起グラフの一部です。こういったグラフの情報は、こうした相互作用を研究するための臨床試験の設計に役立ちます。

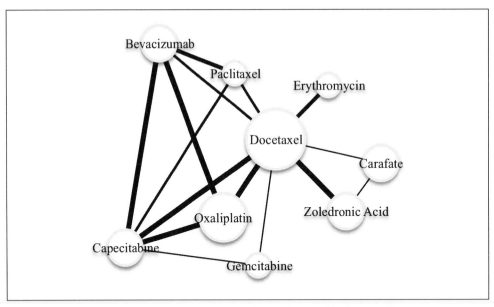

図7-1　患者に生じた悪い事象と関連づけられていた、癌の薬の組み合わせの共起グラフの一部

MLlibが機械学習のモデルをSparkで生成するための一連のパターンやアルゴリズムを提供しているのと同様に、GraphXもまた、グラフ理論の言語やツールを使って行うさまざまな種類のネットワークの分析を支援するために設計されたSparkのライブラリです。Spark上に構築されていることから、GraphXはSparkのスケーラビリティの特性のすべてを受け継いでいます。これはすなわち、GraphXを使えば、複数のマシン群に分散配置されたきわめて大規模なグラフの分析

ができるということです。GraphX はまた、他の Spark のプラットフォームとうまく統合されているので、この後見ていくように、RDD に対するデータ並列な ETL のルーチンの作成から、グラフに対するグラフ並列なアルゴリズムの実行や、やはりデータ並列なやり方でのグラフ演算の出力の分析や集約へと、データサイエンティストは容易に進んで行くことができるのです。GraphX を使えば、グラフのスタイルの処理を取り込むことによって、スムーズに分析ワークフローを強化していけるのです。

　GraphX は、グラフに対して最適化された、2 つの特別な RDD の実装を基盤としています。`VertexRDD[VD]` は `RDD[(VertexId, VD)]` の特別な実装です。ここで、`VertexID` は `Long` のインスタンスであり、すべての頂点に必須です。一方 `VD` は、頂点に関連づけられる任意の型のデータであり、**頂点の属性**と呼ばれます。`EdgeRDD[ED]` は `RDD[Edge[ED]]` の特別な実装であり、`Edge` は、2 つの `VertexId` の値と、`ED` 型の**辺の属性**を含むケースクラスです。`VertexRDD` と `EdgeRDD` は、どちらもデータの各パーティションごとに、高速な結合と属性の更新を支援する内部インデックスを持っています。`VertexRDD` と、関連する `EdgeRDD` が与えられれば、`Graph` のインスタンスを生成することができます。このインスタンスには、グラフ演算を効率的に行うためのメソッドが大量にあります。

　グラフの作成でまず必要になるのは、グラフ中のそれぞれの頂点の識別子として使われる `Long` の値です。今回のトピックはすべて文字列なので、共起ネットワークを構築する上でこれは少し問題になります。必要なのは、それぞれのトピック文字列に対して割り当てることができるユニークな 64bit 長の値を得る方法で、理想としては、それを分散処理で行うことによって、データ全体に対して高速に処理したいところです。

　1 つの選択肢としては、指定された Scala のオブジェクトに対して 32bit 長の整数を生成してくれる組み込みの `hashCode` メソッドを使う方法があります。ここでの問題についていえば、グラフ中にある頂点はわずか 13,000 個なので、このハッシュコードを使ったやり方はおそらくうまくいくことでしょう。しかし、数百万、あるいは数千万の頂点を持つグラフの場合、ハッシュコードが衝突する可能性は無視できないほど高くなります。そのため、ここでは Google の Guava ライブラリからハッシュの実装をコピーして、MD5 ハッシュのアルゴリズムを使って各トピックに対してユニークな 64bit 長の識別子を生成しましょう。

```
import java.nio.charset.StandardCharsets
import java.security.MessageDigest

def hashId(str: String): Long = {
  val bytes = MessageDigest.getInstance("MD5").
    digest(str.getBytes(StandardCharsets.UTF_8))
  (bytes(0) & 0xFFL) |
  ((bytes(1) & 0xFFL) << 8) |
  ((bytes(2) & 0xFFL) << 16) |
  ((bytes(3) & 0xFFL) << 24) |
  ((bytes(4) & 0xFFL) << 32) |
  ((bytes(5) & 0xFFL) << 40) |
```

```
  ((bytes(6) & 0xFFL) << 48) |
  ((bytes(7) & 0xFFL) << 56)
}
```

このハッシュ関数をMEDLINEデータに適用すれば、共起グラフの頂点の集合の基礎となるRDD[(Long, String)]を生成することができます。ハッシュ値が各トピックに対してユニークになっていることを確認する、シンプルなチェックもしておきましょう。

```
val vertices = topics.map(topic => (hashId(topic), topic))
val uniqueHashes = vertices.map(_._1).countByValue()
val uniqueTopics = vertices.map(_._2).countByValue()
uniqueHashes.size == uniqueTopics.size
```

このグラフの辺は、各トピック名を対応する頂点のIDへ変換するハッシュ関数を使い、前セクションで生成した共起のカウントから生成します。辺を生成する際には、左側のVertexId（GraphXはこれをsrcと呼びます）を、右側のVertexId（GraphXはこれをdstと呼びます）よりも小さくするように習慣づけておくと良いでしょう。GraphXライブラリ内のアルゴリズムのほとんどは、srcとdstのあいだの関係性について何も前提を置きませんが、わずかながら前提を置くものもあるので、早い段階でこのパターンを実装しておき、後で考えを巡らせなくても済むようにしておくほうが良いでしょう。

```
import org.apache.spark.graphx._

val edges = cooccurs.map(p => {
  val (topics, cnt) = p
  val ids = topics.map(hashId).sorted
  Edge(ids(0), ids(1), cnt)
})
```

これで頂点と辺の両方ができたので、Graphのインスタンスを生成し、これ以降の処理に備えてキャッシュされるようにマーキングしておくことができます。

```
val topicGraph = Graph(vertices, edges)
topicGraph.cache()
```

Graphのインスタンスを構築するのに使った引数のverticesとedgesは、通常のRDDです。それぞれのトピックのインスタンスが1つだけになることを保証するために、verticesの重複排除をすることさえしていません。ありがたいことに、この面倒はGraph APIが見てくれて、渡したRDDはVertexRDDとEdgeRDDに変換され、頂点のカウントも重複なしに行ってくれます。

```
vertices.count()
...
280823
```

```
topicGraph.vertices.count()
...
13034
```

指定された頂点のペアと重複するエントリが EdgeRDD にあった場合でも、Graph API は重複排除はしないことに注意してください。GraphX では、**マルチグラフ**を生成できます。これは、同じ頂点のペアに対して、異なる値を持つ複数の辺を張れるグラフです。これは、グラフ内の頂点が表すのが、人や企業のように、数多くのさまざまな種類の関係性をお互いの間に持つ（例えば友人関係、家族関係、顧客、パートナーなど）ような多彩なオブジェクトであるようなアプリケーションで役に立ちます。また、Graph API では状況に応じ、辺を有向としても無向としても扱うことができます。

7.6 ネットワーク構造の理解

　テーブルの内容を調べる場合には、列に関する要約統計がたくさんあります。データ構成の様子をつかみ、問題領域の探索が行えるよう、こういった統計はすぐに計算しておきたいものです。同じ原則は、新しいグラフを調べるときにも当てはまりますが、関心を寄せるべき要約統計の内容は多少異なっています。Graph クラスには、こうした統計を数多く計算してくれる組み込みメソッドが用意されており、それらを通常の Spark の RDD の API 群と組み合わせれば、探索の目安となるグラフ構造の概要を素早く簡単につかむことができます。

7.6.1 連結成分

　グラフについて知りたい事柄の中で最も基本的なことの1つは、それが**連結されている**かどうかです。連結グラフでは、任意の頂点から他の任意の頂点へ**パス**を辿って到達できます。パスは、ある頂点から他の頂点へとつながる、単なる辺の並びです。グラフが連結されていない場合、そのグラフは連結されている部分グラフの小さな集合に分割できることがあります。その場合は、それぞれの部分グラフを個別に調べることができます。

　連結性はグラフにとって基本的な属性なので、グラフ中の連結成分を特定するための組み込みメソッドが GraphX にあるのは、驚くようなことではないでしょう。グラフで connectedComponents メソッドを呼ぶと、すぐに大量の Spark のジョブが起動することがわかります。そして、最終的にはその処理の結果が得られます。

```
val connectedComponentGraph: Graph[VertexId, Int] =
  topicGraph.connectedComponents()
```

　connectedComponents メソッドが返すオブジェクトの型を見てみましょう。これは Graph クラスのもう1つのインスタンスですが、頂点の属性の型は VertexId になっており、これはそれぞれの頂点が属している成分のユニークな識別子として使われます。連結成分の数とそのサイズを得るには、この VertexRDD 中の各頂点の VertexId の値に対して、頼れるメソッドの countByValue を呼んでやります。すべての連結成分のリストを、サイズでソートしてから出力する関数を書きましょう。

```
def sortedConnectedComponents(
    connectedComponents: Graph[VertexId, _])
  : Seq[(VertexId, Long)] = {
  val componentCounts = connectedComponents.vertices.map(_._2).
    countByValue
  componentCounts.toSeq.sortBy(_._2).reverse
}
```

連結成分の数を見てから、大きさで上位の10個については詳しく見てみましょう。

```
val componentCounts = sortedConnectedComponents(
  connectedComponentGraph)
componentCounts.size
...
1039

componentCounts.take(10)foreach(println)
...
(-9222594773437155629,11915)
(-6468702387578666337,4)
(-7038642868304457401,3)
(-7926343550108072887,3)
(-5914927920861094734,3)
(-4899133687675445365,3)
(-9022462685920786023,3)
(-7462290111155674971,3)
(-5504525564549659185,3)
(-7557628715678213859,3)
```

90%以上の頂点が最大の成分に含まれており、2番目に大きな成分に含まれている頂点はわずか4つで、これはグラフのごくわずかな部分に過ぎません。こうした小さな成分のトピックをいくつか見てみる理由があるとすれば、それはなぜそれらが最大の成分に連結されていないかを理解するためでしょう。こうした小さな成分に関連づけられているトピック名を見てみるには、連結成分のグラフのVertexRDDに、オリジナルの概念グラフの頂点を結合してやらなければなりません。VertexRDDにはinnerJoinという変換が用意されており、これはGraphXのデータのレイアウトを活用し、Sparkの通常のjoin変換よりもはるかに高いパフォーマンスを発揮します。innerJoinメソッドには、VertexIdと2つのVertexRDD内のデータを取り、結果のVertexRDDのための新しいデータ型として利用できる値を返す関数を渡してやらなければなりません。この場合、知りたいのはそれぞれの連結された成分の概念の名前なので、この2つの値を含むタプルを返してやります。

```
val nameCID = topicGraph.vertices.
  innerJoin(connectedComponentGraph.vertices) {
    (topicId, name, componentId) => (name, componentId)
}
```

巨大成分の一部ではなかった、最大の連結成分のトピック名を見てみましょう。

```
val c1 = nameCID.filter(x => x._2._2 == topComponentCounts(1)._2)
val nameCID = topicGraph.vertices.
  innerJoin(connectedComponentGraph.vertices) {
    (topicId, name, componentId) => (name, componentId)
  }
val c1 = nameCID.filter(x => x._2._2 == componentCounts(1)._1)
c1.collect().foreach(x => println(x._2._1))
...
Reverse Transcriptase Inhibitors
Zidovudine
Anti-HIV Agents
Nevirapine
```

Google で [Zidovudine] や [Nevirapine] といった語を検索してみれば、Wikipedia の Nevirapine のエントリがあります。このエントリからは、この2つの薬が、最も深刻な HIV である HIV-1 の治療に併せて使われることがわかります。

この部分グラフが、全体の部分グラフ内の HIV や AIDS に関する他のトピックと連結されていなかったということは、驚くべきことです。データ全体の中で、HIV に触れているトピックの分布を見てみると、以下のようになっています。

```
val hiv = topics.filter(_.contains("HIV")).countByValue()
hiv.foreach(println)
...
(HIV Seronegativity,10)
(HIV Long Terminal Repeat,2)
(HIV Long-Term Survivors,1)
(HIV Integrase Inhibitors,1)
(HIV Infections,104)
(HIV-2,2)
(HIV Seroprevalence,6)
(Anti-HIV Agents,1)
(HIV-1,72)
(HIV,16)
(HIV Seropositivity,41)
```

このグラフのはっきりとした部分成分は、今回のデータ固有の産物のように思われます。おそらくは、索引中の個々の引用の主要なトピックのラベル付けを出し惜しみした結果でしょう。HIV-1 のような他の主要なトピックを除外していなければ、この論文はグラフ中の巨大成分に連結されていたことでしょう。ここから得られる教訓は、トピックの共起ネットワークは、時間の経過と共に引用を追加していくにつれて、完全に連結されたものになっていく傾向があり、はっきりとした部分グラフ群に連結されていくだろうと予想する構造的な理由はなさそうだということです。

舞台裏では、connectedComponents メソッドは VertexId がそれぞれの頂点に対するユニークな数値型の識別子であることを活用し、グラフに対して各頂点が属する成分を特定するための一連のイテレーティブな演算処理を行います。この演算の各フェーズにおいて、それぞれの頂点は近隣から見つけた最小の VertexId をブロードキャストします。最初のイテレーションでは、これは単にその頂点自身の ID に過ぎませんが、以降のイテレーションで全体的に更新されていきます。それぞれの頂点は、見つけた最小の VertexId を追跡し、イテレーションを行っても最小の ID 群に変化が見られなくなった時点で、連結成分を求める演算処理は終了し、それぞれの頂点には、成分内の頂点の最小の VertexId で表される成分が割り当てられています。グラフに対する処理としては、こういった種類のイテレーティブな処理は一般的なものであり、本章でも後ほど、このイテレーティブなパターンを使ってグラフの構造を示す他のメトリクスの計算が行えることを見ていきます。

7.6.2　次数分布

連結グラフは、さまざまな構造を持ちます。例えば、1つの頂点が他のすべての頂点と連結されており、他の頂点同士はまったく連結されていないこともあるでしょう。中央にあるその頂点を削除してしまえば、このグラフは個々の頂点に切り裂かれてしまいます。あるいは、グラフ中のすべての頂点が厳密に他の2つの頂点に連結され、連結成分が全体として巨大なループを形成しているようなこともあるかも知れません。

図 7-2 は、連結グラフがまったく異なる次数分布を持ちうることを示しています。

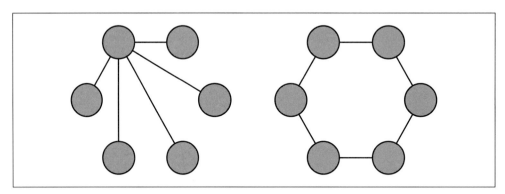

図7-2　連結グラフの次数分布

グラフの構造についてさらなる洞察を得るには、それぞれの頂点の次数を見ることが役に立ちます。次数は、単にその頂点に連結されている辺の数です。ループ（すなわち頂点自身に連結されている辺）のないグラフの場合、それぞれの辺には2つの異なる頂点が連結されているので、頂点の次数の合計は辺の数の2倍になります。

GraphX では、各頂点の次数は、Graph オブジェクトの degrees メソッドを呼べば取得できます。このメソッドは、各頂点の次数である整数の VertexRDD を返します。それでは、ここで取り上

げる概念のネットワークの次数の分布を取得し、その基本的な要約統計を見てみましょう。

```
val degrees: VertexRDD[Int] = topicGraph.degrees.cache()
degrees.map(_._2).stats()
...
(count: 12065, mean: 43.09,
 stdev: 97.63, max: 3753.0, min: 1.0)
```

次数の分布には、興味深い情報がいくつかあります。第一に、degrees RDD の内のエントリ数は、グラフ中の頂点の数よりも少ないことに注意してください。グラフには 13,034 個の頂点がありますが、degrees RDD には 12,065 個のエントリしかありません。頂点の中には、接する辺を持たないものがあるということです。これはおそらく、MEDLINE データの引用の中に、主要なトピックを 1 つしか持たず、そのためにデータ中の他のトピックとの共起が生じなかったものがあるということでしょう。このことは、オリジナルの medline RDD を見直してみればわかります。

```
val sing = medline.filter(x => x.size == 1)
sing.count()
...
48611

val singTopic = sing.flatMap(topic => topic).distinct()
singTopic.count()
...
8084
```

単独で登場しているトピックは、MEDLINE の 48,611 の文書の中に 8,084 個あります。これらのトピックから、topicPairs RDD にすでに登場済みのものを取り除きましょう。

```
val topic2 = topicPairs.flatMap(p => p)
singTopic.subtract(topic2).count()
...
969
```

MEDLINE の文書内で単独で現れているトピックだけなら 969 個で、13,034 - 969 = 12,065 個が、degrees RDD 中のエントリ数です。

次に、平均は比較的小さくなっており、グラフ中の平均的な頂点は、グラフ全体の中のごく一部のノードにしか連結されていないことがわかりますが、最大値からは、少なくとも大量の連結を持つノードがグラフ中に 1 つあり、それはグラフ中のノードのほとんど 1/3 のノードに連結されていることがわかります。

これらの高次数の頂点の概念群をよく見てみることにしましょう。それには GraphX の innerJoin メソッドと関連する関数を使い、概念の名前と頂点の次数をタプルに組み合わせることで、degrees VertexRDD を概念グラフ中の頂点に結合します。innerJoin メソッドは、**両方の**

VertexRDDにある頂点だけを返すことを思い出してください。そのため、共起している概念がない概念は、取り除かれることになります。高い次数を持つトピック名を調べる関数を書いて、後から再利用できるようにしておきましょう。

```
def topNamesAndDegrees(degrees: VertexRDD[Int],
    topicGraph: Graph[String, Int]): Array[(String, Int)] = {
  val namesAndDegrees = degrees.innerJoin(topicGraph.vertices) {
    (topicId, degree, name) => (name, degree)
  }
  val ord = Ordering.by[(String, Int), Int](_._2)
  namesAndDegrees.map(_._2).top(10)(ord)
}
```

namesAndDegrees VertexRDDの上位10個の成分を次数の順に出力してみると、以下のようになりました。

```
topNamesAndDegrees(degrees, topicGraph).foreach(println)
...
(Research,3753)
(Child,2364)
(Toxicology,2019)
(Pharmacology,1891)
(Adolescent,1884)
(Pathology,1781)
(Rats,1573)
(Infant,1568)
(Geriatrics,1546)
(Pregnancy,1431)
```

次数の高い頂点のほとんどが、本章での分析を通じて目にしてきた一般的な概念を参照しているのは驚くようなことではないでしょう。次のセクションでは、GraphX APIのいくつかの新しい機能と、少し旧式の統計を使って、このグラフからそれほど興味深くない共起ペアを除去しましょう。

7.7　ノイズのエッジのフィルタリング

現時点の共起グラフでは、辺はその概念のペアが同じ論文中に現れる回数で重みづけされています。この単純な重みづけの方法の問題は、関係性に意味があるので一緒に現れている概念のペアと、単にどちらもあらゆる種類の文書に頻繁に登場しているだけのペアとが区別されないことです。必要なのは、データ中での概念の全体的な登場頻度を踏まえた上で、注目している概念のペアがある文書中に現れたことが、興味深いことや驚くべきことなのかどうかです。原則に従ったやり方で、この興味深さを計算する方法としては、ピアソンのカイ二乗検定を使います。これは、ある概念の共起が、他の概念の共起と独立しているかどうかを調べるものです。

任意の概念AとBのペアに対して、それらの概念がMEDLINEの文書中で共起しているカウントを含む、2×2の分割表を作ることができます。

	Yes B	No B	A Total
YesA	YY	YN	YA
NoA	NY	NN	NA
BTotal	YB	NB	T

この表の中で、YY, YN, NN というエントリは、概念 A 及び B が登場した回数と登場しなかった回数をそのまま示しています。YA 及び NA というエントリは概念 A の行の合計、そして YB と NB は概念 B の列の合計、値 T は文書の合計数です。

カイ二乗検定では、YY, YN, NY, NN を未知の分布からサンプルされたものと考えます。**カイ二乗統計量**は、これらの値から計算できます。

$$\chi^2 = T\frac{(YY*NN - YN*NY)^2}{YA*NA*YB*NB}$$

このサンプルが実際に独立していれば、この統計量の値は妥当な自由度の下で**カイ二乗分布**に従うことが期待されます。r 及び c を、比較する 2 つの確率変数の基数とすれば、自由度は $(r-1)(c-1) = 1$ で求められます。大きなカイ二乗統計量は、これらの変数が独立ではなさそうであり、従ってこの概念のペアには関心を払うべきだということを示しています。さらに言えば、次数が 1 のカイ二乗分布の累積分布関数からは、これらの変数同士が独立であるという帰無仮説を棄却する信頼度である p 値が得られます。

このセクションでは、GraphX を使って共起グラフ中のそれぞれの概念ペアに対して、カイ二乗統計量を計算します。

7.7.1 EdgeTripletsの処理

最もカウントしやすいカイ二乗統計量は、計算の対象となるドキュメントの総数である T です。この値は、medline RDD 内のエントリ数をカウントするだけで簡単に求められます。

```
val T = medline.count()
```

また、それぞれの概念が持っている文書の特徴数をカウントするのも比較的簡単です。この分析は、topicCounts の map を生成するために本章ですでに行いましたが、今回はこのカウントをクラスタ上の RDD として取得します。

```
val topicCountsRdd = topics.map(x => (hashId(x), 1)).reduceByKey(_+_)
```

カウント数の VertexRDD が得られたなら、それを頂点の集合として、既存の edges RDD と合わせて新しいグラフを作成できます。

```
val topicCountGraph = Graph(topicCountsRdd, topicGraph.edges)
```

これで、topicCountGraph 中の各辺のカイ二乗統計量を計算するために必要なすべての情報が得られました。この計算を行うには、頂点（すなわち、ある文書中にそれぞれの概念が現れている回数）と辺（同じ文書中に、それぞれの概念のペアが現れている回数）に保存されているデータを組み合わせなければなりません。GraphX は、この種の演算処理を EdgeTriplet[VD, ED] というデータ構造を通じて行います。EdgeTriplet は、頂点と辺の双方の属性に関する情報と 2 つの頂点の ID を、1 つのオブジェクトの中に持っています。topicCountGraph の EdgeTriplet があれば、以下のようにしてカイ二乗統計量が計算できます。

```
def chiSq(YY: Int, YB: Int, YA: Int, T: Long): Double = {
  val NB=T-YB
  val NA=T-YA
  val YN=YA-YY
  val NY=YB-YY
  val NN=T-NY-YN-YY  val inner=(YY*NN-YN*NY)-T/2.0
  T*math.pow(inner,2)/(YA*NA*YB*NB)
}
```

そして、このメソッドを使って mapTriplets を通じてグラフの辺の値を変換できます。これは、辺の属性が、それぞれの共起ペアのカイ二乗統計量になっている新しいグラフを返すので、辺にまたがるこの統計値の分布の様子をつかむことができます。

```
val chiSquaredGraph = topicCountGraph.mapTriplets(triplet => {
  chiSq(triplet.attr, triplet.srcAttr, triplet.dstAttr, T)
})
chiSquaredGraph.edges.map(x => x.attr).stats()
...
(count: 259920, mean: 546.97,
 stdev: 3428.85, max: 222305.79, min: 0.0)
```

カイ二乗統計の値を計算したら、その値を利用し、共起している概念間に意味を持つ関係性がないと思われる辺を取り除きましょう。辺の値の分布から見て取れる通り、このデータに対するカイ二乗統計量の値の範囲は非常に広くなっているので、ノイズの辺を削除するためのフィルタリングの条件は、積極的なものにしても良さそうです。変数の間に関係性がない 2 × 2 の分割表の場合、カイ二乗の値は、自由度 1 のカイ二乗分布に従います。自由度 1 のカイ二乗分布の 99,999 位のパーセンタイルは、およそ 19.5 なので、この値をグラフからの辺の足切りの値として、興味深い共起関係であることに**きわめて強い**信頼が置ける辺だけを残すようにしましょう。グラフに対するフィルタリングは subgraph メソッドで行います。このメソッドは論理値を返す EdgeTriplet の関数を取り、部分グラフに含める辺を決定します。

```
val interesting = chiSquaredGraph.subgraph(
  triplet => triplet.attr > 19.5)
```

```
interesting.edges.count
...
170664
```

この厳格なフィルタリングのルールは、オリジナルの共起グラフからおよそ 1/3 の辺を取り除きます。グラフ中で共起している概念のほとんどは、実際に意味的な関係を持っており、そのために単なる偶然以上に一緒に現れていると考えられるので、このルールがこれ以上辺を取り除かないのは、悪いことではありません。次のセクションでは、部分グラフの連結性と全体的な次数の分布を分析して、ノイズとなっているこれらの辺を取り除いたことによるグラフの構造への大きな影響の有無を見てみましょう。

7.7.2 フィルタリング後のグラフの分析

まず、連結成分のアルゴリズムを部分グラフに対して実行し直し、成分の数と大きさをチェックしましょう。これには、以前にオリジナルのグラフのために書いた関数が使えます。

```
val interestingComponentCounts = sortedConnectedComponents(
  interesting.connectedComponents())
interestingComponentCounts.size
...
1042

interestingComponentCounts.take(10).foreach(println)
...
(-9222594773437155629,11912)
(-6468702387578666337,4)
(-7038642868304457401,3)
(-7926343550108072887,3)
(-5914927920861094734,3)
(-4899133687675445365,3)
(-9022462685920786023,3)
(-7462290111155674971,3)
(-5504525564549659185,3)
(-7557628715678213859,3)
```

グラフ中の 1/3 の辺を取り除いたことによるグラフの連結性の変化は、わずかです。フィルタリング後の独立した島の数は 3 つだけ増えており（オリジナルの 1,039 に対して 1,042）、最大の連結成分からは、3 つの頂点だけが減っています（11,915 に対して 11,912）。これが示しているのは、弱く連結された 3 つの概念が、最大の連結成分から切り離されて独立したということです。それでも、最大の連結成分の大きさは依然とほとんど変わっていません。グラフ中の 1/3 の辺を取り除いても、最大の成分がいくつもの大きなピースに分割されてしまうようなことにはなりませんでした。ここからは、グラフの連結構造は、ノイズの辺の除去に対して妥当な耐性をもっているということがわかります。フィルタリング後のグラフの次数分布を見てみても、同じことがわかり

ます。

```
val interestingDegrees = interesting.degrees.cache()
interestingDegrees.map(_._2).stats()
...
(count: 12062, mean: 28.30,
 stdev: 44.84, max: 1603.0, min: 1.0)
```

オリジナルのグラフの平均次数が 43 だったのに対し、フィルタリング後のグラフの平均次数はやや下がり、およそ 28 になっています。とはいえ、それよりも興味深いのは、頂点の最大の次数の急激な減少で、オリジナルのグラフの 3,753 が、フィルタリング後のグラフでは 1,603 になっています。フィルタリング後のグラフの概念と次数の関係を見てみると、以下のようになっています。

```
topNamesAndDegrees(interestingDegrees, topicGraph).foreach(println)
...
(Research,1603)
(Pharmacology,873)
(Toxicology,814)
(Rats,716)
(Pathology,704)
(Child,617)
(Metabolism,587)
(Rabbits,560)
(Mice,526)
(Adolescent,510)
```

カイ二乗フィルタリングの条件は、期待された効果を発揮したように見えます。一般的な概念に関係するグラフ中の辺を削除しながら、意味のある、興味深い概念間の意味関係を表す、グラフ中のその他の辺は残しています。さまざまなカイ二乗フィルタリングの条件を試してみて、グラフの連結性や次数分布への影響を見ることもできます。カイ二乗分布の値の設定によって、グラフ中の最大の連結成分が小さなピースに分割されたり、あるいは巨大な氷山が時間と共に小さいピースをゆっくりと失っていくように、単に溶けていったりするのかを調べてみると面白いでしょう。

7.8　スモールワールドネットワーク群

グラフの連結性と次数分布からは、グラフの全体的な構造の基本的な様子がわかります。GraphX を使えば、これらの属性を計算して分析することが簡単にできます。このセクションでは、もう少し GraphX の API に踏み込んでいき、それらを使って、GraphX では直接サポートされていない、もう少し高度なグラフの属性が計算できることを見ていきましょう。

World Wide Web や、Facebook や Twitter などのソーシャルネットワークのようなコンピュータネットワークが発展してきたことによって、今日のデータサイエンティストはこれまで数学者やグラフ理論学者が研究してきた理想的なネットワークに対して、実世界のネットワークの構造や形

態を表す、豊かなデータセットを手にしています。こういった実世界のネットワークの属性と、その理想的なモデルとの差異にについて述べた最初の論文の1つが、1998年にDuncan WattsとSteven Strogatzによって発表された "Collective dynamics of 'small-world' networks（http://adsabs.harvard.edu/abs/1998Natur.393..440W）" です。これは、実世界のグラフに見られる以下の2つのスモールワールドの属性を示すグラフを生成するための、初めての数学的モデルの概要を述べた先駆的な論文です。

- ネットワーク中のほとんどのノードの次数が小さく、比較的密な他のノード群のクラスタに属している。すなわち、ノードの近隣のノード群は、高い比率でお互いに連結されている。

- グラフ中のほとんどのノードが少ない次数で密なクラスタを形成しているにもかかわらず、ネットワーク中の任意のノードから他の任意のネットワークに対し、比較的少数の辺を辿ってすぐに到達できる。

これらの属性については、WattsとStrogatzが、これらの属性の強さに基づいてグラフをランク付けするために使うことができるメトリックを定義しました。このセクションでは、GraphXを使ってこれらのメトリクスを概念のネットワークについて計算し、その値を理想的にランダムなグラフでの値と比較し、ここでの概念のネットワークがスモールワールド属性を示しているかを調べます。

7.8.1 クリークとクラスタリング係数

すべての頂点が辺によってすべての他の頂点と連結されているとき、そのグラフは**完全**であると言います。グラフには、完全である頂点群の部分集合が数多く存在することがあります。こうした完全な部分グラフのことを、**クリーク**と呼びます。大きなクリークがグラフ中にたくさんある場合、それはそのグラフが、現実のスモールワールドネットワークに見られる、近傍で密な構造を持っているということを示します。

残念ながら、あるグラフ中にクリークがあることを見つけることは、非常に難しいことがわかっています。グラフ中に指定された大きさなのクリークがあるかどうかを検出することはNP完全であり、これは小さなグラフにおいてさえ、クリークの発見はきわめて計算集約性が高いということです。

コンピュータ科学者達は、指定された大きさのすべてのクリークを見つけ出すための演算コストを要せずに、グラフの近傍の密度の様子をつかむことができる、シンプルなメトリクスをいくつも開発しました。こうしたメトリクスの1つが、頂点の**トライアングルカウント**です。トライアングルは、3つの頂点からなる完全なグラフで、頂点Vのトライアングルカウントは、単純にそのVを含むトライアングルの数です。トライアングルカウントは、Vの近傍の頂点群のどれだけがお互いに連結されているかを計ります。WattsとStrogatzは、**局所的クラスタ係数**と呼ばれる新しい

メトリックを定義しました。これは、ある頂点の実際のトライアングルカウントの、その頂点が持つ近傍の頂点数に基づく、その頂点が取り得る最大のトライアングル数に対する比です。無向グラフの場合、近傍の超点数が k で、トライアングル数が t である頂点の局所的クラスタ係数 C は、以下のようになります。

$$C = \frac{2t}{k(k-1)}$$

それでは、フィルタリング後の概念ネットワーク中の各ノードに対して、GraphX を使って局所的クラスタ係数を計算してみましょう。GraphX には triangleCount という組み込みメソッドがあります。このメソッドは Graph を返しますが、その中の VertexRDD には、各頂点のトライアングル数が含まれます。

```
val triCountGraph = interesting.triangleCount()
triCountGraph.vertices.map(x => x._2).stats()
...
(count: 13034, mean: 163.05,
  stdev: 616.56, max: 38602.0, min: 0.0)
```

局所的クラスタ係数を計算するには、これらのトライアングルカウントを、各頂点の取り得る最大のトライアングルの総数で正規化しなければなりません。この合計数は、degrees RDD から求められます。

```
val maxTrisGraph = interesting.degrees.mapValues(d => d * (d - 1) / 2.0)
```

そして、triCountGraph から求めたトライアングルカウントの VertexRDD を、計算した正規化項の VertexRDD に結合し、この両者の比を計算します。この時、1つしか辺を持たない辺のために 0 除算が生じないよう、注意しなければなりません。

```
val clusterCoefGraph = triCountGraph.vertices.
  innerJoin(maxTrisGraph) { (vertexId, triCount, maxTris) => {
    if (maxTris == 0) 0 else triCount / maxTris
  }
}
```

グラフ中のすべての頂点の局所的クラスタ係数を計算すれば、**ネットワークの平均クラスタリング係数**が得られます。

```
clusterCoefGraph.map(_._2).sum() / interesting.vertices.count()
...
0.2784084744308219
```

7.8.2 Pregelを使った平均パス長の計算

スモールワールドネットワークの第2の特徴は、ランダムに選択した2つのノード間の最短パスが短くなる傾向があることです。このセクションでは、フィルタリング後のグラフが持つ大きな連結成分に含まれるノード群の平均パス長を計算します。

グラフ中の頂点間のパス長の計算は、連結成分を見つけるために使った処理に似た、イテレーティブな処理です。この処理の各フェーズでは、それぞれの頂点が知っている頂点と、その頂点までの距離のコレクションを扱います。そして、各頂点はその近傍の頂点が持っているリストの内容を問い合わせ、そのリスト中に新しい頂点が含まれていれば、その頂点で自分自身のリストを更新します。この、近傍の頂点への問い合わせとリストの更新のプロセスは、どの頂点にもそれ以上リストに追加する新しい情報がない状態になるまで、グラフ全体に渡って継続されます。

大規模な分散グラフに対する、この並列プログラミングのイテレーティブで頂点を中心とするメソッドは、Google が 2009 年に公開した "Pregel: a system for large-scale graph processing" (http://dl.acm.org/citation.cfm?id=1807184) という論文に基づいています。Pregel は、MapReduce に先立つ「バルク同期並列」(bulk-synchronous parallel)、あるいは BSP と呼ばれる分散処理のモデルに基づいています。BSP のプログラムは、並列処理のステージ群を**演算**と**通信**という2つのフェーズ群に分割します。演算のフェーズでは、グラフ中の各頂点は自分の内部状態を調べ、0 個以上の**メッセージ**をグラフ中の他の頂点に送信することを決めます。通信フェーズでは、Pregel フレームワークは前の演算フェーズで生じたメッセージの適切な頂点へのルーティングを処理し、それらのメッセージの処理と、頂点の内部状態の更新を行い、さらには次の演算フェーズでは新しいメッセージが生成されることがあります。この演算と通信のステップ群は、グラフ中のすべての頂点が停止に賛成するまで続き、その時点で演算処理は終了します。

BSP は、非常に汎用的であると共に、耐障害性も持つ最初の並列プログラミングフレームワークの1つでした。BSP のシステムは、特定のマシンに障害があってもそのマシンを他のマシンで置き換え、全体として演算処理を障害発生以前の状態に戻し、演算を継続できるよう、任意の演算フェーズのシステムの状態をキャプチャして保存することができました。

Google が Pregel に関する論文を発表して以来、HDFS 上で BSP のプログラミングモデルの性質を再現する、Apache Giraph や Apache Hama といったオープンソースのプロジェクトがいくつも開発されました。これらのシステムは、BSP の演算モデルにうまく当てはまるような特定の問題、例えば大規模な PageRank の演算処理に対しては非常に有効であることがわかっていますが、こうしたシステムを標準的なデータ並列処理のワークフローに組み込むことは比較的難しいため、一般的なデータサイエンティストのための分析のツールキットの一部として投入されることは、それほどありません。GraphX は、データの表現とアルゴリズムの実装にグラフが便利な場合、データサイエンティストがデータ並列処理のワークフローに簡単にグラフを持ち込めるようにすることによって、この問題を解決します。GraphX は、グラフ上で BSP の演算処理を表現するために、組み込みの pregel 演算子を提供します。このセクションでは、グラフの平均パス長を計算するために必要となる、イテレーティブなグラフ並列演算処理を実装するための pregel 演算子の使い方を紹介します。

1. 各頂点を追跡するのに必要な状態を知る。

2. 現在の情報を受け取り、リンクされた頂点のペアをそれぞれ評価し、次のフェーズで送信するメッセージを決定する関数を書く。

3. あらゆる頂点からのメッセージをマージする関数を書く。この関数の出力は更新のために頂点に渡す。

pregel を使って分散アルゴリズムを実装するためには、大きな決断を3つしなければなりません。第1に、各頂点の状態を表すために使うデータ構造と、頂点間で受け渡しされるメッセージを表現するために使うデータ構造を決めなければなりません。平均パス長の問題の場合、既知の頂点の ID と、それらの頂点からの距離を含むルックアップテーブルを各頂点に持たせたいところです。この情報は、各頂点ごとに管理する Map[VertexId, Int] に保存します。同様に、各頂点に渡されるメッセージは、頂点の ID と、頂点が近傍の頂点群から受け取った情報に基づく距離とのルックアップテーブルでなければなりません。この情報もまた、Map[VertexId, Int] で表現できます。

頂点の状態と、メッセージの内容を表現するために使うデータ構造がわかれば、2つの関数を書かねばなりません。最初の関数は mergeMaps という名前で、新しいメッセージからの情報を頂点の状態にマージするために使われます。この場合、状態とメッセージはどちらも Map[VertexId, Int] という型なので、双方にある任意の VertexId に関連づけられた最小の値を保っておきながら、この2つの map の内容をマージする必要があります。

```
def mergeMaps(m1: Map[VertexId, Int], m2: Map[VertexId, Int])
  : Map[VertexId, Int] = {
  def minThatExists(k: VertexId): Int = {
    math.min(
      m1.getOrElse(k, Int.MaxValue),
      m2.getOrElse(k, Int.MaxValue))
  }

  (m1.keySet ++ m2.keySet).map {
    k => (k, minThatExists(k))
  }.toMap
}
```

頂点を更新する関数も引数として VertexId の値を取るので、VertexId と共に先ほどの Map[VertexId, Int] を引数として取る、簡単な update 関数を定義します。ただし、実際の作業はすべて mergeMaps に任せます。

```
def update(
    id: VertexId,
```

```
    state: Map[VertexId, Int],
    msg: Map[VertexId, Int]) = {
  mergeMaps(state, msg)
}
```

このアルゴリズムの処理中に渡すメッセージの型も Map[VertexId, Int] であり、それらをマージしながら各キーが持つ最小の値は保持しておきたいので、Pregel が実行する reduce フェーズでも mergeMaps を使うことができます。

通常、最も大変なのは最後のステップです。各イテレーションにおいて、近傍の頂点群の情報に基づき、それぞれの頂点に送信されることになるメッセージを構築するコードを書かなければなりません。ここでの基本的な発想は、各頂点は、自分の現在の Map[VertexId, Int] 中の各キーの値を 1 だけインクリメントして、mergeMaps メソッドを使い、その処理後の map の値を近隣の頂点から来た値と結合し、その結果が近傍の頂点の内部の Map[VertexId, Int] と異なっていれば、近傍の頂点へ送信するというものです。この一連の処理を実行するコードは以下のようになります。

```
def checkIncrement(
    a: Map[VertexId, Int],
    b: Map[VertexId, Int],
    bid: VertexId) = {
  valaplus=a.map{case(v,d)=>v->(d+1)}
  if (b != mergeMaps(aplus, b)) {
    Iterator((bid, aplus))
  }else{
    Iterator.empty
  }
}
```

checkIncrement 関数ができたら、Pregel の各イテレーションにおいて、checkIncrement の src 及び dst の頂点に対してメッセージの更新を行うために使う iterate 関数が定義できます。

```
def iterate(e: EdgeTriplet[Map[VertexId, Int], _]) = {
  checkIncrement(e.srcAttr, e.dstAttr, e.dstId) ++
  checkIncrement(e.dstAttr, e.srcAttr, e.srcId)
}
```

各イテレーションにおいては、各頂点の既知のパス長に基づいて通信可能なパス長を決定し、(VertexId, Map[VertexId, Int]) というタプルを含む Iterator を返す必要があります。ここで、1 つめの Iterator はメッセージのルーティング先を示し、Map[VertexId, Int] はメッセージそのものを示します。

イテレーションでメッセージを受け取らなかった頂点があれば、pregel 演算子はその頂点の処理は終わったものとして、それ以降の処理から除外します。iterate メソッドでメッセージを受け取る頂点が 1 つもないようになれば、アルゴリズムは完了です。

GiraphのようなBSPのシステムに比べると、GraphXにおけるpregel演算子の実装には制約があります。GraphXでは、メッセージを送信できるのは辺で連結されている頂点間だけですが、Giraphではグラフ中の**任意**の2つの頂点間でメッセージを送信できます。

これで関数群ができあがったので、BSPを実行するためのデータを準備しましょう。十分に大きなクラスタと大量のメモリがあれば、GraphXを使って、Pregelスタイルのアルゴリズムで頂点のすべてのペアの間のパス長を計算できるでしょう。とはいえこうすることが、グラフ中のパス長の分布の概要をつかむために必須というわけではありません。ランダムに小さい頂点の部分集合をサンプリングし、その部分集合の中だけで各頂点のパス長を計算することもできます。RDDのsampleメソッドを使って、ここでのデータから重複なしに2%のVertexIdの値を選択してみましょう。以下の例では、乱数生成器のシードとして1729Lという値を使っています。

```
val fraction = 0.02
val replacement = false
val sample = interesting.vertices.map(v => v._1).
  sample(replacement, fraction, 1729L)
val ids = sample.collect().toSet
```

さあ、その頂点がサンプリングされたID群に含まれている場合にのみ、Map[VertexId, Int]の値が空になっていない、新しいGraphオブジェクトを生成しましょう。

```
val mapGraph = interesting.mapVertices((id, _) => {
  if (ids.contains(id)) {
    Map(id -> 0)
  }else{
    Map[VertexId, Int]()
  }
})
```

最後に、実行を開始するための最初のメッセージを頂点群に送らなければなりません。このアルゴリズムでは、この最初のメッセージは空のMap[VertexId, Int]です。そしてpregelメソッドを呼び、各イテレーションで実行するupdate、iterate、そしてmergeMaps関数を続けます。

```
val start = Map[VertexId, Int]()
val res = mapGraph.pregel(start)(update, iterate, mergeMaps)
```

この実行には数分かかるはずです。このアルゴリズムのイテレーションの回数は、サンプル中の最長のパス長+1になります。処理が終われば、頂点のflatMapを取って、計算されたそれぞれのパス長を表す(VertexId, VertexId, Int)というタプルを取り出すことができます。

```
val paths = res.vertices.flatMap { case (id, m) =>
  m.map { case (k, v) =>
```

7.8 スモールワールドネットワーク群

```
      if(id<k){
        (id, k, v)
      }else{
        (k, id, v)
      }
    }
}.distinct()
paths.cache()
```

これで、0 以外のパス長の要約統計と、サンプル中のパス長のヒストグラムが計算できます。

```
paths.map(_._3).filter(_ > 0).stats()
...
(count: 2701516, mean: 3.57,
 stdev: 0.84, max: 8.0, min: 1.0)

val hist = paths.map(_._3).countByValue()
hist.toSeq.sorted.foreach(println)
...
(0,248)
(1,5653)
(2,213584)
(3,1091273)
(4,1061114)
(5,298679)
(6,29655)
(7,1520)
(8,38)
```

サンプルの平均パス長は 3.57 でしたが、前セクションで計算したクラスタリング係数は 0.274 でした。**表 7-1** は、3 つの異なるスモールワールドネットワークと、それぞれの現実世界のネットワークと同数の辺と頂点を持つ、ランダムに生成されたグラフに対するこれらの統計値です。これは、2003 年の Auber らによる "Multiscale visualization of small world net‐works"（**http://dl.acm.org/citation.cfm?id=1947385**）という論文からの引用です。

表7-1 スモールワールドネットワークの例

グラフ	平均のパス長（APL）	クラスタリング係数（CC）	ランダムな場合の APL	ランダムな場合の CC
IMDB	3.20	0.967	2.67	0.024
MacOS9	3.28	0.388	3.32	0.018
edu ドメインのサイト群	4.06	0.156	4.048	0.001

IMDBのグラフは、同じ映画に出演した俳優達から構築しました。Mac OS 9のネットワークは、OS 9オペレーティングシステムのソースコード中の同じソースファイルに含まれていたヘッダファイル群を参照しています。.eduドメインのサイト群は、相互にリンクしているトップレベルドメインの.eduのサイト群を参照しています。これらは、1999年のAdamicによる論文（http://www.hpl.hp.com/research/idl/papers/smallworld/smallworldpaper.html）から取ったものです。本章で行った分析からは、MEDLINEの引用索引中のMeSHタグのネットワークは、よく知られている他のスモールワールドネットワーク群に見られるのと同様の平均パス長及びクラスタリング係数の値の範囲に、うまく当てはまっています。平均パス長が比較的低いことを踏まえれば、クラスタリング係数の値は期待される値よりもかなり高くなっています。

7.9　今後に向けて

　当初、スモールワールドネットワークは好奇心の対象でした。これが興味深かったのは、社会学から政治学、神経科学や細胞生物学に至るまで、実世界におけるとても多くの種類のネットワークが、非常によく似た独特の構造的な属性を持っていたからです。とはいえ、さらに近年では、こうしたネットワーク中のスモールワールド構造からの逸脱は、機能的な問題が潜在していることを示すかも知れないと見られています。デューク大学のJeffrey Petrella博士は、脳の中のニューロンのネットワークがスモールワールド構造を持っており、アルツハイマー病、統合失調症、うつ、注意欠陥障害と診断された患者達に、この構造からの逸脱が生じていることを示す研究を集めました（http://pubs.rsna.org/doi/full/10.1148/radiol.11110380）。概して、実世界のグラフはスモールワールド属性を示すはずです。もしそうなっていなければ、それは取引や企業間の信頼関係からなるスモールワールドグラフにおける不正な活動のような問題の証拠かも知れないのです。

# 8章
ニューヨーク市のタクシーの移動データに対する地理空間及び履歴データ分析

Josh Wills

> 時間と空間以上に私を混乱させるものはない。そして、これら以上に問題を起こさないものはない。私はそれらについて考えたりしないのだから。
> ——Charles Lamb

　ニューヨークはイエロータクシーで有名であり、イエロータクシーを捕まえるのは、露店のホットドッグを食べたり、エンパイアステートビルディングで最上階までエレベーターに乗るのと同じように、ニューヨークを訪れるという体験の一部です。

　ニューヨークの住民達は、特にラッシュアワーや雨の場合について、キャブを捕まえるのに最適な時間と場所に関して、自分たちの体験に基づくあらゆる種類のノウハウを持っています。しかし、誰もが単純に地下鉄を使うことを薦める時間帯があります。それは、毎日午後4時から5時の、シフトの切り替わりの時間帯です。この時間帯には、1日の仕事を終えたドライバーと、これから仕事を始めるドライバーが交代するために、イエロータクシー達は配車センター（クイーンズ地区にあることが多い）に戻らなければなりません。帰りが遅れたドライバーは、罰金を払わなければならないのです。

　2014年の3月に、ニューヨーク市タクシー及びリムジン委員会は、そのTwitterアカウントの@nyctaxiを使って、あるインフォグラフィックを共有しました。これは、任意の時刻において路上を走っているタクシーの数と、それらのタクシーに客が乗車中である比率を示すものでした。はたして、午後4時から6時にかけて、路上のタクシー数の数ははっきりと落ち込んでおり、走行中のタクシーの2/3が乗車中でした。

　このツイートは、都市計画の専門家、地図の作者、データ中毒を自称するChris Whongの目に留まりました。彼は、@nyctaxiのアカウントにツイートをして、このインフォグラフィックに使われたデータが公開されているかどうかを尋ねました。タクシー委員会は、情報自由法（Freedom of Information Law = FOIL）の請求を行い、データをコピーできるハードディスクを委員会に送れば、データを入手できると返答しました。情報自由法のPDFフォームに記入し、500GBのハードディスクを2台買って、待つこと2営業日でChrisは2013年の1月1日から12月31日までの

すべてのタクシーの乗車データにアクセスできるようになったのです。さらに良かったのは、彼がすべての運賃のデータをオンラインにポストしたことで、それがニューヨーク市の交通のいくつもの美しいビジュアライゼーションの基盤として使われたことでした。

　タクシーの経済学を理解する上で重要な統計が1つあります。それは、**利用率**です。これは、路上にあるキャブに1人以上の乗客がいる時間の比率です。利用率に影響を与える要素の一つは、乗客の目的地です。昼間にユニオンスクエアの近くで乗客を降ろしたキャブは、次の乗客をおそらくは1、2分のうちに見つけることでしょう。しかし、スタテンアイランドで午前2時に誰かを降ろしたキャブは、次の乗客を見つける前にマンハッタンまではるばるドライブして帰らなければなりません。やりたいのは、こうした効果を定量化し、キャブが次の乗客を見つけるまでに要する平均時間を、そのキャブが乗客を降ろした行政区、すなわちマンハッタン、ブルックリン、クイーンズ、ブロンクス、スタテンアイランド、もしくはそれ以外（例えば、キャブがニューアーク国際空港のようなニューヨーク市外で乗客を降ろした場合）の関数として定義することです。

　この分析を実行するには、常に登場する2つの種類のデータを扱わなければなりません。1つは時系列データで、これは日付や時刻がそうです。もう1つは地理空間情報で、緯度と経度が示す地点や、空間的な境界がそうです。本章では、ScalaとSparkを使ってこういった種類のデータを扱う方法を紹介します。

8.1　データの入手

　この分析を行うに当たっては、2013年の1月の乗客データだけを考慮することにします。これは、展開後の大きさで2.5GBほどになります。2013年の各月のデータには**http://www.andresmh.com/nyctaxitrips/**からアクセスできるので、利用できる大規模なSparkクラスタが手近にあるのなら、以下の分析をこの年の全データに対してやり直してみることもできるでしょう。とりあえずは、作業用のディレクトリをクライアントマシン上に作成し、乗客データの構造を見てみましょう。

```
$ mkdir taxidata
$ cd taxidata
$ wget https://nyctaxitrips.blob.core.windows.net/data/trip_data_1.csv.zip
$ unzip trip_data_1.csv.zip
$ head -n 10 trip_data_1.csv
```

　このファイルの、ヘッダー以降の各行は、CSV形式で1回のタクシーの乗車を表しています。それぞれの乗車について、キャブの属性（ハッシュ化された営業許可番号）や、ドライバーの属性（ハッシュ化された**ハックライセンス**。タクシーのドライバーライセンスはこう呼ばれます）、移動の開始及び終了の時刻の情報、客が乗車した地点と降車した地点の緯度／経度の座標があります。

8.2　Sparkにおける履歴及び地理空間データの処理

　Javaというプラットフォームの素晴らしい特徴の1つは、長年に渡って開発されてきた大量のコードにあります。いかなるデータの種類やアルゴリズムを扱う場合でも、その問題を解決するために使えるJavaのライブラリを、おそらくはすでに誰かが書いていることでしょう。そして、そのライブラリのオープンソース版があり、ライセンスを購入しなくてもダウンロードして利用できる可能性も高いでしょう。

　もちろん、ライブラリが存在して、フリーで利用できるというだけで、自分の問題を解決するためにそのライブラリに頼らなければならないというわけではありません。オープンソースのプロジェクトは、その品質や、バグの修正や新機能の追加といった観点から見た開発状況、あるいはAPI設計や役に立つドキュメンテーションやチュートリアルの存在といった観点から見た使いやすさなど、実にさまざまです。

　ここでの判断のプロセスは、開発者がアプリケーションのためのライブラリを選ぶ場合のプロセスとはやや異なります。ここで必要になるのは、インタラクティブなデータ分析に使うのに向いていて、分散アプリケーションで利用しやすいものです。特に、RDDで扱うことになる主なデータ型がSerializableインターフェイスを実装しており、Kryoのようなライブラリで簡単にシリアライズできる必要があります。

　加えて、インタラクティブなデータ分析に使うライブラリは、できる限り外部への依存が少ないものが良いでしょう。Mavenやsbtといったツールは、アプリケーションをビルドする際の複雑な依存関係を開発者が扱うのを助けてくれますが、インタラクティブなデータ分析においては、むしろ必要なコードがすべて含まれている1つのJARファイルを持ってきて、それをSparkのシェルにロードし、分析を始めるようにしたいところです。加えて、多くの依存対象を持つライブラリ群を持ち込むと、Spark自体が依存している他のライブラリ群とバージョンの衝突が生じて、診断が難しいエラー状況に陥ることがあります。これは、開発者達が**JAR地獄**と呼ぶ状況です。

　最後に、ライブラリが持つAPIが比較的シンプルで豊富であり、Abstract FactoryやVisitorといったJavaに根ざしたデザインパターンをあまり使いすぎていないものが良いでしょう。こうしたパターンはアプリケーション開発者にとっては非常に有益ですが、分析そのものには関係のない複雑さをコードに持ち込むことになりがちです。さらに良いのは、多くのJavaのライブラリにはScalaのラッパーがあり、それらは利用する際に必要となる定型のコードの量が少なくなるよう、Scalaのパワーを活用してくれています。

8.3　JodaTimeとNScalaTimeでの時系列データ

　時系列のデータについては、JavaのDateクラスとCalendarクラスがあることは言うまでもありません。しかし、これらのライブラリを使ったことがある人なら誰でも知っている通り、これらを使うのは難しく、単純な処理にも定型のコードが大量に必要になります。この数年の間に、時系列のデータを扱う上ではJodaTimeというJavaのライブラリが使われるようになりました。

　JodaTimeをScalaから使う上では、NScalaTimeというラッパーライブラリが多少のシンタックスシュガーを提供してくれています。インポートを1回するだけで、すべての機能が使えるよ

うになります。

```
import com.github.nscala_time.time.Imports._
```

JodaTime と NScalaTime は、DateTime クラスを基盤として構築されています。DateTime オブジェクトは、Java の String と同様に（そして通常の Java の API の Calendar/Date オブジェクトとは違い）イミュータブルであり、時系列のデータに対する計算に利用できる多くのメソッドを提供してくれています。以下のサンプルでは、dt1 は 2014 年 9 月 4 日の午前 9 時を、dt2 は 2014 年 10 月 31 日の午後 3 時を表しています。

```
val dt1 = new DateTime(2014, 9, 4, 9, 0)
dt1: org.joda.time.DateTime = 2014-09-04T09:00:00.000-07:00

dt1.dayOfYear.get
res60: Int = 247

val dt2 = new DateTime(2014, 10, 31, 15, 0)
dt2: org.joda.time.DateTime = 2014-10-31T15:00:00.000-07:00

dt1 < dt2
res61: Boolean = true

val dt3 = dt1 + 60.days
dt3: org.joda.time.DateTime = 2014-11-03T09:00:00.000-08:00

dt3 > dt2
res62: Boolean = true
```

データ分析の問題では、通常は文字列で表現された日付を、計算ができるように DateTime のオブジェクトに変換しなければなりません。そのためのシンプルな方法として SimpleDateFormat があり、これはさまざまな形式の日付をパースするのに役立ちます。以下の例では、タクシーのデータセットで使われている形式の日付をパースしています。

```
import java.text.SimpleDateFormat
```

```
val format = new SimpleDateFormat("yyyy-MM-dd HH:mm:ss")
val date = format.parse("2014-10-12 10:30:44")
val datetime = new DateTime(date)
```

DateTime オブジェクトがパースできた後は、それらに対して何らかの日付の計算を行って、間隔が何秒、何時間、あるいは何日なのかを計算したいことがよくあります。JodaTime では、時間の間隔という概念を Duration クラスで表現します。そのインスタンスは、以下のようにして 2 つの DateTime クラスから生成できます。

```
val d = new Duration(dt1, dt2)
d.getMillis
d.getStandardHours
d.getStandardDays
```

JodaTimeは、こうした時間間隔の計算を行う際に、さまざまなタイムゾーンや、夏時間のようなカレンダーの変化といったことを開発者が気にせずに済むよう、面倒な詳細を処理してくれます。

8.4　Esri Geometry API及びSprayでの地理空間データ

　JVM上で時系列データを扱うのは簡単です。JodaTimeを使えば良いだけで、もしもNScalaTimeのようなラッパーを使った方が分析が理解しやすくなるのなら、おそらくはそうすれば良いでしょう。地理空間データの場合は、それほど簡単にはいきません。さまざまな機能や開発状況、成熟度を持ったさまざまなライブラリやツールがあるため、あらゆる地理空間データのユースケースに対して支配的なJavaのライブラリは存在しないのです。

　最初の問題は、手元にあるのがどういった種類の地理空間データなのか、ということです。主な種類としてはベクタとラスタの2種類があり、データの種類に応じて扱うツールにもさまざまなものがあります。ここでは、タクシーの運行レコードに緯度と経度があり、そしてニューヨークのさまざまな行政区の境界を表現するGeoJSONフォーマットで保存されたベクタデータがあります。そのため、GeoJSONデータをパースでき、指定された緯度／経度のペアが特定の行政区の境界を表す多角形との包含関係の検出といった、空間の関係性を扱うことができるライブラリが必要になります。

　残念ながら、ここでの要求をぴったり満たすオープンソースのライブラリは存在しません。GeoJSONをJavaのオブジェクトに変換できるGeoJSONのパーサーライブラリはありますが、そうして生成されたオブジェクトの空間の関係性を分析できるような、地理空間の関連ライブラリはないのです。GeoToolsというプロジェクトはあるものの、その構成要素と依存対象のリストは長大です。これは、まさにSparkシェルから使うためのライブラリを選択する際に避けようとしていた類いのことです。最後に、Esri Geometry API for Javaがあります。これは依存対象も少なく、空間の関係性も分析できますが、パースできるのはGeoJSON標準のサブセットに過ぎないので、事前に多少のデータ処理をしておかなければ、ダウンロードしたGeoJSONのデータはパースできません。

　データの分析者にとっては、このツールの欠如は克服不可能な問題かも知れません。しかし、データサイエンティストたる者は、手元のツールで問題が解決できないのであれば、新たなツールを自分自身で構築するものです。この場合は、JSONデータのパースをサポートしている数多くのScalaのプロジェクトの1つを活用して、Esri Geometry APIが扱えない部分も含め、**すべての**GeoJSONデータをパースするScalaの機能を追加しましょう。

8.4.1　Esri Geometry APIを調べる

Esri ライブラリの中核となるデータ型は Geometry オブジェクトです。Geometry は、図形を、その置かれている地理位置情報と共に表します。Esri ライブラリの持つ空間操作群を使えば、ジオメトリとその関係を分析できます。こうした操作を行うことで、ジオメトリの領域や、2つのジオメトリが重なっているか、あるいは2つのジオメトリを合わせることで形作られるジオメトリを計算することができます。

ここでは、キャブの乗客が降車した地点（緯度と経度）を示すジオメトリオブジェクトと、ニューヨーク市の行政区の境界を示すジオメトリオブジェクトがあります。空間の関係性として調べたいのは、含有関係です。すなわち、空間内の指定された地点は、マンハッタン行政区に割り当てられた多角形の中にあるかどうか、といったことです。

Esri API には GeometryEngine という便利なクラスがあります。このクラスは、contains を含む、空間的な関係に関するあらゆる操作を実行してくれるスタティックなメソッド群を持っています。この contains メソッドは、2つの Geometry オブジェクトと1つの SpatialReference クラスのインスタンス、合計で3つの引数を取ります。SpatialReference は、地理空間的な計算を行う際に使われる座標系を表現します。精度を最も高めるには、空間の関係性の分析を、地球というゆがんだ球体上の座標を2次元の座標系にマッピングする座標平面に対して相対的に行わなければなりません。地理空間エンジニアは、広く知られた識別子（WKID と呼ばれます）の標準的な集合を持っており、これは最も一般的に使われている座標系を参照するために使うことができます。ここで使うのは、GPS で使われている標準座標系の WKID 4326 です。

Scala を使う開発者は、Spark シェルで行うインタラクティブなデータ分析の一環の作業を行う際に、タイプの量を減らす方法を常に探しているものです。こうした状況では、長いメソッド名を自動的に補完したり、ある種の処理を読みやすくしてくれるようなシンタックスシュガーを提供してくれる、Eclipse や IntelliJ のような開発環境を使うことはできません。ネーミングのルールとしては、RichDateTime や RichDuration といったラッパークラスを定義している NScalaTime ライブラリに従って、Esri の Geometry オブジェクトを拡張して便利なヘルパーメソッド群を追加する RichGeometry というクラスを定義しましょう。

```
import com.esri.core.geometry.Geometry
import com.esri.core.geometry.GeometryEngine
import com.esri.core.geometry.SpatialReference

class RichGeometry(val geometry: Geometry,
    val spatialReference: SpatialReference =
      SpatialReference.create(4326)) {
  def area2D() = geometry.calculateArea2D()

  def contains(other: Geometry): Boolean = {
    GeometryEngine.contains(geometry, other, spatialReference)
  }
```

```
  def distance(other: Geometry): Double =
    GeometryEngine.distance(geometry, other, spatialReference)
}
```

また、RichGeometry のインスタンスへの Geometry クラスのインスタンスの暗黙の変換をサポートする、RichGeometry と合わせて使うオブジェクトも宣言しておきましょう。

```
object RichGeometry {
  implicit def wrapRichGeo(g: Geometry) = {
    new RichGeometry(g)
  }
}
```

この変換を活用できるようにするためには、以下のように implicit 関数の定義を Scala の環境にインポートしておかなければなりません。

```
import RichGeometry._
```

8.4.2 GeoJSONの紹介

ニューヨーク市の行政区の境界のために使うデータは、**GeoJSON** と呼ばれるフォーマットで書かれています。GeoJSON の中核となるオブジェクトは**フィーチャ**と呼ばれるもので、これは1つの**ジオメトリ**のインスタンスと**プロパティ**と呼ばれるキー−値ペアの集合からなります。ジオメトリは、点、直線、多角形のような図形です。フィーチャの集合は、FeatureCollection と呼ばれます。ニューヨーク市の行政区の地図の GeoJSON のデータを取り出して、その構造を見てみましょう。

クライアントマシンの `texidata` ディレクトリにデータをダウンロードして、ファイルの名前を少し短くしておきましょう。

```
$ wget https://nycdatastables.s3.amazonaws.com/2013-08-19T18:15:35.172Z/
  nyc-borough-boundaries-polygon.geojson
$ mv nyc-borough-boundaries-polygon.geojson nyc-boroughs.geojson
```

ファイルを開いて、フィーチャのレコードを見てみてください。プロパティとジオメトリオブジェクトに注意してください。この場合、多角形は行政区の境界を表し、プロパティには行政区の名前や、その他の関連情報が格納されています。

Esri Geometry API は、各フィーチャ内の geometry JSON のパースを支援してくれますが、任意の JSON オブジェクトである `id` や `properties` フィールドのパースの役には立ちません。これらのオブジェクトをパースするには、Scala の JSON ライブラリのどれかを選んで使う必要があります。選択肢は豊富にあります。

Scala で Web サービスを構築するためのオープンソースのツールキットである Spray には、このタスクをこなせる JSON ライブラリがあります。**spray-json** では、implicit の toJson メソッ

ドを呼べば任意のScalaのオブジェクトを対応するJsValueに変換でき、parseJsonを呼べばJSONを含む任意のStringをパース済みの中間形式に変換し、そしてその中間形式の型に対してconvertTo[T]を呼び、Scalaの型Tに変換できます。Sprayには、一般的なScalaのプリミティブ型への変換の実装と共に、タプル型やコレクション型への変換の実装も組み込まれており、ここで作成するRichGeometryとJSONとの相互の変換のように、カスタムの型の変換ルールを宣言するためのフォーマット用ライブラリもあります。

最初に、GeoJSONのフィーチャを表すケースクラスを作成する必要があります。仕様によれば、フィーチャはJSONのオブジェクトで、GeoJSONのgeometry型のデータを含む"geometry"というフィールドを1つと、任意の型のキー－値ペアを任意の数だけ持つJSONオブジェクトである"properties"というフィールドを1つ持たなければなりません。フィーチャはまた、任意のJSONの識別子を取り得る"id"フィールドをオプションで1つ持つことができます。ここでのFeatureケースクラスには、それぞれのJSONフィールドに対応するScalaのフィールドを定義し、プロパティのmapから値をルックアップしやすいよう、そのためのメソッドを追加します。

```
import spray.json.JsValue

case class Feature(
    val id: Option[JsValue],
    val properties: Map[String, JsValue],
    val geometry: RichGeometry) {
  def apply(property: String) = properties(property)
  def get(property: String) = properties.get(property)
}
```

Feature内のgeometryフィールドは、RichGeometryクラスのインスタンスを使って表現しています。RichGeometryクラスは、Esri Geometry APIのGeoJSONのジオメトリのパース関数を使って作成します。

また、GeoJSONのFeatureCollectionに対応するケースクラスも必要です。FeatureCollectionクラスを少し使いやすくするために、適切なapply及びlengthメソッドを実装することで、IndexedSeq[Feature]トレイトを拡張するようにしましょう。こうすれば、map、filter、sortByといったScalaの標準的なコレクションAPIのメソッド群を、FeatureCollectionのインスタンスそのものに対して直接呼べるようになり、ラップされている内部のArray[Feature]にアクセスせずに済むようになります。

```
case class FeatureCollection(features: Array[Feature])
    extends IndexedSeq[Feature] {
  def apply(index: Int) = features(index)
  def length = features.length
}
```

GeoJSON のデータを表現するためのケースクラス群を定義した後は、Spray に対して今回のドメインオブジェクト群（RichGeometry、Feature、FeatureCollection）と、対応する JsValue のインスタンスとの間の変換方法を指定するフォーマット群を定義してやらなければなりません。そのためには、抽象メソッドの read(jsv: JsValue): T と write(t: T): JsValue を定義する RootJsonFormat[T] を拡張した Scala のシングルトンオブジェクトを生成する必要があります。RichGeometry クラスについては、パースとフォーマットのロジックのほとんど、中でも GeometryEngine クラスの geometryToGeoJson 及び geometryFromGeoJson メソッドを、Esri Geometry API に任せることができます。しかし、ここで作成するケースクラス群の場合は、フォーマットを行うコードを自分たちで書く必要があります。以下に、Feature ケースクラスのためのフォーマットを行うコードを示します。この中には、オプションの id フィールドを処理するための特別なロジックが多少含まれています。

```
implicit object FeatureJsonFormat extends
    RootJsonFormat[Feature] {
  def write(f: Feature) = {
    val buf = scala.collection.mutable.ArrayBuffer(
      "type" -> JsString("Feature"),
      "properties" -> JsObject(f.properties),
      "geometry" -> f.geometry.toJson)
    f.id.foreach(v => { buf += "id" -> v })
    JsObject(buf.toMap)
  }

  def read(value: JsValue) = {
    val jso = value.asJsObject
    val id = jso.fields.get("id")
    val properties = jso.fields("properties").asJsObject.fields
    val geometry = jso.fields("geometry").convertTo[RichGeometry]
    Feature(id, properties, geometry)
  }
}
```

FeatureJsonFormat オブジェクトは implicit キーワードを使い、convertTo[Feature] メソッドが jsValue 上で呼ばれたときに、Spray ライブラリから FeatureJsonFormat が参照できるようにします。RootJsonFormat の残りの実装は、GitHub 上の GeoJSON ライブラリのソースコード中にあります。

8.5 ニューヨーク市のタクシーの移動データの準備

GeoJSON と JodaTime ライブラリがそろえば、Spark でニューヨーク市のタクシーの運行データのインタラクティブな分析を始められます。HDFS に taxidata というディレクトリを作成し、先ほど見てきた運行データをクラスタにコピーしてください。

```
$ hadoop fs -mkdir taxidata
$ hadoop fs -put trip_data_1.csv taxidata/
```

さあ、Sparkシェルを起動しましょう。今回は、–jars引数を使って、必要なライブラリがREPL内で使えるようにします。

```
$ mvn package
$ spark-shell --jars target/ch08-geotime-1.0.0.-with-dependencies.jar
```

Sparkのシェルがロードされたら、タクシーのデータからRDDを生成し、他の章でもやったように最初の数行を調べておきましょう。

```
val taxiRaw = sc.textFile("taxidata")
val taxiHead = taxiRaw.take(10)
taxiHead.foreach(println)
```

まず、分析で使いたいタクシーのそれぞれの運行についての情報を含むケースクラスを定義しましょう。Tripというケースクラスを定義して、そのなかで乗車及び降車の時刻を表現するJodaTime APIのDateTimeクラスと、やはりそれぞれの地点の緯度と経度を表すEsri Geometry APIのPointを使います。

```
import com.esri.core.geometry.Point
import com.github.nscala_time.time.Imports._

case class Trip(
  pickupTime: DateTime,
  dropoffTime: DateTime,
  pickupLoc: Point,
  dropoffLoc: Point)
```

taxiRaw RDDのデータをパースして、作成したケースクラスのインスタンスにするには、いくつかのヘルパーオブジェクトとヘルパー関数を作成する必要があります。まず、乗車及び降車の時刻の処理を行うクラスがSimpleDateFormatです。時刻の処理は、適切なフォーマット文字列をこのクラスのインスタンスに渡して行います。

```
val formatter = new SimpleDateFormat(
  "yyyy-MM-dd HH:mm:ss")
```

次に、乗車及び降車の場所の緯度と経度を、Pointクラスと、Scalaが文字列に対して提供しているimplicitメソッドのtoDoubleを使ってパースします。

```
def point(longitude: String, latitude: String): Point = {
  new Point(longitude.toDouble, latitude.toDouble)
}
```

これらのメソッドがあれば、taxiRaw RDD の各行から、ドライバーのハックライセンスと Trip クラスのインスタンスを含むタプルを取り出す parse 関数を定義できます。

```
def parse(line: String): (String, Trip) = {
  val fields = line.split(',')
  val license = fields(1)
  val pickupTime = new DateTime(formatter.parse(fields(5)))
  val dropoffTime = new DateTime(formatter.parse(fields(6)))
  val pickupLoc = point(fields(10), fields(11))
  val dropoffLoc = point(fields(12), fields(13))

  val trip = Trip(pickupTime, dropoffTime, pickupLoc, dropoffLoc)
  (license, trip)
}
```

この parse をテストするには、taxiHead 配列から数レコードを取り出して、それらを正しく扱えるかどうかを確認すれば良いでしょう。

8.5.1 大規模な環境での不正なレコードの処理

　大規模な、現実世界のデータセットを扱ってきた人なら誰でも、そのデータセットの中には、処理をするコードを書いた人の期待に添わないレコードが少なくともいくつかは混ざってしまっているものだということを知っています。多くの MapReduce のジョブや Spark のパイプラインが、パースのロジックに例外を発生させるような不正なレコードのために失敗してきました。

　通常は、こうした例外は1つずつ、それぞれのタスクのログをチェックして、コードのどの行が例外を投げたのかということと、そして不正なレコードを無視するか、修正するためのコードの修正方法を見いだすものです。これは面倒なプロセスであり、しばしばモグラたたきをしているような気分にさせられます。1つの例外に対処すると、すぐにもう1つの例外が同じパーティション内の直後のレコードで発生するのを見つけることになるのです。

　経験を積んだデータサイエンティストが使う戦略の1つは、新しいデータセットを扱い始めるときには、パースのコードに try-catch ブロックを追加して、不正なレコードがあってもジョブ全体を止めることなくログを書き出せるようにすることです。データセット全体の中で、不正なレコードが数レコード程度なのであれば、それらは無視して分析を続けてしまっても良いかも知れません。そして Spark を使う場合は、もっとうまくやることができます。パースのコードを適応させて、データ中の不正なレコードのインタラクティブな分析を、他の種類の分析同様に簡単に行えるようにすることができるのです。

　RDD 中の任意のレコードについて、このパースのコードから得られる結果は2種類があり得ます。レコードがうまくパースできて、意味のある結果が返されるか、失敗して例外が投げられるか

です。例外が投げられた場合は、その不正なレコードと、投げられた例外の両方を得る必要があります。ある操作の結果が2つのどちらかの結果になる場合、その操作が返す型を表すのには、Scala の Either[L, R] という型が使えます。ここでは、"L"（左）の結果はうまくパースできたレコードで、"R"（右）の結果は、生じた例外とその例外の原因となった入力レコードのタプルです。

safe 関数は、S => T という型の f という引数を取り、新しい S => Either[T, (S, Exception)] という結果を返します。この関数は返すのは、f を呼んだ結果か、例外が投げられた場合には、不正な入力値と例外そのもののタプルです。

```
def safe[S, T](f: S => T): S => Either[T, (S, Exception)] = {
  new Function[S, Either[T, (S, Exception)]] with Serializable {
    def apply(s: S): Either[T, (S, Exception)] = {
      try {
        Left(f(s))
      } catch {
        case e: Exception => Right((s, e))
      }
    }
  }
}
```

これで、作成した parse 関数（型は String => Trip）を safe 関数に渡して、safeParse という安全なラッパー関数を作成できます。そして、taxiRaw RDD に safeParse を適用します。

```
val safeParse = safe(parse)
val taxiParsed = taxiRaw.map(safeParse)
taxiParsed.cache()
```

うまくパースできた入力行数を知りたい場合には、Either[L, R] に対して isLeft メソッドを使い、countByValue アクションを組み合わせることができます。

```
taxiParsed.map(_.isLeft).
  countByValue().
  foreach(println)
...
(false,87)
(true,14776529)
```

これは良い知らせのように見えます。例外が生じた入力レコードの比率は、ごくわずかです。これらのレコードをクライアント上で調べれば、どういった例外が生じたのか、そしてそれらの入力データを正しく扱うためにパースのコードを改善できるかを判断できるでしょう。不正なレコードを得る方法の1つは、filter と map メソッドを組み合わせて使うことです。

```
val taxiBad = taxiParsed.
  filter(_.isRight).
  map(_.right.get)
```

あるいは、**部分関数**を引数として取る RDD クラスの collect メソッドを使い、1度の呼び出しでフィルタリングとマッピングを済ませてしまうこともできます。部分関数は、isDefinedAt メソッドを持つ関数です。isDefinedAt メソッドは、その関数が特定の入力に対して定義されているかどうかを決定するメソッドです。Scala で部分関数を作成するには、PartialFunction[S, T] トレイトを拡張するか、以下の特別な case 構文を使います。

```
val taxiBad = taxiParsed.collect({
  case t if t.isRight => t.right.get
})
```

if ブロックは部分関数が定義されている値を決定し、=> の後の式は、部分関数が返す値です。部分関数を RDD に対して適用する collect 変換と、引数を取らず、RDD の内容をクライアントに返す collect() アクションとの違いに注意してください。

```
taxiBad.collect().foreach(println)
```

不正なレコードのほとんどでは、先に書いた parse 関数で取り出そうとしているフィールドが欠けていることから、ArrayIndexOutOfBoundsExceptions が投げられていることに注意してください。こうした不正なレコードは比較的少ない（せいぜい 87 レコード程度です）ことから、これらは考慮から外してしまい、データ中の正しくパースできたレコードだけに注目して、そのまま分析を続けましょう。

```
val taxiGood = taxiParsed.collect({
  case t if t.isLeft => t.left.get
})
taxiGood.cache()
```

taxiGood RDD 内のレコード群が正しくパースされているとはいえ、そのデータの質に問題があり、対処が必要になることもあり得ます。残っているデータの質の問題を見つけるために、正しく記録された運行のすべてに当てはまるはずの条件を考え始めてみましょう。

この運行データは時系列のデータになっているので、必ず当てはまると見なせることの1つに、降車時刻は乗車時刻よりも多少なりとも後になっているということがあります。また、乗車時間が数時間以上かからないだろうとも考えて良いでしょう。ただし、長距離の乗車や、ラッシュアワーの間の乗車、あるいは事故で遅延させられた乗車などが、数時間に及ぶ可能性はあります。妥当な乗車時間の境界をどこにおけば良いのかは、定かではありません。

JodaTime の Duration クラスを使う hours というヘルパー関数を定義して、タクシーの乗車時間数を計算できるようにしましょう。これができれば、taxiGood RDD 内の乗車時間のヒストグラ

ムを計算できるようになります。

```
import org.joda.time.Duration

def hours(trip: Trip): Long = {
  val d = new Duration(
    trip.pickupTime,
    trip.dropoffTime)
  d.getStandardHours
}

taxiGood.values.map(hours).
  countByValue().
  toList.
  sorted.
  foreach(println)
...
(-8,1)
(0,14752245)
(1,22933)
(2,842)
(3,197)
(4,86)
(5,55)
(6,42)
(7,33)
(8,17)
(9,9)
...
```

何もかもうまくいっているように見えますが、1つだけ-8時間という負の長さの乗車記録があります！これはもしや、バック・トゥ・ザ・フューチャーのデロリアンが、ニューヨーク市でタクシーのアルバイトでもしていたのでしょうか？このレコードを調べてみましょう。

```
taxiGood.values.
  filter(trip => hours(trip) == -8).
  collect().
  foreach(println)
```

おかしなレコードが1つ明らかになりました。1月25日の午後6時ごろから始まって、同じ日の午前10時に終わる乗車記録です。この乗車記録で何がおかしかったのか、確かなことは明らかではありませんが、これが生じているのは1レコードだけのようなので、とりあえず分析から除外してしまっても良いでしょう。

乗車時間が負になっていない残りの乗車記録を見てみれば、タクシーの乗車の大部分は、3時間以上にはなっていません。こうした普通の乗車に集中して、例外的な場合はとりあえず無視できる

ように、taxiGood RDD にフィルタを適用しましょう。

```
val taxiClean = taxiGood.filter {
  case (lic, trip) => {
    val hrs = hours(trip)
    0<=hrs&&hrs<3
  }
}
```

8.5.2 地理空間分析

さあ、タクシーのデータの地理空間的な側面を調べ始めましょう。それぞれの乗車記録には、乗客（達）が乗車した地点を表す緯度／経度のペアと、降車した地点を表すもう1つのペアがあります。やりたいのは、それぞれの緯度／経度のペアがどの行政区の中にあるのかを知り、5つの行政区外で始まったり終わったりしている乗車記録を特定できるようにすることです。例えば、あるタクシーがマンハッタンからニューアーク国際空港まで客を乗せたとすれば、これは5つの行政区の外で終わっているとはいえ、分析する意味がある乗車です。しかし、あるタクシーが南極への乗客を乗せたようなら、これはレコードが不正であり、分析から除外すべきと考えるのが妥当でしょう。

行政区の分析を行うに当たっては、先ほどダウンロードして nyc-boroughs.geojson というファイルとして保存した、GeoJSON のデータをロードする必要があります。scala.io パッケージの Source クラスを使えば、テキストファイルや URL から内容を、1つの String としてクライアントへ読み取ることが簡単にできます。

```
val geojson = scala.io.Source.
  fromFile("nyc-boroughs.geojson").
  mkString
```

今度は、本章で以前に見た、Spray と Esri を使う GeoJSON のパースのツールを使う番です。先ほど書いた FeatureCollection ケースクラスに geojson の文字列をパースして変換します。

```
import com.cloudera.datascience.geotime._
import com.cloudera.datascience.geotime.GeoJsonProtocol._
import spray.json._

val features = geojson.parseJson.convertTo[FeatureCollection]
```

Esri Geometry API の機能をテストして、地点が属する行政区を正しく特定できることを確かめるために、サンプルの地点を生成しましょう。

```
val p = new Point(-73.994499, 40.75066)
val borough = features.find(f => f.geometry.contains(p))
```

featuresをタクシーの運行データに対して使う前に少し立ち止まって、最も効率が良くなるような地理空間データの構成方法を考えてみましょう。選択肢の1つは、地理空間のルックアップのために最適化された、四分木のようなデータ構造を研究してみて、実装を探すか、自分たちで書いてみることです。しかし、この作業をせずに済むような手っ取り早い発想が出てこないか、考えてみることにしましょう。

findメソッドは、緯度／経度からなる指定されたPointを含むジオメトリを持つフィーチャが見つかるまで、FeatureCollection内を繰り返し見ていきます。ニューヨークのタクシーのほとんどの乗車は、マンハッタンで始まり、マンハッタンで終わるので、マンハッタンを表す地理空間フィーチャが並びの前方にあれば、ほとんどのfindの呼び出しは比較的早く帰ってくることになります。各フィーチャのboroughCodeは、ソートのキーとして利用できます。マンハッタンのコードは1で、スタテンアイランドのコードは5です。各行政区のフィーチャ内では、大きな多角形と関連づけられているフィーチャが、小さな多角形のフィーチャよりも前に来ているほうが良いでしょう。これは、多くの乗車記録は、それぞれの行政区の主要な地域を起点や終点としているはずだからです。そうなるようにするには、行政区のコードと各フィーチャのジオメトリのarea2D()の組み合わせに基づいてフィーチャをソートします。

```
val areaSortedFeatures = features.sortBy(f => {
  val borough = f("boroughCode").convertTo[Int]
  (borough, -f.geometry.area2D())
})
```

area2D()の値の符号を反転させてソートしていることに注意してください。これは、最も大きな領域が先頭に来るようにしたいことと、Scalaのソートは昇順がデフォルトになっているためです。

これで、frsシーケンス中のソートされたフィーチャ群をクラスタにブロードキャストして、それらのフィーチャを使って乗車記録が終わっているのが5つの行政区のいずれなのか（行政区内で終わっているなら）を検索する関数を書くことができます。

```
val bFeatures = sc.broadcast(areaSortedFeatures)

def borough(trip: Trip): Option[String] = {
  val feature: Option[Feature] = bFeatures.value.find(f => {
    f.geometry.contains(trip.dropoffLoc)
  })
  feature.map(f => {
    f("borough").convertTo[String]
  })
}
```

いずれのフィーチャにもその乗車記録のdropoff_locが含まれていなかった場合、optfの値はNoneになり、Noneに対するmapの呼び出しの結果もNoneになります。この関数をtaxiClean

RDD 中の乗車記録に適用すれば、行政区毎の乗車記録のヒストグラムを作成できます。

```
taxiClean.values.
  map(borough).
  countByValue().
  foreach(println
...
(Some(Queens),672135)
(Some(Manhattan),12978954)
(Some(Bronx),67421)
(Some(Staten Island),3338)
(Some(Brooklyn),715235)
(None,338937)
```

期待した通り、乗車記録の大部分はマンハッタン行政区で終わっており、スタテンアイランドで終わっているものは比較的少数です。どの行政区でも終わっていない乗車記録の数は、驚くべき発見です。None のレコード数は、ブロンクスで終わっているタクシーの乗車記録よりも、かなり多くなっています。この種の乗車記録のサンプルを、いくつかデータから取り出してみましょう。

```
taxiClean.values.
  filter(t => borough(t).isEmpty).
  take(10).foreach(println)
```

これらのレコードを出力して見ると、かなりの割合で (0.0, 0.0) という地点が開始及び終了点になっています。これは、これらのレコードの位置情報が欠けていることを示しています。こういったケースは分析に役立たないので、データセットから除外すべきでしょう。

```
def hasZero(trip: Trip): Boolean = {
  val zero = new Point(0.0, 0.0)
  (zero.equals(trip.pickupLoc) || zero.equals(trip.dropoffLoc))
}

val taxiDone = taxiClean.filter {
  case (lic, trip) => !hasZero(trip)
}.cache()
```

改めて taxiDone RDD に対して行政区の分析を実行すると、以下のようになります。

```
taxiDone.values.
  map(borough).
  countByValue().
  foreach(println)
...
(Some(Queens),670996)
```

```
(Some(Manhattan),12973001)
(Some(Bronx),67333)
(Some(Staten Island),3333)
(Some(Brooklyn),714775)
(None,65353)
```

ゼロ地点のフィルタによって、出力の行政区から少数の観察結果が取り除かれていますが、None エントリの大部分が取り除かれたので、ニューヨーク市の外での降車数は、はるかに妥当な数字になりました。

8.6　Sparkでのセッション化

　何ページも前に書いた通り、本章のゴールはタクシーの運転手が乗客を降ろした行政区と、次の乗客を捕まえるまでにかかった時間との関係性を調べることです。この時点でtaxiDone RDDでは、データのさまざまなパーティションに渡って分散配置されたレコード群に、それぞれのタクシーの運転手の個々の乗車記録が格納されています。ある乗車の終わりから次の乗車の開始までの時間を計算するには、1人の運転手の1つのシフト中のすべての乗車を集約して1つのレコードに格納し、そしてそのシフト中の乗車記録をすべて時間順にソートします。このソートのステップがあることで、ある乗車記録の降車の時刻と、次の乗車記録の乗車の時刻とを比較することができるようになります。こういった、時系列のイベントを実行する1つのエンティティを対象とするような分析は、**セッション化**と呼ばれるもので、Webサイトにおけるユーザーの行動分析を行うために、Webのログに対して広く行われていることです。

　セッション化は、データから知見を明らかにし、優れた判断を可能とする新たなデータ製品を構築するための、きわめて強力な手法です。例えば、Googleのスペル訂正エンジンは、GoogleのWebプロパティに対するあらゆるイベント（検索、クリック、マップへのアクセスなど）をロギングし、そのレコードからユーザーの活動のセッションを毎日構築し、その情報を基に構築されています。正しそうなスペルの訂正候補を特定するために、Googleはこうしたセッションを処理して、ユーザーがクエリに入力を行ったにも関わらず、何もクリックをせず、数秒後に少し異なるクエリを入力し、そしてクエリの結果をクリックし、その後はGoogleに戻ってこなかった、というような状況を探しているのです。そしてGoogleは、こういったパターンが起こる回数をあらゆるクエリのペアに対してカウントを取ります。もしあるペアが十分な頻度で生じているなら（例えば "untied stats" というクエリが入力されるたびに、その数秒後に "united states" というクエリが続くといったように）、2番目のクエリは1番目のクエリのスペルを修正したものだと推測するのです。

　この分析は、イベントのログに現れる人の振る舞いのパターンを活用して、辞書から生成できるいかなるスペル訂正エンジンよりも強力なエンジンを構築するためのものです。このエンジンは、いかなる言語でもスペルの訂正を行うことができ、どの辞書にも乗っていないかも知れないような単語（例えば新しいスタートアップ企業の名前）でも、さらには "untied stats" というような、どの単語もスペルは間違っていないようなクエリでさえも訂正できるのです！　Googleは同様

の手法を、検索のレコメンドや関連検索の表示に使うと共に、ワンボックスを使ってクエリの結果を表示することによって、ユーザーにさまざまなページをクリックさせず、検索ページそのものの中で検索に対する答を見てもらうことができるかを判断するためにも使っています。ワンボックスは、天気、スポーツの試合のスコア、住所、あるいはその他多くの種類のクエリに対して用意されています。

ここまで、各エンティティに対して生じているイベント群は、RDDのパーティションにまたがって分散しているので、分析を行うに当たって、関連するイベントはまとめて配置し、時間の順にしておく必要があります。次のセクションでは、Spark 1.2で導入された高度な機能をいくつか使い、セッションの構築と分析を効率的に行う方法を示します。

8.6.1　セッションの構築：Sparkでのセカンダリソート

Sparkでセッションを構築する単純な方法は、セッションを構築したい識別子でgroupByを実行し、シャッフル後にタイムスタンプの識別子でイベント群をソートするというやり方です。各エンティティ毎のイベント数が少ないのであれば、このアプローチは十分にうまく動作します。しかし、このアプローチでは、あらゆるエンティティにおいて全イベントをメモリ内に1度に納める必要があるため、それぞれのエンティティに対するイベント数が大きくなるにつれて、スケールしなくなっていきます。特定のエントリのすべてのイベントを、ソートのために1度にメモリに保持することなく、セッションを構築できる方法が必要です。

MapReduceでは、**セカンダリソート**を行うことでセッションを構築できます。セカンダリソートでは、識別子とタイムスタンプの値からなる複合キーを生成し、すべてのレコードをその複合キーに基づいてソートし、カスタムのパーティショナとグループ化関数を使って、同じ識別子を持つすべてのレコードが、同じ出力パーティション内に現れることを保証します。ありがたいことに、同じセカンダリソートのパターンは、SparkでもrepartitionAndSortWithinPartitions変換を使うことによってサポートされます。

本書のリポジトリには、まさにこの処理を行うgroupByKeyAndSortValues変換の実装があります。この機能の動作は、本章で取り上げる概念とはほとんど交わらないため、ここではその生々しい詳細は省略します。こういった変換をSparkのコアに追加する作業が、Spark JIRAのSPARK-3655（https://issues.apache.org/jira/browse/SPARK-3655）で進んでいます。

この変換は、4つのパラメータを取ります。

- 操作の対象となるキー－値ペアのRDD。

- 値を取り、ソートのためのセカンダリキーを取り出す関数。

- 同じキーを持つソートの結果を、複数のグループに分割する分割関数。この関数はオプション。本章では、この関数を使って同じ運転手の複数のシフトを分割する。

- 出力のRDDのパーティション数。

ここでは、セカンダリキーとして記録の乗車時刻を使います。

```
def secondaryKeyFunc(trip: Trip) = trip.pickupTime.getMillis
```

1つのシフトの終わりと、次のシフトの始まりを区別するために使う条件を決める必要があります。本章でこれまで決めてきた他の選択（例えば、3時間以上続いている乗車記録を取り除く）と同様に、これもまた多少なりとも独断で決めることになるので、この選択が以降の分析に与えるインパクトについては、意識しておく必要があります。さまざまな分割条件を試し、分析の結果が変化する様子を見ておくというのは、特にセッション化分析の初期の段階においては良い考えです。シフト間を区別するための妥当な時間帯を決めたなら、重要なのは選択することです。そしてそれが、たとえ多少独断的であっても、その選択には長期に渡ってこだわることです。データサイエンティストとしての主な関心は、時間と共に物事が変わっていく様子であり、データやメトリクスに対する定義を一定に保つことで、長期間を見据えた妥当な比較ができるようになるのです。

さあ、境界値として4時間を選択することから始めましょう。そうすれば、これより長いギャップが連続する乗車記録の間にあれば、それは別々の2つのシフトと考えることができ、その間の時間は、運転手が新しい乗客を受け付けていない休憩時間だと考えられます。

```
def split(t1: Trip, t2: Trip): Boolean = {
  val p1 = t1.pickupTime
  val p2 = t2.pickupTime
  val d = new Duration(p1, p2)
  d.getStandardHours >= 4
}
```

セカンダリキーの関数と分割関数があるので、グループ化とソートを行うことができます。この操作は、シャッフルとかなりの量の演算処理を引き起こすことに加えて、その結果は複数回利用することになるので、結果はキャッシュしておきます。

```
val sessions = RunGeoTime.groupByKeyAndSortValues(
  taxiDone, secondaryKeyFunc, split, 30)
sessions.cache()
```

結果はRDD[(String, List[Trip])]となり、同じ運転手の同じシフトに属する乗車記録がまとめられ、時刻でソートされています。

セッション化のパイプラインの実行はコストの高い操作であり、セッション化されたデータは、実行したいさまざまな分析のタスクに役立つことがしばしばあります。後の分析で再利用するかもしれない場合や、他のデータサイエンティストと共同作業をするような場合には、セッション化を1度だけ行い、他の多くの質問への回答に役立てられるよう結果のデータをHDFSに書き出しておき、大規模なデータセットのセッション化のコスト負担を分担すると良いでしょう。セッション化の実行を1度だけにするのは、セッション定義のルールをデータサイエンスチーム全体に渡っ

て標準化するための方法としても優れています。これは、確実に同一条件の下で結果を比較するのと同じ利点があります。

ここまで来れば、セッションデータを分析して、特定の行政区で乗客を降ろした後に、運転手が次の乗客を見つけるまでにかかる時間を見てみる準備が整いました。2つの`Trip`クラスのインスタンスを引数に取り、最初の乗車記録の行政区と、最初の乗車記録の降車時刻と2番目の乗車記録の乗車時刻との`Duration`を計算する`boroughDuration`メソッドを作成しましょう。

```scala
def boroughDuration(t1: Trip, t2: Trip) = {
  val b = borough(t1)
  val d = new Duration(
    t1.dropoffTime,
    t2.pickupTime)
  (b, d)
}
```

この新しい関数を、`sessions` RDD 中の一連の乗車記録のペアすべてに対して適用しましょう。これは`for`ループを書いても実行できますが、Scala の Collections API の `sliding` メソッドを使えば、もっと関数型らしいやり方で一連のペアを得ることができます。

```scala
val boroughDurations: RDD[(Option[String], Duration)] =
  sessions.values.flatMap(trips => {
    val iter: Iterator[Seq[Trip]] = trips.sliding(2)
    val viter = iter.filter(_.size == 2)
    viter.map(p => boroughDuration(p(0), p(1)))
  }).cache()
```

`sliding` メソッドの結果に対して `filter` を呼ぶことで、1つの乗車記録しか持たないセッションは確実に無視され、セッション群に対して `flatMap` を適用した結果の RDD[(Option[String], Duration)] を調べられることになります。まず、ほとんどの時間が負になっていないことを調べることで、正常性のチェックを行いましょう。

```scala
val sessions = RunGeoTime.groupByKeyAndSortValues(
  taxiDone, secondaryKeyFunc, split, 30)
sessions.cache()
...
(-2,2)
(-1,17)
(0,13367875)
(1,347479)
(2,76147)
(3,19511)
```

負の乗車期間を持っているレコードはわずかで、それらをよく見てみても、エラーとなったデータの原因を理解するための共通パターンはなさそうです。乗車期間の分布の分析は、これらのレコードを除外した上で、以前にも使ったSparkのStatCounterクラスの力を借りて計算しましょう。

```
import org.apache.spark.util.StatCounter

boroughDurations.filter {
  case (b, d) => d.getMillis >= 0
}.mapValues(d => {
  val s = new StatCounter()
  s.merge(d.getStandardSeconds)
}).
reduceByKey((a, b) => a.merge(b)).collect().foreach(println)
...

(Some(Bronx),(count: 56951, mean: 1945.79,
 stdev: 1617.69, max: 14116, min: 0))
(None,(count: 57685, mean: 1922.10,
 stdev: 1903.77, max: 14280, min: 0))
(Some(Queens),(count: 557826, mean: 2338.25,
 stdev: 2120.98, max: 14378.000000, min: 0))
(Some(Manhattan),(count: 12505455, mean: 622.58,
 stdev: 1022.34, max: 14310, min: 0))
(Some(Brooklyn),(count: 626231, mean: 1348.675465,
 stdev: 1565.119331, max: 14355, min: 0))
(Some(Staten Island),(count: 2612, mean: 2612.24,
 stdev: 2186.29, max: 13740, min: 0.000000))
```

期待通り、マンハッタンでの降車の場合、その運転手の最短のダウンタイムは10分強という短さだということが、このデータからわかります。ブルックリンでの降車後のダウンタイムはこの2倍以上で、スタテンアイランドで終わっている乗車記録は少ないものの、運転手が次の乗客を見つけるまでには、平均でほとんど45分を要しています。

このデータが示す通り、タクシーの運転手は、行き先に応じて乗客を差別することで、売り上げ上とても有利になります。特に、スタテンアイランドでの降車は、運転手にとって大きなダウンタイムを被ることになります。ニューヨーク市タクシー及びリムジン委員会は、何年にも渡ってこの差別を特定し、行き先に応じて乗車拒否をしたことが判明した運転手に、罰金を科してきました。データを調べて、異常に短いタクシーの乗車記録を探してみると面白いかも知れません。それは、運転手と乗客の間で、乗客が降りたい場所についての争いがあったことを示しているかも知れないのです。

8.7 今後に向けて

　タクシーのデータに対する本章の手法と同じやり方を使って、現在の交通のパターンと、本章のデータに含まれる履歴のレコード中の次に行くべき場所に基づき、降車後のベストの行き先をキャブにレコメンドするアプリケーションを構築することを考えてみてください。この情報は、キャブを捕まえようとしている人の観点から見てみることもできるでしょう。現在の時刻、場所、気象データを基にした場合、5分以内に路上でタクシーを捕まえられる確率はどれほどでしょうか？この種の情報を Google Map のようなアプリケーションに取り込めば、旅行者が出発する時間を決めたり、旅行の選択肢を決めたりするのを支援できるかも知れません。

　Esri API は、JVM ベースの言語での地理空間データの扱いを支援する、さまざまなツールの中の1つです。この他にも、Scala で書かれた地理空間ライブラリの GeoTrellis があり、Spark からも簡単に利用できそうです。3番目としては、Java ベースの GIS ツールキットである GeoTools が挙げられます。

9章
モンテカルロシミュレーションによる金融リスクの推定

Sandy Ryza

> 地質学を理解したいなら、地震を研究せよ。経済学を理解したいなら、不況を研究せよ。
> ——Ben Bernanke

　妥当な環境下で期待される損失は、どれほどでしょうか？ 金融統計のバリューアットリスク（Value at Risk = VaR）は、この値を計ろうとするものです。1987年の株式市場の崩壊の直後から、VaRは金融サービス団体の間で広く使われるようになりました。この統計値は、それらの組織の管理においてきわめて重要な役割を演じます。すなわち、求める信用格付けに見合うキャッシュの額の決定に役立つのです。加えて、大規模なポートフォリオのリスクの性格を幅広く理解するために使われることや、取引前にこの値を計算して、即決のための支援情報とすることもあります。

　この統計値を推定するための最も洗練されたアプローチでは、ランダムな条件下のマーケットについての計算負荷の高いシミュレーションを必要とします。これらのアプローチの背景となっているのは**モンテカルロシミュレーション**と呼ばれる手法で、数千、あるいは数万のランダムなマーケットのシナリオを提示し、それらがどのようにポートフォリオに影響を与えるかを観察します。モンテカルロシミュレーションは、もともと大規模な並列化が可能なので、Sparkはそのための理想的なツールです。Sparkは、ランダムにシミュレーションを行ったり、その結果を集計するのに数千のCPUコアを活用できます。Sparkは汎用のデータ変換エンジンであり、このシミュレーションの前段階や後段階の処理もうまくこなすことができます。Sparkは、金融の生データをシミュレーションの実行に必要なモデルのパラメータに変換したり、結果をアドホックに分析するためにも利用できます。Sparkのプログラミングモデルはシンプルなので、HPC環境を使う旧来のアプローチに比べて、開発に要する時間を劇的に減らすことができます。

　どれぐらい損失を被る可能性があるかについて、もう少し厳密に定義しましょう。VaRは一定期間に投資ポートフォリオの価値が最大どのぐらい損失を被る可能性があるかを推定値するための投資リスクの簡単な尺度です。VaRの推定値は、ポートフォリオ、期間、p値という3つのパラメータに依存します。5%のp値と2週間でのVaRが100万ドルということは、このポートフォリオが2週間の間に100万ドル以上の損失を出す確率は5%しかないということです。

　また、関連する統計値である**条件付きバリューアットリスク**（Conditional Value at Risk = CVaR）の計算についても説明しましょう。この値は期待ショートフォールとしても知られるもので、VaRよりも優れたリスクの推定値として、近年バーゼル銀行監督委員会によって提唱されて

います。CVaR の推定値は、VaR の推定値と同じ 3 つのパラメータを持ちますが、カットオフ値の代わりに、平均損失を考えます。5% の p 値と 2 週間での CVaR が 500 万ドルということは、最悪の事態 5% での平均損失は 500 万ドルということを示します。

VaR のモデル化にあたっては、さまざまな概念やアプローチ、パッケージを導入します。カーネル密度推定や、breeze-viz パッケージによるプロット、多変量正規分布からのサンプリング、Apache Commons の Math パッケージの統計関数などを取り上げていきます。

9.1 用語の定義

本章では、金融業界に特有の用語を使っていきます。ここでは簡単にそれらを定義しましょう。

有価証券
債券、融資、オプション、株式投資などの、取引可能な証券。任意の時点において、有価証券は**価値**を持つと見なされる。価値は、その有価証券を売却できる価格のこと。

ポートフォリオ
金融機関によって所有される有価証券の集合。

リターン
ある期間における有価証券もしくはポートフォリオの価値の変化。

ロス
マイナスのリターン。

インデックス
有価証券をあるルールで組み合わせた仮想的なポートフォリオのこと。例えば、NASDAQ 総合指数には、主要なアメリカ及び国際企業のおよそ 3,000 の株式と、それに類する有価証券が含まれている。

マーケットファクター
ある時点での、マクロ的な視点での経済情勢の指標として使われる値。例えばインデックス値、アメリカの国内総生産（GDP）、あるいはドルとユーロの為替レートなど。マーケットファクターは、単に**ファクター**とすることが多い。

9.2 VaR の計算の方法

この時点では、本章の VaR の定義は完結していません。この統計値を推定するには、機能しそうなポートフォリオのモデルを提案して、そのリターンが得られそうな確率分布を選ぶ必要があります。VaR を計算するために採用されるアプローチはさまざまですが、それらはすべていくつかの一般的な方法に分類できます。

9.2.1 分散共分散法

分散共分散法は、群を抜いて単純で、最も演算処理の負荷が低い方法です。このモデルは、それぞれの有価証券のリターンが正規分布に従うものと仮定するので、解析的な推定が可能です。

9.2.2 ヒストリカルシミュレーション法

ヒストリカルシミュレーション法は、データから推定した要約統計量を利用するのではなく、ヒストリカルデータの分布を直接利用して、リスクを推定します。例えば、あるポートフォリオに対して 95% の VaR を決定する場合、ヒストリカルシミュレーションではそのポートフォリオの過去 100 日分のパフォーマンスを見て、5 番目に悪かった日の価格を統計値として推定します。この方法の欠点は、過去のデータに引きずられるという制限があったり、「もしも」という状況を取り入れることができないことです。ポートフォリオ中の有価証券に関する手持ちのヒストリカルデータにマーケットの暴落が含まれていなくても、そういった状況下でポートフォリオがどうなるのかをモデル化したいこともあります。例えばショックを与えるデータを導入することによって、こうした問題に対してヒストリカルシミュレーションを強化する手法もありますが、本書ではそれらは取り上げません。

9.2.3 モンテカルロシミュレーション法

本章はこの後、モンテカルロシミュレーション法に焦点を当てていきます。モンテカルロシミュレーションは、ランダムな条件下でポートフォリオをシミュレートすることによって、これまで紹介した方法の仮定を弱めようとします。確率分布の式を解析的に導出できないとき、その確率分布を生成する単純な確率変数を繰り返しサンプリングし、全体的な振る舞いを見ながら密度関数 (PDF) を推定することもあります。最も一般的な形式では、この方法は以下のように行われます。

- 市況と、それぞれの有価証券のリターンとの関係性を定義する。この関係性は、ヒストリカルデータにフィットしたモデルで表現される。

- 市況の分布を定義する。これは市場で観測されるものそのまま。

- ランダムな市況を含む**試行**を行う。

- 各試行に対するポートフォリオの損失の合計を計算し、それらの損失を使って損失に対する経験的な分布を定義する。これはすなわち、100 回の試行を行って 5% の VaR を推定したい場合、5 番目に損失が大きかった試行の損失をその値とするということである。5% の CVaR を計算したい場合は、悪かった 5 番目までの試行に対する平均の損失を求める。

もちろん、モンテカルロ法も完璧ではありません。試行の条件を生成し、試行から有価証券のパフォーマンスを推測するモデルは、単純化された仮定を置かなければならず、得られる分布は、ヒストリカルデータを取り入れるモデル以上に正確にはならないでしょう。

9.3　本章のモデル

　通常、モンテカルロのリスクモデルは、それぞれの有価証券のリターンを、一連の**マーケットファクター**で表します。一般的なマーケットファクターとしては、S&P 500のようなインデックスや、アメリカのGDP、あるいは貨幣の為替レートなどがあります。そして、これらの市況に基づいて、各有価証券のリターンを予測するモデルが必要になります。このシミュレーションでは、シンプルな線型モデルを使います。先ほどのリターンの定義に従えば、ファクターのリターンは、ある期間におけるマーケットファクターの価格の変化です。例えば、S&P 500の価値がある期間に2,000から2,100へ変化した場合、そのリターンは100になるでしょう。本章では、ファクターのリターンのシンプルな変換から、一連の特徴を抽出します。試行tのマーケットファクターベクトルm_tは関数ϕにより、（おそらく）異なる長さの特徴ベクトルf_tに変換されます。

$$f_t = \phi(m_t)$$

　それぞれの有価証券に対して、各特徴に対して重みを割り当てるようにモデルをトレーニングします。試行tにおける有価証券iのリターンであるr_{it}を計算するためには、その有価証券の切片項であるc_i、有価証券iの特徴jのための回帰重みであるw_{ij}、そして試行tの特徴jのランダムに生成された値であるf_{tj}を使います。

$$r_{it} = c_i + \sum_{j=1}^{|w_i|} w_{ij} * f_{tj}$$

　つまり、各有価証券のリターンは、マーケットファクターの特徴のリターンに、その有価証券のためのその特徴の重みを掛けたものの合計だということです。ヒストリカルデータを使って、各有価証券に対して線型モデルを適用できます（これは線形回帰とも呼ばれます）。VaRの計算期間が2週間であるなら、この回帰は履歴中の各2週間（重複あり）を、ラベル付きのポイントとして扱います。

　また、もっと複雑なモデルを選択することもできます。例えば、モデルは必ずしも線形である必要はありません。回帰ツリーを使ったり、明示的に金融業界固有の知見を取り入れることもできます。

　マーケットファクターから有価証券の損失を計算するモデルができたので、今度はマーケットファクターの振る舞いをシミュレートするプロセスが必要になります。わかりやすくするために、それぞれのマーケットファクターのリターンは正規分布に従うものとします。例えばNASDAQが下がっているなら、ダウもまた下がりがちというように、マーケットファクター間にしばしば相関があることを捉えるには、共分散行列を持つ多変量正規分布が利用できます。

$$m_t \sim \mathcal{N}(\mu, \Sigma)$$

　ここで、μはファクターリターンの経験的な平均のベクトルであり、Σは共分散行列です。
　前と同じように、マーケットをシミュレートする際にもっと複雑な方法を選択したり、それぞれ

のマーケットファクターに対して、おそらくファットテール分布など、異なる種類の分布を前提としたりすることもできるでしょう。

9.4 データの入手

きれいにフォーマットされた大量のヒストリカルデータを見つけることは難しいことですが、Yahoo! には CSV フォーマットでダウンロードできるさまざまな株式データがあります。本書のリポジトリの /risk/data ディレクトリにある以下のスクリプトは、一連の REST の呼び出しを行い、NASDAQ 総合指数に含まれるすべての株式のヒストリカルデータをダウンロードし、それらを stocks/ ディレクトリに置いてくれます。

```
$ ./download-all-symbols.sh
```

また、リスクファクターについてもヒストリカルデータが必要です。リスクファクターとしては、S&P 500 と NASDAQ 総合指数の値と共に、30 年物のアメリカ財務省の長期債券及び原油の価格を使いましょう。これらのインデックスも、Yahoo! からダウンロードできます。

```
$ mkdir factors/
$ ./download-symbol.sh ^GSPC factors
$ ./download-symbol.sh ^IXIC factors
```

長期債券[†]と原油価格[‡]は、http://www.investing.com からコピー／ペーストしなければなりません。

9.5 前処理

この時点で手元には、さまざまなソースから入手したフォーマットの異なるデータがあります。例えば、Yahoo! フォーマットの Google(GOOGL) の株式ヒストリカルデータは、以下のようになっています。

```
Date,Open,High,Low,Close,Volume,Adj Close
2014-10-24,554.98,555.00,545.16,548.90,2175400,548.90
2014-10-23,548.28,557.40,545.50,553.65,2151300,553.65
2014-10-22,541.05,550.76,540.23,542.69,2973700,542.69
2014-10-21,537.27,538.77,530.20,538.03,2459500,538.03
2014-10-20,520.45,533.16,519.14,532.38,2748200,532.38
```

そして、investing.com の原油のヒストリカルデータは、以下のようになっています。

```
Oct 24, 2014  81.01  81.95  81.95  80.36  272.51K  -1.32%
Oct 23, 2014  82.09  80.42  82.37  80.05  354.84K   1.95%
```

[†] http://link.springer.com/referenceworkentry/10.1007/978-1-4419-7701-4_18
[‡] https://www.newyorkfed.org/medialibrary/media/research/epr/96v02n1/9604hend.pdf

```
Oct 22, 2014  80.52  82.55  83.15  80.22  352.22K  -2.39%
Oct 21, 2014  82.49  81.86  83.26  81.57  297.52K   0.71%
Oct 20, 2014  81.91  82.39  82.73  80.78  301.04K  -0.93%
Oct 19, 2014  82.67  82.39  82.72  82.39  -        0.75%
```

各ソースから、それぞれの有価証券とファクターについて取り出したいのは、(日付、終値)のタプルのリストです。Java の SimpleDateFormat を使えば日付を Investing.com のフォーマットにパースできます。

```
import java.text.SimpleDateFormat
import java.util.Locale

val format = new SimpleDateFormat("MMM d, yyyy", Locale.ENGLISH)
format.parse("Oct 2, 2014")
res0: java.util.Date = Fri Oct 24 00:00:00 PDT 201
```

3,000 の有価証券と、4 つのファクターのヒストリカルデータは、十分にローカルで読み込んで処理できる大きさです。これは、数十万の有価証券と数千のファクターで大規模なシミュレーションをする場合でも同様です。Spark のような分散システムが必要になるのは、シミュレーションを実際に実行する段階です。この時には、各有価証券について、莫大な演算処理が必要になります。Investing.com のすべてのヒストリカルデータをローカルのディスクから読み込むには、以下のようにします。

```
import com.github.nscala_time.time.Imports._
import java.io.File
import scala.io.Source

def readInvestingDotComHistory(file: File):
    Array[(DateTime, Double)] = {

  val format = new SimpleDateFormat("MMM d, yyyy", Locale.ENGLISH)
  val lines = Source.fromFile(file).getLines().toSeq
  lines.map(line => {
    val cols = line.split('\t')
    val date = new DateTime(format.parse(cols(0)))
    val value = cols(1).toDouble
    (date, value)
  }).reverse.toArray
}
```

8 章で見た通り、日付を表すのには JodaTime とその Scala のラッパーである NScalaTime を使います。SimpleDateFormat の Date の出力を、JodaTime の Datetime でラップしましょう。

Yahoo! のヒストリカルデータをすべて読み込むには、以下のようにします。

```
def readYahooHistory(file: File): Array[(DateTime, Double)] = {
  val format = new SimpleDateFormat("yyyy-MM-dd")
  val lines = Source.fromFile(file).getLines().toSeq
  lines.tail.map(line => {
    val cols = line.split(',')
    val date = new DateTime(format.parse(cols(0)))
    val value = cols(1).toDouble
    (date, value)
  }).reverse.toArray
}
```

`lines.tail` は、ヘッダー行を除外するのに役立つことに注意してください。すべてのデータをロードして、履歴が5年未満の有価証券は除外します。

```
val start = new DateTime(2009, 10, 23, 0, 0)
val end = new DateTime(2014, 10, 23, 0, 0)

val files = new File("data/stocks/").listFiles()
val rawStocks: Seq[Array[(DateTime, Double)]] =
  files.flatMap(file => {
    try {
      Some(readYahooHistory(file))
    } catch {
      case e: Exception => None
    }
  }).filter(_.size >= 260*5+10)

val factorsPrefix = "data/factors/"
val factors1: Seq[Array[(DateTime, Double)]] =
  Array("crudeoil.tsv", "us30yeartreasurybonds.tsv").
    map(x => new File(factorsPrefix + x)).
    map(readInvestingDotComHistory)
val factors2: Seq[Array[(DateTime, Double)]] =
  Array("^GSPC.csv", "^IXIC.csv").
    map(x => new File(factorsPrefix + x)).
    map(readYahooHistory)
```

有価証券の種類が違うと取引日が異なったり、あるいは他の理由によって、値がない日があるかも知れません。従って、さまざまなヒストリカルデータの足並みを揃えることが重要です。まず、すべての時系列を、同じ期間に切りそろえる必要があります。そして、欠けているデータは補完します。時系列データの期間の初日や最後の日に値が欠けている場合には、単純に直近日の値で補完すれば良いでしょう。

```
def trimToRegion(history: Array[(DateTime, Double)],
    start: DateTime, end: DateTime): Array[(DateTime, Double)] = {
```

```
    var trimmed = history.
      dropWhile(_._1 < start).takeWhile(_._1 <= end) ❶
    if (trimmed.head._1 != start) {
      trimmed = Array((start, trimmed.head._2)) ++ trimmed
    }
    if (trimmed.last._1 != end) {
      trimmed = trimmed ++ Array((end, trimmed.last._2))
    }
    trimmed
  }
```

❶ 日付の比較をする際に、NScalaTime の演算子のオーバーローディングを暗黙のうちに利用している

期間内で欠けている有価証券の価格は、前営業日の終値で埋め合わせるという、単純に補完する方法を取ります。残念ながら、Scala のコレクションにはこの処理をしてくれるぴったりのメソッドがないので、自分で書かなければなりません。

```
import scala.collection.mutable.ArrayBuffer

def fillInHistory(history: Array[(DateTime, Double)],
    start: DateTime, end: DateTime): Array[(DateTime, Double)] = {
  var cur = history
  val filled = new ArrayBuffer[(DateTime, Double)]()
  var curDate = start
  while (curDate < end) {
    if (cur.tail.nonEmpty && cur.tail.head._1 == curDate) {
      cur = cur.tail
    }

    filled += ((curDate, cur.head._2))

    curDate += 1.days
    // 週末はスキップする
    if (curDate.dayOfWeek().get > 5) curDate += 2.days
  }
  filled.toArray
}
```

データに対して、trimToRegion と fillInHistory を適用します。

```
val stocks: Seq[Array[(DateTime, Double)]] = rawStocks.
  map(trimToRegion(_, start, end)).
  map(fillInHistory(_, start, end))
```

```
val factors: Seq[Array[(DateTime, Double)]] = (factors1 ++ factors2).
  map(trimToRegion(_, start, end)).
  map(fillInHistory(_, start, end))
```

stocks の各要素は、ある株式のさまざまな時刻における値の配列です。factors の構造も同様です。これらの配列の長さはすべて同じになっているはずで、以下のようにすれば確認できます。

```
(stocks ++ factors).forall(_.size == stocks(0).size)
res17: Boolean = true
```

9.6　ファクター重みづけの決定

VaR が、**一定期間内**にどれぐらい損失を被る可能性があるかを扱うものだということを思い出してください。有価証券の価格の水準ではなく、それらの価格が指定された期間内にどれだけ変動するか注目してください。本章の計算では、この期間は 2 週間に設定しました。以下の関数は、Scala のコレクションの sliding メソッドを使い、価格の時系列を、重なり合う 2 週間分の価格変動の並びに変換します。金融のデータには週末が含まれないので、ウィンドウが 14 ではなく 10 になっていることに注意してください。

```
def twoWeekReturns(history: Array[(DateTime, Double)])
  : Array[Double] = {
  history.sliding(10).
    map(window => window.last._2 - window.head._2).
    toArray
}

val stocksReturns = stocks.map(twoWeekReturns)
val factorsReturns = factors.map(twoWeekReturns)
```

ヒストリカルリターンができたので、続いて有価証券のリターンの予測モデルのトレーニングを行いましょう。作成したいのは、それぞれの有価証券の 2 週間のリターンを、同じ期間のファクターリターンを基にして予測するモデルです。単純にするために、線形回帰のモデルを使いましょう。

有価証券のリターンが、ファクターリターンに対する非線形の関数になっているかも知れないということをモデル化するためには、ファクターリターンの非線形変換から導出される特徴を、モデルに追加するという方法があります。それぞれのファクターリターンに対して、2 つの特徴として、その 2 乗と平方根を追加してみましょう。そうしたとしても、目的変数が特徴の線形関数になっているという点において、モデルは依然として線型モデルです。特徴の中には、たまたまファクターリターンの非線形関数によって決定されているものもあります。この特定の特徴変換は、利用可能なオプションのいくつかを示すためのものだということを覚えておいてください。これは金融の最先端の予測モデリングの実践例ではありません。

数多くの有価証券ごとに 1 つと、大量の回帰を行うことにはなりますが、それぞれの回帰中の

特徴やデータポイント数は小さいので、Sparkの分散線形モデリングの機能を使う必要はありません。その代わりに、通常のApache Commons Mathパッケージの最小二乗回帰を使いましょう。今のところ、ファクターのデータは履歴のSeq（それぞれが(DateTime, Double)というタプル）になっていますが、OLSMultipleLinearRegressionが期待するのはサンプルポイントの配列（ここでは2週間のインターバル）なので、ファクターの行列を転置する必要があります。

```
def factorMatrix(histories: Seq[Array[Double]])
  : Array[Array[Double]] = {
  val mat = new Array[Array[Double]](histories.head.length)
  for (i <- 0 until histories.head.length) {
    mat(i) = histories.map(_(i)).toArray
  }
  mat
}

val factorMat = factorMatrix(factorsReturns)
```

これで、追加の特徴を加えることができます。

```
def featurize(factorReturns: Array[Double]): Array[Double] = {
  val squaredReturns = factorReturns.
    map(x => math.signum(x) * x * x)
  val squareRootedReturns = factorReturns.
    map(x => math.signum(x) * math.sqrt(math.abs(x)))
  squaredReturns ++ squareRootedReturns ++ factorReturns
}

val factorFeatures = factorMat.map(featurize)
```

そして、線型モデルを適合させます。

```
import org.apache.commons.math3.stat.regression.OLSMultipleLinearRegression

def linearModel(instrument: Array[Double],
    factorMatrix: Array[Array[Double]])
  : OLSMultipleLinearRegression = {
  val regression = new OLSMultipleLinearRegression()
  regression.newSampleData(instrument, factorMatrix)
  regression
}

val models = stocksReturns.map(linearModel(_, factorFeatures))
```

簡潔にするため、この分析は省略しますが、この時点で、実世界のいかなるパイプラインに対しても、このモデルがデータに非常に良く適合することを理解しておくと役に立つでしょう。デー

ポイントを時系列のデータから取ってきていることと、特に期間がオーバーラップしていることから、サンプルが自己相関している可能性は非常に高くなります。これはすなわち、R^2 のような一般的な計測値は、このモデルのデータへの適合度を過大評価することになるだろうということです。ブロイシュ・ゴッドフリー検定 (https://en.wikipedia.org/wiki/Breusch?Godfrey_test) は、こうした効果を評価するための標準的な検定です。モデルを評価する手っ取り早い方法の 1 つは、時系列の真ん中を充分に取り除いて、前後 2 つの期間に分けて、前期の最後のポイントが後期の最初のポイントと自己相関しないようにすることです。そして、1 つの期間に対してモデルをトレーニングして、そのモデルのエラーをもう 1 つの期間で調べます。

各有価証券のモデルのパラメータを得るには、`OLSMultipleLinearRegression` の `estimateRegressionParameters` メソッドを使います。

```
val factorWeights = models.map(_.estimateRegressionParameters())
  .toArray
```

これで、各行が有価証券に対するモデルパラメータの集合（係数、重み、共分散、独立変数、その他いかなる呼び名であれ）になっている、1,867×8 の行列が得られます。

9.7 サンプリング

ファクターリターンを有価証券にマップするモデルができたので、次はランダムなファクターリターンを生成することによって、市況をシミュレートする手順が必要になります。これはすなわち、ファクターリターンのベクトルに対する確率分布を決定し、そこからサンプリングをしなければならないということです。実際には、データはどのような分布を取るのでしょうか？ この種の質問には、視覚的に回答するのが有益なことがよくあります。連続的なデータに対する確率分布を可視化するための良い方法として、分布の領域に対する PDF の密度プロットがあります。データが従う分布がわかっていないので、任意のポイントにおける密度を知るための式はわかりませんが、**カーネル密度推定**と呼ばれる手法を使って推定を行うことはできます。大まかに言えば、カーネル密度推定は、ヒストグラムを平滑化する方法です。カーネル密度推定では、確率分布（通常は正規分布）の中央値を、各データポイントに合わせます。従って、2 週間のリターンのサンプルの集合は 200 の正規分布になり、それぞれが異なる平均値を持つことになるでしょう。あるポイントにおける確率密度を推定する場合は、そのポイントにおけるすべての正規分布の PDF を評価し、その平均を取ります。カーネル密度推定の平滑度は、それぞれの正規分布の標準偏差である**バンド幅**に依存します。簡略化のため紙面では省略しますが、本書の GitHub のリポジトリには、RDD とローカルのコレクションのどちらも扱えるカーネル密度推定の実装があります。

Scala のライブラリの **breeze-viz** を使えば、シンプルなプロットを簡単に描くことができます。以下のコードは、サンプルの集合から、密度プロットを生成します。

```
import com.cloudera.datascience.risk.KernelDensity
import breeze.plot._
```

```
def plotDistribution(samples: Array[Double]) {
  val min = samples.min
  val max = samples.max
  val domain = Range.Double(min, max, (max - min) / 100).
    toList.toArray
  val densities = KernelDensity.estimate(samples, domain)

  val f = Figure()
  val p = f.subplot(0)
  p += plot(domain, densities)
  p.xlabel = "Two Week Return ($)"
  p.ylabel = "Density"
}

val factorReturns = factors.map(twoWeekReturns)
plotDistribution(factorReturns(0))
plotDistribution(factorReturns(1))
```

図9-1 は、ヒストリカルデータ内の債券に対する2週間のリターンの分布（確率密度関数）を示しています。

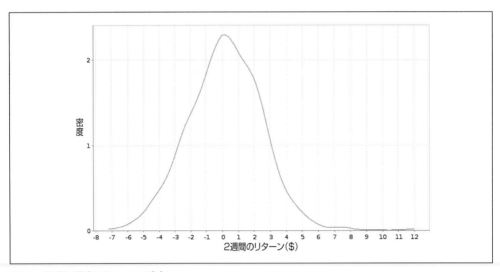

図9-1　2週間の債券のリターンの分布

図9-2 は、同じ内容を原油に対する2週間のリターンについて示したものです。

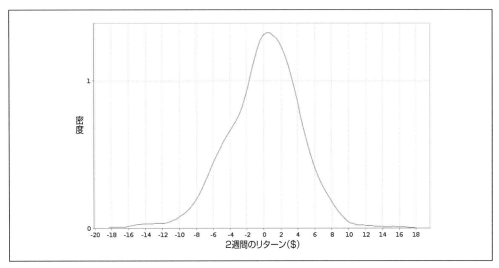

図9-2 2週間の原油のリターンの分布

　正規分布を各ファクターリターンに適合させましょう。データにもっと近く適合する、おそらくファットテールになっている分布を探すことが有益な場合はよくあります。とはいえ、話を単純にとどめておくために、ここではそういったシミュレーションのチューニングは避けることにします。

　ファクターリターンのサンプリングを行う最もシンプルな方法は、正規分布をそれぞれのファクターに適合させ、それらの分布から独立にサンプリングすることです。しかし、これはマーケットファクター同士にしばしば相関があることを無視しています。Ｓ＆Ｐが下がっているなら、ダウも下げていることは多いのです。こういった相関を考慮に入れないことで、実際よりもリスク／プロファイルがよく見えてしまうことがあります。ファクターリターン同士には相関があるのでしょうか？ それを調べるには、Commons Math のピアソン相関の実装が役に立ちます。

```
import org.apache.commons.math3.stat.correlation.PearsonsCorrelation

val factorCor =
  new PearsonsCorrelation(factorMat).getCorrelationMatrix().getData()
println(factorCor.map(_.mkString("\t")).mkString("\n"))
1.0 -0.3483 0.2339 0.3975     ❶
-0.3483 1.0 -0.2198 -0.4429
0.2339 -0.2198 1.0 0.3349
0.3975 -0.4429 0.3349 1.0
```

❶ 数値はマージンに収まるように切り詰められている

対角外にゼロではない値があるので、無相関ではなさそうです。

9.7.1　多変量正規分布

多変量正規分布は、こういったときにファクター間の相関情報を考慮に入れることによって役立ちます。多変量正規分布からの各サンプルはベクトルです。1つの次元を除いて、残り全ての次元での値が与えられたとき、その除かれた1次元での分布は正規分布になっています。しかし、結合分布においては、変数同士は独立ではありません。

多変量正規分布は、各次元の平均と、次元同士のそれぞれのペア間での共分散を記述する行列をパラメータとして持ちます。次元数がNであれば、捉えたいのは次元同士のそれぞれのペアにおける共分散なので、共分散行列はN×Nになります。共分散行列が対角行列になっている場合、多変量正規分布は各次元からの独立なサンプリングになりますが、ゼロではない値を対角以外に置くことは、変数間の関係性を捉える役に立ちます。

しばしばVaRの文献には、サンプリングを進められるようにするために、ファクターの重みを変換（無相関化）するステップの記述があります。通常これは、コレスキー分解もしくは固有値分解によって行われます。Apache Commons Math の MultivariateNormalDistribution は、固有値分解を使って、見えないところでこのステップを処理してくれます。

多変量正規分布を本章のデータに適合させるには、まずサンプルの平均と共分散を得る必要があります。

```
import org.apache.commons.math3.stat.correlation.Covariance

val factorCov = new Covariance(factorMat).getCovarianceMatrix().
  getData()

val factorMeans = factorsReturns.
  map(factor => factor.sum / factor.size).toArray
```

これで、それらをパラメータとする分布を簡単に生成できます。

```
import org.apache.commons.math3.distribution.MultivariateNormalDistribution

val factorsDist = new MultivariateNormalDistribution(factorMeans,
  factorCov)
```

ここからの市場の条件群のサンプリングは、以下のようになります。

```
factorsDist.sample()
res1: Array[Double] = Array(2.6166887901169384, 2.596221643793665,
  1.4224088720128492, 55.00874247284987)

factorsDist.sample()
res2: Array[Double] = Array(-8.622095499198096, -2.5552498805628256,
  2.3006882454319686, -75.4850042214693)
```

9.8 試行の実施

　有価証券ごとのモデルと、ファクターリターンのサンプリングの手順ができたので、実際の試行を行うのに必要な部品がそろったことになります。この試行は、きわめて計算負荷が高いので、いよいよ並列化のためにSparkを使うことになります。各試行において、リスクファクターの集合をサンプリングし、その結果から各有価証券のリターンを予測し、それらのリターンをすべて合計することで、試行全体の損失が得られます。典型的な分布を得るためには、こうした試行を数千回、あるいは数十万回実行すべきです。

　このシミュレーションを並列化する方法には、いくつもの選択肢があります。試行や有価証券、あるいはその双方について並列化をすることができます。双方を並列化するには、有価証券のRDDと試行のパラメータ群のRDDを生成し、cartesian変換によって、それらのすべてのペアが含まれるRDDを生成します。これは最も一般的なアプローチですが、いくつかの欠点があります。1つめの欠点は、明示的に試行のパラメータ群のRDDを作成しなければならないことですが、これは乱数の種を使ってちょっとした工夫をすれば避けることができます。2つめの欠点は、シャッフルの操作が必要になることです。

　有価証券のパーティショニングは、以下のようになるでしょう。

```
val randomSeed = 1496
val instrumentsRdd = ...
def trialLossesForInstrument(seed: Long, instrument: Array[Double])
  : Array[(Int, Double)] = {
  ... }
instrumentsRdd.flatMap(trialLossesForInstrument(randomSeed, _)).
  reduceByKey(_ + _)
```

　このアプローチでは、データは有価証券のRDDに渡ってパーティション化され、それぞれの有価証券に対し、flatMap変換が、各試行に対する損失を計算して出力してくれます。すべてのタスクに対して同じ乱数の種を使うことで、同じ試行のシーケンスが生成されます。reduceByKeyで、同じ試行に対応するすべての損失を合計します。このアプローチの欠点は、依然として$ō(|$有価証券$| \times |$試行$|)$のデータのシャッフルが必要になることです。

　数千の有価証券を含む本章のデータに対するモデルのデータは、各エクゼキュータのメモリに十分収まる程度の大きさであり、少し計算してみれば、これは数十万の有価証券や数百のファクターの場合でも同じであることがわかります。100万の有価証券と500のファクターの組み合わせに対して、ファクターの重みを保存するのに必要な倍精度整数の8バイトを掛ければ、およそ4GBになります。これは、今日のクラスタマシンのほとんどで、それぞれのエクゼキュータに十分収まる大きさです。これはすなわち、有価証券のデータをブロードキャスト変数に入れるのが良い方法だということです。各エクゼキュータに有価証券のデータの完全なコピーを持たせることの利点は、各試行の損失の合計が、単一のマシン上で計算できるということです。集約の必要はありません。

　試行ごとのパーティション化のアプローチ（このアプローチを使っていきます）では、まず乱数のRDDを用意します。各パーティションごとに異なる乱数を用意して、それぞれのパーティショ

ンが異なる試行を生成するようにします。

```
val parallelism = 1000
val baseSeed = 1496

val seeds = (baseSeed until baseSeed + parallelism)
val seedRdd = sc.parallelize(seeds, parallelism)
```

乱数の生成は、時間がかかる、CPU集約型のプロセスです。ここでは使わない手法ですが、乱数の集合を事前に生成しておき、それを複数のジョブで使うようにすると良いことも多いでしょう。同じ乱数群を1つのジョブの中で使うべきでは**ありません**。これは、そうすることで、ランダムな値の分布が独立していることという、モンテカルロの前提が崩れてしまうためです。この方法を取るなら、`parallelize` を `textFile` で置き換え、`randomNumbersRdd` をロードします。

各乱数に対して試行パラメータの集合を生成し、それらのパラメータの全有価証券に対する効果を観察します。まずは出発点として、1つの試行の下での1つの有価証券のリターンを計算する関数を書くことから始めましょう。有価証券には、以前にトレーニングした線型モデルを適用するだけです。回帰パラメータの `instrument` 配列には切片値が含まれるので、長さが `trial` 配列よりも1つだけ長くなります。

```
def instrumentTrialReturn(instrument: Array[Double],
    trial: Array[Double]): Double = {
  var instrumentTrialReturn = instrument(0)
  var i = 0
  while (i < trial.length) { ❶
    instrumentTrialReturn += trial(i) * instrument(i+1)
    i+=1
  }
  instrumentTrialReturn
}
```

❶ ここはパフォーマンスが重要な部分なので、関数型のScalaの構造ではなく、whileループを使っている

そして、1つの試行に対する完全なリターンを計算するために、単純にすべての有価証券のリターンの合計を取ります。

```
def trialReturn(trial: Array[Double],
    instruments: Seq[Array[Double]]): Double = {
  var totalReturn = 0.0
  for (instrument <- instruments) {
    totalReturn += instrumentTrialReturn(instrument, trial)
  }
  totalReturn
}
```

最後に、各タスク内で、大量の試行を生成しなければなりません。乱数の選択がこのプロセスの重要な部分を占めるので、周期性のきわめて長い強力な乱数生成器を使うことが重要です。Commons Math には、これに適したメルセンヌツイスタの実装があります。これを使って、先ほど述べたような多変量正規分布からのサンプリングを行います。生成されたファクターリターンをモデルで使用する特徴に変換するために、リターンに対して以前に定義した featurize メソッドを適用していることに注意してください。

```
import org.apache.commons.math3.random.MersenneTwister

def trialReturns(seed: Long, numTrials: Int,
    instruments: Seq[Array[Double]], factorMeans: Array[Double],
    factorCovariances: Array[Array[Double]]): Seq[Double] = {
  val rand = new MersenneTwister(seed)
  val multivariateNormal = new MultivariateNormalDistribution(
    rand, factorMeans, factorCovariances)

  val trialReturns = new Array[Double](numTrials)
  for (i <- 0 until numTrials) {
    val trialFactorReturns = multivariateNormal.sample()
    val trialFeatures = featurize(trialFactorReturns)
    trialReturns(i) = trialReturn(trialFeatures, instruments)
  }
  trialReturns
}
```

これで土台ができたので、それらを使って各要素が 1 つの試行からのリターンの合計になっている RDD を計算します。有価証券のデータ（各有価証券のそれぞれのファクターの特徴の重み付けを含む行列）は大きいので、ブロードキャスト変数を使います。こうすることで、この変数のデシリアライズがエグゼキュータごとに 1 度ずつで済みます。

```
val numTrials = 10000000
val bFactorWeights = sc.broadcast(factorWeights)

val trials = seedRdd.flatMap(
  trialReturns(_, numTrials / parallelism,
    bFactorWeights.value, factorMeans, factorCov))
```

思い返してみれば、これらの数値に時間を費やしているのは、VaR を計算するためでした。これで、**trials** はポートフォリオのリターンに対する経験分布を形成します。5% の VaR を計算するには、期間全体の 5% がアンダーパフォームになることが予想されるリターンと、期間全体の 5% がアウトパフォームになることが予想されるリターンを見いださなければなりません。この経験分布で必要になるのは、5% の試行がそれ以下になるような値と、95% の試行がそれ以上になるよう

な値を見いだすことだけです。それには、`takeOrdered` アクションを使って最悪順に並べた 5% にあたる試行を取ります。筆者の場合、VaR はこの部分集合内の最良の試行のリターンでした。

```
def fivePercentVaR(trials: RDD[Double]): Double = {
  val topLosses = trials.takeOrdered(math.max(trials.count().toInt / 20, 1))
  topLosses.last
}

val valueAtRisk = fivePercentVaR(trials)
valueAtRisk: Double = -1752.8675055209305
```

CVaR も、ほぼ同じアプローチで得ることができます。最悪の 5% の試行のうちの最善の試行のリターンを取る代わりに、最悪な 5% までの試行の集合から、平均のリターンを取ります。

```
def fivePercentCVaR(trials: RDD[Double]): Double = {
  val topLosses = trials.takeOrdered(math.max(trials.count().toInt / 20, 1))
  topLosses.sum / topLosses.length
}

val conditionalValueAtRisk = fivePercentVaR(trials)
conditionalValueAtRisk: Double = -2353.5692728118033
```

9.9　リターンの分布の可視化

特定の信頼度の下での VaR の計算に加えて、リターンの分布の全体像を見ておくことは有益かも知れません。それは正規分布になっているでしょうか？ 末端にスパイクがあるでしょうか？ 個々のファクターで行ったように、カーネル密度推定を使って、結合確率分布の確率密度関数の推定をプロットすることができます（図 9-3）。やはりここでも、分散処理で（RDD に対して）密度の推定値を計算するための支援のコードは、本書の GitHub のリポジトリに含まれています。

```
def plotDistribution(samples: RDD[Double]) {
  val stats = samples.stats()
  val min = stats.min
  val max = stats.max
  val domain = Range.Double(min, max, (max - min) / 100)
    .toList.toArray
  val densities = KernelDensity.estimate(samples, domain)

  val f = Figure()
  val p = f.subplot(0)
  p += plot(domain, densities)
  p.xlabel = "Two Week Return ($)"
  p.ylabel = "Density"
}
```

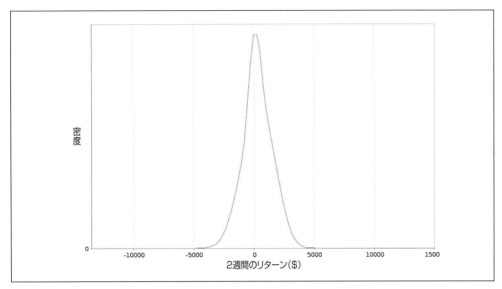

図 9-3 2週間のリターンの分布

9.10 結果の評価

　行った推定値が、優れた推定かどうかを知るにはどうすれば良いでしょうか？　シミュレーションをする上で、もっと多くの試行をするべきかどうかを知るにはどうすれば良いでしょうか？　概して、モンテカルロシミュレーションにおける誤差は、$1/\sqrt{n}$ に比例します。これはすなわち、一般に試行回数を4倍にすれば、誤差を半分にできるということです。

　VaRの統計値で信頼区間を得るための方法としては、ブートストラッピングを使うのが良いでしょう。VaRに対するブートストラップ分布は、試行の結果のポートフォリオのリターンの集合から、重複ありで繰り返しサンプリングを行うことで得られます。試行の集合の全体のサイズに等しい数のサンプルを毎回取り、それらのサンプルからVaRを計算します。すべての期間から計算されたVaRの集合が形作る経験的な分布の様子を見れば、信頼区間は簡単に把握できます。

　以下の関数は、任意のRDDの統計（引数の computeStatistic で渡されます）に対するブートストラップされた信頼区間を計算します。ここでのSparkの sample の使い方に注目してください。1つめの引数の computeStatistic には true を渡し、2つめの引数には 1.0 を渡して、データセットの全体のサイズに等しい数のサンプルを収集させています。

```
def bootstrappedConfidenceInterval(
    trials: RDD[Double],
    computeStatistic: RDD[Double] => Double,
    numResamples: Int,
    pValue: Double): (Double, Double) = {
  val stats = (0 until numResamples).map { i =>
    val resample = trials.sample(true, 1.0)
```

```
    computeStatistic(resample)
  }.sorted
  val lowerIndex = (numResamples * pValue / 2).toInt
  val upperIndex = (numResamples * (1 - pValue / 2)).toInt
  (stats(lowerIndex), stats(upperIndex))
}
```

そしてこの関数を呼びます。引数として、以前に定義した試行のRDDからVaRを計算するfivePercentVaR関数を渡します。

```
bootstrappedConfidenceInterval(trials, fivePercentVaR, 100, .05)
(-1754.9059171183192,-1751.0657037512767)
```

CVaRもブートストラップできます。

```
bootstrappedConfidenceInterval(trials, fivePercentCVaR, 100, .05)
(-2356.2872000503235,-2351.231980404269)
```

信頼区間は、結果に対するモデルの信頼度を理解する役には立ちますが、モデルが現実にどれほどマッチしているかを理解するための役にはそれほど立ちません。ヒストリカルデータを用いたバックテストは、結果の質をチェックする良い方法です。VaRの一般的なテストの1つは、Kupiecのproportion-of-failures (POF) testです。この検定は、多くの過去の期間におけるポートフォリオのパフォーマンスを見て、損失がVaRを超えた回数をカウントします。帰無仮説は「VaRは妥当なものである」となり、大きく外れたテストの統計値は、VaRの推定値がデータを正確に反映したものではないということです。VaRの計算の信頼度のパラメータであるpと、VaRを超えた損失が生じたヒストリカルデータの期間の数であるx、考慮の対象となったヒストリカルデータの期間の総数であるTに依存するテストの統計値は、以下のように計算されます。

$$-2\ln\left(\frac{(1-p)^{T-x}p^x}{\left(1-\frac{x}{T}\right)^{T-x}\left(\frac{x}{T}\right)^x}\right)$$

以下の式は、本章のヒストリカルデータに対するテストの統計量を計算します。数値の安定性を高めるために、対数を取っています。

$$-2\left((T-x)\ln(1-p)+x\ln(p)-(T-x)\ln\left(1-\frac{x}{T}\right)-x\ln\left(\frac{x}{T}\right)\right)$$

```
var failures = 0
for (i <- 0 until stocksReturns(0).size) {
  val loss = stocksReturns.map(_(i)).sum
  if (loss < valueAtRisk) {
    failures += 1
  }
}
```

```
}
failures
...
155

val total = stocksReturns(0).size
val confidenceLevel = 0.05
val failureRatio = failures.toDouble / total
val logNumer = (total - failures) * math.log1p(-confidenceLevel) +
  failures * math.log(confidenceLevel)
val logDenom = (total - failures) * math.log1p(-failureRatio) +
  failures * math.log(failureRatio)
val testStatistic = -2 * (logNumer - logDenom)
...
96.88510361007025
```

VaRが妥当であるという帰無仮説を推定するのであれば、このテスト統計は1自由度のカイ二乗分布から得ることができます。Commons Math の ChiSquaredDistribution を使えば、このテスト統計値と合わせる p 値を得ることができます。

```
import org.apache.commons.math3.distribution.ChiSquaredDistribution

1 - new ChiSquaredDistribution(1.0).cumulativeProbability(testStatistic)
```

これで、小さな p 値が得られます。これはすなわち、モデルが妥当であるという帰無仮説を否定するのに十分な証拠があるということです。どうやら、もう少し改善の必要があるようです。

9.11 今後に向けて

本章の課題で展開したモデルは、実際の金融機関で使用するものの、非常に大まかなたたき台に過ぎません。実際の VaR モデルを構築するにあたっては、本章では少ししか触れなかったいくつかのステップが、非常に重要になります。一連のマーケットファクターのキュレーションによって、モデルが有益なものになることもあれば、だめなものになることもあります。そして、金融機関がシミュレーションに数百のファクターを取り入れることは、珍しいことではないのです。こうしたファクターの選択にあたっては、ヒストリカルデータに対する大量の実験と、たくさんの創造性を取り入れなければなりません。市場のファクターに対して有価証券のリターンをマッピングする予測モデルの選択も重要です。本章ではシンプルな線型モデルを使いますが、多くの計算では、非線形関数や、ブラウン運動の時間の経過に伴うパスのシミュレーションを利用します。最後に、ファクターリターンのシミュレーションに使用した分布には注意を払うことに価値があります。コルモゴロフ–スミルノフ検定とカイ二乗検定は、経験的な分布の正規度の検定に役立ちます。Q-Q プロットは、分布をビジュアルに比較するのに役立ちます。通常、本章で使った正規分布よりもファットテール分布のほうがより金融リスクを反映しやすくなります。混合正規分布は、この

ファットテール現象を得るための良い方法です。Markus Haas と Christian Pigorsch による論文の "Financial Economics, Fat - tailed Distributions"（**http://bit.ly/1ACazwy**）には、世の中にあるファットテール分布の優れたリファレンスがあります。

銀行は、ヒストリカルシミュレーション法の VaR の計算のためにも Spark や大規模データ処理のフレームワークを使っています。Darryll Hendricks による "Evaluation of Value-at-Risk Models Using Historical Data"（**http://link.springer.com/referenceworkentry/10.1007/978-1-4419-7701-4_18**）には、ヒストリカル VaR の手法についての優れた概要とパフォーマンスの比較があります。

モンテカルロリスクシミュレーションは、1つの統計値の計算以上の利用方法があります。モンテカルロシミュレーションの結果を見ながら投資判断を行うことで、ポートフォリオのリスクを減少させることができます。例えば、最もリターンが悪い試行において、特定の有価証券の集合で何度も資金の損失が生じる傾向がある場合には、それらの有価証券をポートフォリオから外すか、それらと逆方向に動く傾向のある有価証券を追加することを考慮できるでしょう。

10章
ゲノムデータの分析と
BDGプロジェクト

Uri Laserson

従って、我々は我々を構成している様々な元素を、宇宙へ打ち上げていく必要があるのだ。
——George M. Church

　次世代のDNAシーケンシング（NGS）の登場は、生命科学をデータ駆動型の分野へと急速に変化させています。とはいえ、このデータを最大限に利用するには、分散コンピューティングの使いにくい、低レベルのプリミティブ（DRAMAやMPIなど）の上に構築された伝統的な演算処理のエコシステムや、テキストベースの半構造化ファイルフォーマットのジャングルと対決することになります。

　本章には、主に3つの目的があります。1つめは、一般的なSparkのユーザーに、Hadoopとの親和性の高い、一連のシリアライゼーションとファイルフォーマット（AvroとParquet）を紹介することです。これらは、データの管理における多くの問題を大きく単純化してくれます。これらのシリアライゼーションの技術の利用は、コンパクトなバイナリ表現、サービス指向のアーキテクチャ、言語間での相互互換性を実現する上で広く薦められるものです。2つめは、経験豊富な生命情報学の研究者に対し、Sparkを使った典型的なゲノミクスのタスクの実行方法を示すことです。とりわけ、データの処理とフィルタリング、そして転写因子結合部位の予測モデルの構築、1000人ゲノムプロジェクトのバリエーションに対するENCODEゲノムアノテーションの結合のための大量のゲノムデータの操作に、Sparkを使っていきます。最後に、本章はADAMプロジェクトのチュートリアルとしても利用できます。ADAMプロジェクトには、ゲノミクス固有のAvroのスキーマ群、SparkベースのAPI群、大規模なゲノム解析のためのコマンドラインツール群が含まれます。数あるアプリケーションの中でも特に、ADAMはHadoopとSparkを使ってGATKベストプラクティスのネイティブな分散指向の実装を提供しています。

　本章のゲノミクスに関する部分は、典型的な問題に慣れ親しんだ、経験豊富な生命情報工学者をターゲットとしています。とはいえ、データシリアライゼーションに関する部分は、大規模なデータ処理を行うすべての方にとって役立つでしょう。

10.1　モデルからのストレージの分離

　生命情報工学者は、ファイルフォーマットについてやきもきすることに、過度に時間を費やしています。少し例を挙げるだけでも、.fasta、.fastq、.sam、.bam、.vcf、.gvcf、.bcf、.bed、.g、.gtf、.narrowPeak、.wig、.bigWig、.bigBed、.ped、.tpedがあります。独自のカスタムフォーマットやツールを挙げなければならないと感じる科学者がいることは、言うまでもありません。その上、多くのフォーマットの仕様は、不完全であったり曖昧であったりしており（そのため実装の一貫性や、仕様への準拠を保証することが難しくなっています）、ASCIIエンコードされたデータを要求しています。ASCIIデータは生命情報工学において非常に一般的ですが、非効率的であり、圧縮率が比較的低くもあります。この問題に対しては、https://github.com/samtools/hts-specs に見られるように仕様を改善しようとするコミュニティの努力が始まっています。加えて、データを常にパースしなければならず、余分な演算サイクルが必要になります。これが特に問題なのは、これらのファイルフォーマットは、いずれも基本的には、アラインメントされたリード配列、検出された遺伝子型、配列の特徴、表現型といった一般的な種類のオブジェクトを数種類保存するだけだからです（「配列の特徴」という用語は、ゲノミクスにおいてはやや多義的に使われていますが、本章ではUCSCゲノムブラウザのトラック上の要素の意味で使っています）。http://biopython.org のようなライブラリが広く使われているのは、一般的なインメモリモデル（例えば Bio.Seq、Bio.SeqRecord、Bio.SeqFeature）へとあらゆるファイルフォーマットを読み込むためのパーサーがたくさん（例えば Bio.SeqIO）詰め込まれているからです。

　こうした問題は、Apache Avro のようなシリアライゼーションフレームワークを使えば一気に解決できます。ポイントは、Avro ではデータモデル（つまり暗黙のスキーマ）が、下位層のストレージファイルフォーマットからも、そして言語のメモリ内での表現からも分離されていることです。Avro では、ある型のデータをプロセス間でやり取りするための方法が指定されています。これは、それがインターネット越しに動作しているプロセス群であっても、特定のファイルフォーマットへデータを書き込もうとするプロセスであっても変わりません。例えば、Avro を使う Java のプロセスは、いずれも Avro のデータモデルと互換性がある、複数の下位層のファイルフォーマットにデータを書き込むことができます。このおかげで、それぞれのプロセスは複数のファイルフォーマット間での互換性を気にする必要がなくなります。プロセスは、Avro を利用するデータの読み方だけを知っていれば良く、ファイルシステムは Avro を利用するデータの提供方法だけを知っていれば良いのです。

　例として、配列の特徴を見てみましょう。まず、Avro のインターフェイス定義言語（IDL）を使って、このオブジェクトのための望ましいスキーマを定義します。

```
enum Strand {
  Forward,
  Reverse,
  Independent
}
```

```
record SequenceFeature {
  string featureId;
  string featureType; ❶
  string chromosome;
  long startCoord;
  long endCoord;
  Strand strand;
  double value; map<string> attributes;
}
```

❶ 例えば "conservation"、"centipede"、"gene" など

　このデータ型は、例えば保存レベル、プロモーターの存在、リボソーム結合部位、転写因子の結合部位などをエンコードするために使うことができます。1つの考え方としては、バイナリバージョンのJSONを使うという方法がありますが、さらに制約をしっかり掛けて、はるかに高いパフォーマンスを実現したいところです。データのスキーマが指定されているのであれば、Avroの仕様でそのオブジェクトの厳密なバイナリエンコーディングが決定できるので、プロセス間での通信も容易にすることができ（それらのプロセスが異なる言語で書かれていてもかまいません）、それがネットワーク越しでも、保存のためのディスク上であっても大丈夫です。Avroプロジェクトには、Avroでエンコードされたデータを、Java、C/C++、Python、Perlを含むさまざまな言語から処理するためのモジュールがあります。そして、使用する言語からは、メモリや、その他の最も有利な方法で、自由にオブジェクトを保存できます。データモデリングをストレージフォーマットから分離していることで、柔軟性／抽象度が一段と高まっています。Avroのデータは、Avroフォーマットでシリアライズされたバイナリオブジェクト（Avroコンテナファイル）として、クエリを高速に行える列指向のファイルフォーマット（Parquetファイル）や、最も柔軟な（ただし最も効率は低い）テキストのJSONデータとして保存できます。最後に、Avroはスキーマの進化をサポートしているので、ユーザーは必要に応じて新しいフィールドを追加できます。そうした場合でも、すべてのソフトウェアはスキーマの新旧バージョンをどちらもうまく扱えるのです。

　全体に、Avroは効率的なバイナリエンコーディングであり、Avroを使うことで、進化させることができるデータスキーマを容易に指定できるようになり、同じデータを多くのプログラミング言語から処理できるようになり、多くのフォーマットを使ってそのデータを保存できるようになります。Avroのスキーマを使ってデータを保存するようにすれば、増殖し続けるカスタムのデータフォーマットからは永久に解放されるとともに、演算処理のパフォーマンスを高めることができるのです。

> **シリアライゼーション /RPC フレームワーク**
>
> 世の中には、数多くのシリアライゼーションフレームワークがあります。ビッグデータのコミュニティで最も広く使われているフレームワークは、Apache Avro、Apache Thrift、Google の Protocol Buffers でしょう。中核の部分では、これらはいずれもオブジェクト／メッセージの型を指定するためのインターフェイス定義言語を提供しており、さまざまなプログラミング言語にコンパイルできます。IDL は Protocol Buffers もサポートしていますが、Thrift は IDL 上でさらに RPC を定義する方法を追加しています（Google も Stubby と呼ばれる RPC のメカニズムを持っていますが、こちらはまだオープンソース化されていません）。最後に、Avro は IDL と RPC に加えて、ディスク上にデータを保存するためのファイルフォーマットの定義を追加しています。これらはいずれもさまざまな言語をサポートしており、発揮するパフォーマンスの特性もさまざまな言語ごとに異なるため、環境に応じてどのフレームワークを使うのが良いのかを一般論で語ることはできません。

先ほどの例で使われた SequenceFeature モデルは、現実のデータからすればやや単純すぎますが、Big Data Genomics（BDG）プロジェクト（**http://bdgenomics.org**）は、すでに以下のオブジェクト群を含む、多数のオブジェクトを表す Avro のスキーマを定義しています。

- リード配列のための AlignmentRecord
- 特定の位置の塩基の検出のための Pileup
- 既知のゲノムの変種とメタデータのための Variant
- 特定の遺伝子座にある検出された遺伝子型のための Genotype
- 配列の特徴（ゲノムセグメントのアノテーション）のための Feature

実際のスキーマ群は、bdg-formats の GitHub リポジトリ（**https://github.com/bigdatagenomics/bdg-formats**）にあります。Global Alliance for Genomics and Health もまた、独自の Avro のスキーマセットの開発を始めています（**https://github.com/ga4gh/schemas**）。願わくば、これが新たな http://xkcd.com/927/ の状況となり Avro のスキーマが急増するようなことにならないことを祈ります。とはいえ、仮にそうなったとしても、現状のカスタムの ASCII に比べれば、パフォーマンスとデータモデリングのメリットが多数あることには変わりありません。本章ではこの後、いくつかの BDG スキーマを使って、典型的なゲノミクスのタスクをいくつか実行します。

10.2 ADAM CLIを使ったゲノムデータの取り込み

本章では、SparkでのゲノミクスのためのプロジェクトであるADAMを頻繁に使用します。このプロジェクトは、ドキュメントも含め、活発に開発が進行中です。もし問題があれば、GitHubにある最新のREADMEファイルや、GitHubのissue trackerあるいはメーリングリストのadam-developersを必ず調べてください。

BDGのゲノミクスツール群のコアのセットは、ADAMと呼ばれます。マップされたリード配列の集合から始まり、多くのタスクの中でも、このコアには重複リード配列の印付け、塩基のクオリティスコアのリカリブレーション、インデル（配列の挿入と欠落）のリアラインメント、多型の検出を実行できるツール群が含まれます。ADAMには、このコアを使いやすくするためにラップしてくれる、コマンドラインツール群もあります。HPCとは対照的に、これらのコマンドラインツール群はHadoopやHDFSを知っており、ファイルの分割やジョブのスケジューリングを手動でしなくても、多くは自動的にクラスタにまたがって処理を並列化してくれます。

まず、READMEに書かれているようにadamをビルドすることから始めましょう†。

```
$ git clone https://github.com/bigdatagenomics/adam.git
$ cd adam
$ git checkout adam-parent-0.15.0
$ export "MAVEN_OPTS=-Xmx512m -XX:MaxPermSize=128m"
$ mvn clean package -DskipTests
```

ADAMには、Sparkのspark-submitスクリプトとのインターフェイスの役目をしてくれる、投入用のスクリプトがあります。エイリアスを作っておくと、おそらく最も簡単に使えるでしょう。

```
$ export ADAM_HOME=path/to/adam
$ alias adam-submit="$ADAM_HOME/bin/adam-submit"
```

READMEで触れられている通り、$JAVA_OPTSを使えばJVMの追加オプションを指定できます。あるいは、さらなる情報についてappassemblerを調べておいてください。この時点で、コマンドラインからADAMを実行して、使い方のメッセージを見ることができるはずです。

```
$ adam-submit
...
          e          888~-            e          e   e
         d8b        888   \          d8b        d8b d8b
        /Y88b       888    |        /Y88b      d888bdY88b
       /  Y88b      888    |       /  Y88b    / Y88Y Y888b
      /____Y88b     888   /       /____Y88b  /   YY   Y888b
     /      Y88b    888_-~       /      Y88b /         Y888b
```

† 訳注：本章のコードは、Spark 1.2 & ADAM 0.15でのみ動作します。そのため、本章のコードを修正せずに動作させたい場合は、必ずここの手順に従ってADAMのビルドをしてください。

```
Choose one of the following commands:

ADAM ACTIONS
compare : Compare two ADAM files based on read name
findreads : Find reads that match particular individual
or comparative criteria
depth : Calculate the depth from a given ADAM file,
at each variant in a VCF
count_kmers : Counts the k-mers/q-mers from a read
dataset.
aggregate_pileups : Aggregate pileups in an ADAM referenceoriented
file
transform : Convert SAM/BAM to ADAM format and
optionally perform read pre-processing
transformations
plugin : Executes an ADAMPlugin
[etc.]
```

手始めとして、マッピング済みの NGS リード配列が含まれている `.bam` ファイルを、対応する BGD フォーマット（ここでは `AlignedRecord`）に変換し、HDFS に保存してみましょう。まず、適当な `.bam` ファイルを入手して、HDFS に保存します。

```
# 注意：このファイルは 16 GB あります

$ curl -O ftp://ftpncbi.nih.gov/1000genomes/ftp/phase3data\
/HG00103/alignment/HG00103.mapped.ILLUMINA.bwa.GBR\
.low_coverage.20120522.bam

# あるいは代わりに Aspera を使います（この方が*はるかに*高速です）

$ ascp -i path/to/asperaweb_id_dsa.openssh -QTr -l 10G \
anonftp@ftp.ncbi.nlm.nih.gov:/1000genomes/ftp/data/HG00103\
/alignment/HG00103.mapped.ILLUMINA.bwa.GBR\
.low_coverage.20120522.bam .

$ hadoop fs -put HG00103.mapped.ILLUMINA.bwa.GBR\
.low_coverage.20120522.bam /user/ds/genomics
```

続いて、ADAM の `transform` コマンドを使って、この `.bam` ファイルを Parquet フォーマット（「10.2.1 Parquet フォーマットと列指向ストレージ」で説明します）に変換します。このコマンドは、クラスタ上でも、`local` モードでも実行できます。

```
$ adam-submit \
    transform \ ❶
    /user/ds/genomics/HG00103.mapped.ILLUMINA.bwa.GBR\
.low_coverage.20120522.bam \ ❷
    /user/ds/genomics/reads/HG00103.adam
```

❶ ADAM のコマンド
❷ 残りの引数は、transform コマンド特有の引数

これで、かなり大量の出力がコンソールにでることでしょう。その中には、ジョブの進行状況を追跡するための URL も含まれます。生成された出力を見てみましょう。

```
$ hadoop fs -du -h /user/ds/genomics/reads/HG00103.adam
0         /user/ds/genomics/reads/HG00103/_SUCCESS
516.9 K   /user/ds/genomics/reads/HG00103/_metadata
101.8 M   /user/ds/genomics/reads/HG00103/part-r-00000.gz.parquet
101.7 M   /user/ds/genomics/reads/HG00103/part-r-00001.gz.parquet
[...]
104.9 M   /user/ds/genomics/reads/HG00103/part-r-00126.gz.parquet
12.3 M    /user/ds/genomics/reads/HG00103/part-r-00127.gz.parquet
```

得られるデータセットは、/user/ds/genomics/reads/HG00103/ ディレクトリにあるすべてのファイルをつないだもので、それぞれの part-*.parquet ファイルは、1 つの Spark のタスクからの出力です。また、このデータは列指向のストレージになっているおかげで、元々の .bam ファイル（これは見えないところで gzip 圧縮されています）よりも効率よく圧縮されていることもわかるでしょう。

```
$ hadoop fs -du -h "/user/ds/genomics/HG00103.*.bam"
15.9 G   /user/ds/genomics/HG00103.[...].bam

$ hadoop fs -du -h -s /user/ds/genomics/reads/HG00103.adam
12.6 G   /user/ds/genomics/reads/HG00103
```

これらのオブジェクトの 1 つがどのようになっているのか、インタラクティブセッションで見てみましょう。まず Spark シェルを ADAM のヘルパースクリプトを使って立ち上げます。これは、デフォルトの Spark のスクリプトと同じ引数／オプションを取るとともに、必要なすべての JAR をロードしてくれます。以下の例では、Spark を YARN 上で実行しています。

```
export SPARK_HOME=/path/to/spark
$ADAM_HOME/bin/adam-shell

...
14/09/11 17:44:36 INFO SecurityManager: [...]
14/09/11 17:44:36 INFO HttpServer: Starting HTTP Server
Welcome to
      ____              __
     / __/__  ___ _____/ /__
    _\ \/ _ \/ _ `/ __/  '_/
   /___/ .__/\_,_/_/ /_/\_\   version 1.2.1
      /_/
```

```
Using Scala version 2.10.4
  (Java HotSpot(TM) 64-Bit Server VM, Java 1.7.0_67)
[...lots of additional logging around setting up the YARN app...]

scala>
```

YARN上で作業する場合、ドライバがローカルで実行されるようにするために、Sparkのインタラクティブシェルは yarn-client モードでなければならないことに注意してください。また、HADOOP_CONF_DIR もしくは YARN_CONF_DIR を適切に設定する必要もあります。これで、リード配列のデータを、RDD[AlignmentRecord] としてロードできます。

```
import org.apache.spark.rdd.RDD
import org.bdgenomics.adam.rdd.ADAMContext._
import org.bdgenomics.formats.avro.AlignmentRecord

val readsRDD: RDD[AlignmentRecord] = sc.adamLoad(
  "/user/ds/genomics/reads/HG00103.adam")
readsRDD.first()
```

これで、結果そのものと共に、大量のログが出力されます（SparkとParquetはログの出力が大好きです）。

```
res0: org.bdgenomics.formats.avro.AlignmentRecord =
{"contig":
 {"contigName": "X", "contigLength": 155270560,
  "contigMD5": "7e0e2e580297b7764e31dbc80c2540dd",
  "referenceURL": "ftp:\/\/ftp.1000genomes.ebi.ac.uk\/...",
  "assembly": null, "species": null},
 "start": 50194838, "end": 50194938, "mapq": 60,
 "readName": "SRR062642.27455291",
 "sequence": "TGACTCTGATGTTAAGATGCATTGTT...",
 "qual": ".LMMQPRQQPRQPILRQQRRIQQRQ...", "cigar": "100M",
 "basesTrimmedFromStart": 0, "basesTrimmedFromEnd": 0,
 "readPaired": true, "properPair": true, "readMapped":...}
```

（この出力は、紙面に収まるように修正してあります）

読者のみなさんの手元では、別のリードが出力されるかもしれません。これは、データのパーティショニングがクラスタによって異なるかもしれないためで、どのリードが最初に返されるかは保証されないのです。

これで、データセットについての質問をインタラクティブに行えるようになりました。その際の演算処理そのものは、クラスタ上でバックグラウンドで行われます。このデータセットには、いくつのリード配列が含まれているでしょうか？

```
readsRDD.count()
...
14/09/11 18:26:05 INFO SparkContext: Starting job: count [...]
...
res16: Long = 160397565
```

このデータセット中のリードは配列は、すべてヒトの染色体に由来するものでしょうか？

```
val uniq_chr = (readsRDD
  .map(_.contig.contigName.toString)
  .distinct()
  .collect())
uniq_chr.sorted.foreach(println)
...
1
10
11
12
[...]
GL000249.1
MT
NC_007605
X
Y
hs37d5
```

その通りでした。このコードをもう少しよく見てみましょう。

```
val uniq_chr = (readsRDD   ❶
  .map(_.contig.contigName.toString)   ❷
  .distinct()   ❸
  .collect())   ❹
```

❶ RDD[AlignmentRecord]：すべてのデータを含む
❷ RDD[String]：AlignmentRecord の各オブジェクトから、コンティグ（リード配列がマッピングされた参照先の配列）の名前（上記の結果に出力されているような染色体の番号など）を取り出して String に変換する
❸ RDD[String]：ここで、すべてのコンティグ名ごとに集計を行うため、reduce / shuffle が走る。結果は小さいものの、RDD になる
❹ Array[String]：これで演算処理が走り、RDD 中のデータがクライアントアプリケーション（シェル）に戻される

私たちが次世代のシーケンシングを使い、ある個人が嚢胞性線維症のキャリアであるかといった

スクリーニングを実施していて、遺伝子型の検出ツールが本来と異なるであろう位置にストップコドンを検出したものの、それは HGMD（http://www.hgmd.cf.ac.uk）にも、Sickkids CFTR データベース（http://www.genet.sickkids.on.ca）にもなかったとしましょう。すると、生のシーケンシングデータに戻り、潜在的に有害な遺伝子型の検出が偽陽性ではないかと確認してみたくなります。そのためには、先ほどの多型の遺伝子座、例えば 7 番染色体の 117149189 塩基目にマッピングされるすべてのリードを手作業で分析する必要があります（図 10-1）。

```
val cftr_reads = (readsRDD
  .filter(_.contig.contigName.toString == "7")
  .filter(_.start <= 117149189)
  .filter(_.end > 117149189)
  .collect())
cftr_reads.length // cftr_reads is a local Array[AlignmentRecord]
...
res2: Int = 9
```

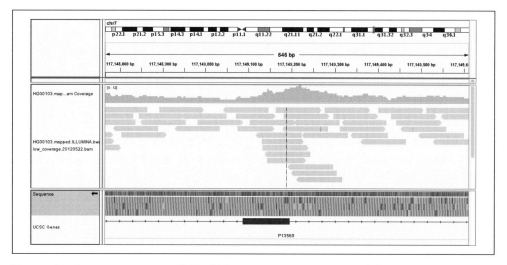

図 10-1　サンプル HG00103 の CFTR 遺伝子の位置 chr7:117149189 の IGV によるビジュアライゼーション

　これで、手作業でこの 9 つのリードを調べたり、あるいはカスタムのアラインメントツールでそれらを処理して、例えば疾病に関連するとして報告された変異が擬陽性なのかをチェックしたりすることができます。読者への課題：7 番染色体の平均カバレージ（同じ領域にいくつのリード配列がマッピングされているか）はどれほどでしょうか（このカバレージは遺伝子型を確実に検出するためには明らかに低すぎます）？

　私たちは、こういったキャリアスクリーニングを臨床医に対してサービスとして行う医療ラボを経営しているとしましょう。生のデータを Hadoop でアーカイブすれば、比較データを使いやすい状態に保つことができます（例えばテープアーカイブと比較したとして）。データ処理を実際

に行う信頼性のあるシステムを持つことに加えて、品質コントロール（QC）あるいは先ほどのCFTR遺伝子の例のように手作業での操作が必要な場合に、すべての過去のデータに容易にアクセスできるようになります。データ全体に対して素早くアクセスできることに加えて、1箇所で管理されていることから、集団遺伝学や大規模QC分析などの、大がかりな分析による研究を行うことも容易になります。

10.2.1　Parquetフォーマットと列指向ストレージ

　前セクションでは、シーケンシングデータが大量になる可能性があるにしても、下位層のストレージの仕様や、実行の並列化について気をもむことなく扱えることを見ました。とはいえ、ADAMプロジェクトがParquetファイルフォーマットを活用しており、そのおかげでここで紹介するようなパフォーマンス上の利点を得ていることは、取り上げておくだけの価値があるでしょう。

　Parquetは、オープンソースのファイルフォーマット仕様と、一連のリーダー／ライターの実装であり、一般に、分析的なクエリで使われることになるデータ（1度だけ書かれて、何度も読み出される）で利用すると良いでしょう。これは、GoogleのDremelシステム（"Dremel: Interactive Analysis of Web-scale Datasets" Proc. VLDB, 2010, by Melnik et al（http://research.google.com/pubs/archive/36632.pdf）参照）で使われた、下位層のデータストレージフォーマットに大きく基づいており、Avro、Thrift、Protocol Buffersと互換性のあるデータモデルを持っています。特に、Parquetはデータベースで一般的なほとんどのデータ型に加えて、配列や、ネスト型を含むレコード型もサポートしています。重要なことは、Parquetが列指向のファイルフォーマットであることで、これはすなわち、多くのレコードから同じ列が連続的にディスク上に保存されるということです（図10-2参照）。物理的なこのレイアウトのおかげで、データのエンコード／圧縮の効率はきわめて高くなり、必要なデータの読み取り／デシリアライズの量が最小限に抑えられることによって（参照：http://the-paper-trail.org/blog/columnar-storage/）、クエリに要する時間が大きく削減できるのです。Parquetでは、列ごとに異なるエンコード／圧縮のスキーマを指定でき、それぞれの列がランレングスエンコーディング、辞書エンコーディング、デルタエンコーディングをサポートします。

　Parquetが持つ、パフォーマンスの向上にとって有用なもう1つの特徴は、述語プッシュダウンです。「述語」とは、データのレコードに基づき、評価が`true`あるいは`false`になる式、あるいは関数です（言い換えれば、SQLの`WHERE`節における式と同等のものです）。先ほどのCFTR遺伝子のクエリでは、SparkはAlignmentRecordを述語に渡すかどうかを決定する前に、すべてのレコードの全体をデシリアライズ／実体化しなければなりませんでした。このため、かなりの量のI/OとCPUの時間が無駄になってしまうことになります。Parquetのリーダーの実装は、レコード全体を実体化する前に、この判断を行うために必要な列だけをデシリアライズする述語クラスを提供しています。

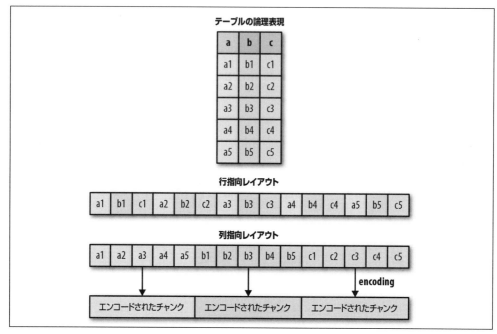

図10-2　行指向と列指向のデータレイアウトの違い

　例えば、CFTR遺伝子のクエリを述語プッシュダウンを使って実装するなら、まずAlignment Recordがターゲットの遺伝子座にあるかを調べる述語クラスを定義しなければなりません。

```
import org.bdgenomics.adam.predicates.ColumnReaderInput._
import org.bdgenomics.adam.predicates.ADAMPredicate
import org.bdgenomics.adam.predicates.RecordCondition
import org.bdgenomics.adam.predicates.FieldCondition
class CftrLocusPredicate extends ADAMPredicate[AlignmentRecord] {
  override val recordCondition = RecordCondition[AlignmentRecord](
    FieldCondition(
      "contig.contigName", (x: String) => x == "chr7"),
    FieldCondition(
      "start", (x: Long) => x <= 117149189),
    FieldCondition(
      "end", (x: Long) => x >= 117149189))
}
```

　述語が動作するためには、Parquetのリーダーがそのクラスそのものをインスタンス化しなければなりません。これはすなわち、このコードをJARにコンパイルし、そのJARをSparkのクラスパスに追加して、エグゼキュータが利用できるようにしてやらなければなりません。それができたなら、以下のように述語が使えるようになります。

```
val cftr_reads = sc.adamLoad[AlignmentRecord, CftrLocusPredicate](
  "/user/ds/genomics/reads/HG00103",
  Some(classOf[CftrLocusPredicate])).collect()
```

これで、`AlignmentRecord` オブジェクトのすべてを実体化しなくてもよくなるので、実行速度が上がるはずです。

10.3 ENCODEデータからの転写因子結合部位の予測

この例では、公開されている配列の特徴データを使って、転写因子結合のシンプルなモデルを構築します。転写因子（TF）は、ゲノム中の特定の領域に結合されるタンパク質で、さまざまな遺伝子の発現の制御を助けます。そのため、TF は細胞の表現型を決定する上できわめて重要であり、多くの生理学的なプロセスや、疾患のプロセスに関わるのです。ChIP-seq は、NGS を用いた分析手法で、特定の細胞／組織における特定の TF の結合領域をゲノム全体に渡って調べることが可能です。しかし、コストと技術的な難易度に加えて、ChIP-seq ではそれぞれの組織と TF のペアに対して個別に実験が必要になります。これとは対照的に、DNase-seq はクロマチンのオープンな領域をゲノム全体に渡って見つける分析手法で、組織の種類ごとに 1 度実行するだけで済みます。それぞれの組織と TF の組み合わせごとに ChIP-seq の実験を行うことによって TF の結合領域の分析をする代わりに、DNase-seq データが利用できることのみを前提として、新しい組織の TF の結合領域を予測してみましょう。

具体的には、CTCF 転写因子の結合部位の予測を、DNase-seq データと共に、既知の配列モチーフのデータ（HT-SELEX http://dx.doi.org/10.1016/j.cell.2012.12.009 から取得）と、一般に公開されている ENCODE データセット（https://www.encodeproject.org）を使って行います。ここでは、DNase-seq 及び CTCF の ChIP-seq のデータが入手可能な、6 つの異なる細胞種を選択しました。トレーニングのサンプルは、DNase の高感受性（hypersensitivity = HS）ピーク領域の情報で、ラベルは ChIP-seq のデータから取得します。

データは、以下の細胞株のものを使います。

GM12878
広く研究されているリンパ芽の細胞株

K562
女性の慢性リンパ性白血病由来の細胞株

BJ
皮膚繊維芽由来の細胞株

HEK293
胎児由来腎臓由来の細胞株

H54
> 神経膠芽腫由来の細胞株

HepG2
> 肝細胞癌由来の細胞株

まず、.narrowPeak フォーマットの各細胞株の DNase データをダウンロードします。

```
hadoop fs -mkdir /user/ds/genomics/dnase
curl -s -L <...DNase URL...> \ ❶
  | gunzip \ ❷
  | hadoop fs -put - /user/ds/genomics/dnase/sample.DNase.narrowPeak
[...]
```

❶ 実際の curl のコマンドについては、本書のコードリポジトリを参照[†]

❷ ストリーミングで展開

次に、こちらも .narrowPeak フォーマットで、CTCF 転写因子の ChIP-seq データをダウンロードします。そして GENCODE のデータは、GTF フォーマットです。

```
hadoop fs -mkdir /user/ds/genomics/chip-seq
curl -s -L <...ChIP-seq URL...> \ ❶
  | gunzip \
  | hadoop fs -put - /user/ds/genomics/chip-seq/samp.CTCF.narrowPeak
[...]
```

❶ 実際の curl のコマンドについては、本書のコードリポジトリを参照

データを HDFS に置く過程で、gunzip を使ってデータストリームを unzip していることに注意してください。ここで、予測のための特徴を導出するための追加のデータセットをダウンロードします。

```
# hg19 ヒトゲノムリファレンス配列
curl -s -L -O \
    "http://hgdownload.cse.ucsc.edu/goldenPath/hg19/bigZips/hg19.2bit"
```

最後に、保存領域に関するデータは fixed wiggle フォーマットで入手できますが、このフォーマットは分割可能なファイルとして読み取ることが難しいフォーマットです。あるタスクでコンティグの座標に関するメタデータを取得するために、ファイルの中でどれだけ戻って読み直せば

[†] 訳注:https://github.com/sryza/aas/blob/master/ch10-genomics/README.md

10.3 ENCODE データからの転写因子結合部位の予測

良いのかを予測することができないのです。そのため、HDFS への保存の際に、`.wigFix` データの BED フォーマットへの変換も行います。

```
hadoop fs -mkdir /user/ds/genomics/phylop
for i in $(seq 1 22); do
    curl -s -L <...phyloP.chr$i URL...> \ ❶
      | gunzip \
      | adam-submit wigfix2bed \
      | hadoop fs -put - "/user/ds/genomics/phylop/chr$i.phyloP.bed"
done
[...]
```

❶ 実際の curl のコマンドについては、本書のコードリポジトリを参照

最後に、phyloP（保存性のスコアを求めるツール）のデータをテキストベースの `.bed` フォーマットから Parquet へ、Spark のシェルで変換します。この変換を行うのは、1 度だけです。

```
(sc
  .adamBEDFeatureLoad("/user/ds/genomics/phylop_text")
  .adamSave("/user/ds/genomics/phylop"))
```

これらのすべての生データから、以下のようなスキーマを持つトレーニングセットを生成しましょう。

1. DNase HS ピーク領域の ID
2. 染色体
3. 開始位置
4. 終了位置
5. TF モチーフの PWM (Positional Weight Matrix) スコアの最大値
6. phyloP 保存スコアの平均値
7. phyloP 保存性スコアの最高値
8. phyloP 保存性スコアの最低値
9. もっと近い転写開始部位（TSS）への距離
10. TF の識別情報（ここでは常に "CTCF"）
11. 細胞株

12. TF の結合状況（0 か 1 の論理値。これがターゲット変数）

さあ、RDD[LabeledPoint] を生成するために使えるデータセットを生成しましょう。このデータは、複数の細胞株から生成しなければならないので、それぞれの細胞株に対して RDD を定義して、最後にそれらを連結しましょう。

❶
```
val cellLines = Vector(
  "GM12878", "K562", "BJ", "HEK293", "H54", "HepG2")
val dataByCellLine = cellLines.map(cellLine => { ❷
  ❸
})
```
❹

❶ 必要なアノテーションデータをロードする

❷ それぞれの細胞株に対して ...

❸ ...RDD[LabeledPoint] への変換に適した RDD を生成する

❹ RDD 群を結合して、例えば MLlib へ渡す

始める前に、演算処理を通じて使うことができる多少のデータをロードします。このデータには、保存性、転写開始点、ヒトゲノムリファレンス配列、そして HT-SELEX（**http://dx.doi.org/10.1016/j.cell.2012.12.009**）から取得した CTCF の PWM スコアが含まれます。

```
// ヒトゲノムリファレンス配列のロード
val bHg19Data = sc.broadcast(
  new TwoBitFile(
    new LocalFileByteAccess(
      new File("/user/ds/genomics/hg19.2bit"))))

val phylopRDD = (sc.adamLoad[Feature, Nothing]("/user/ds/genomics/phylop")
  // phylop データ中の多少のイレギュラーをクリーンアップ
  .filter(f => f.getStart <= f.getEnd))

val tssRDD = (sc.adamGTFFeatureLoad(
    "/user/ds/genomics/gencode.v18.annotation.gtf")
  .filter(_.getFeatureType == "transcript")
  .map(f => (f.getContig.getContigName, f.getStart)))

val bTssData = sc.broadcast(tssRDD
  // コンティグ名で group by
```

```
    .groupBy(_._1)
  // 各染色体のTSS部位のベクトルの生成
  .map(p => (p._1, p._2.map(_._2.toLong).toVector))
  // ブロードキャストするためのローカルのメモリ構造体にcollectする
  .collect().toMap)

// CTCF PWM from http://dx.doi.org/10.1016/j.cell.2012.12.009
val bPwmData = sc.broadcast(Vector(
  Map('A'->0.4553,'C'->0.0459,'G'->0.1455,'T'->0.3533),
  Map('A'->0.1737,'C'->0.0248,'G'->0.7592,'T'->0.0423),
  Map('A'->0.0001,'C'->0.9407,'G'->0.0001,'T'->0.0591),
  Map('A'->0.0051,'C'->0.0001,'G'->0.9879,'T'->0.0069),
  Map('A'->0.0624,'C'->0.9322,'G'->0.0009,'T'->0.0046),
  Map('A'->0.0046,'C'->0.9952,'G'->0.0001,'T'->0.0001),
  Map('A'->0.5075,'C'->0.4533,'G'->0.0181,'T'->0.0211),
  Map('A'->0.0079,'C'->0.6407,'G'->0.0001,'T'->0.3513),
  Map('A'->0.0001,'C'->0.9995,'G'->0.0002,'T'->0.0001),
  Map('A'->0.0027,'C'->0.0035,'G'->0.0017,'T'->0.9921),
  Map('A'->0.7635,'C'->0.0210,'G'->0.1175,'T'->0.0980),
  Map('A'->0.0074,'C'->0.1314,'G'->0.7990,'T'->0.0622),
  Map('A'->0.0138,'C'->0.3879,'G'->0.0001,'T'->0.5981),
  Map('A'->0.0003,'C'->0.0001,'G'->0.9853,'T'->0.0142),
  Map('A'->0.0399,'C'->0.0113,'G'->0.7312,'T'->0.2177),
  Map('A'->0.1520,'C'->0.2820,'G'->0.0082,'T'->0.5578),
  Map('A'->0.3644,'C'->0.3105,'G'->0.2125,'T'->0.1127)))
```

次に、いくつかユーティリティ関数を定義します。これらは、ラベリング、PWMスコアリング、TSSへの距離といった、特徴の生成に使われます。

```
// 最も近い転写開始部位を見つける関数
// 単純なので、改善を
def distanceToClosest(loci: Vector[Long], query: Long): Long = {
  loci.map(x => math.abs(x - query)).min
}

// TFのPWMに基づきモチーフスコアを計算する
def scorePWM(ref: String): Double = {
  val score1 = ref.sliding(bPwmData.value.length).map(s => {
    s.zipWithIndex.map(p => bPwmData.value(p._2)(p._1)).product
  }).max
  val rc = SequenceUtils.reverseComplement(ref)
  val score2 = rc.sliding(bPwmData.value.length).map(s => {
    s.zipWithIndex.map(p => bPwmData.value(p._2)(p._1)).product
  }).max
  math.max(score1, score2)
}

// DNaseピークを結合部位かどうかでラベリングする関数;
```

```
// あるインターバルが他のインターバルとの重複しているかを計算する
// 単純な実装 - ChIP-seqのピーク領域同士が重複していないことがわかっているから
// 動作する（そのことはどう確認すれば良いか？ これは読者への宿題とします）
def isOverlapping(i1: (Long, Long), i2: (Long, Long)) =
  (i1._2 > i2._1) && (i1._1 < i2._2)

def isOverlappingLoci(loci: Vector[(Long, Long)],
                      testInterval: (Long, Long)): Boolean = {
  @tailrec
  def search(m: Int, M: Int): Boolean = {
    val mid = m + (M - m) / 2
    if (M <= m){
      false
    } else if (isOverlapping(loci(mid), testInterval)) {
      true
    } else if (testInterval._2 <= loci(mid)._1) {
      search(m, mid)
    }else{
      search(mid + 1, M)
    }
  }
  search(0, loci.length)
}
```

最後に、各細胞株のデータを処理するためのループの本体を定義します。ChIP-seq及びDNaseデータのテキスト表現の読み取り方に注意してください。というのも、これでもパフォーマンスが問題にならないのは、データセットがそれほど大きくないからなのです。

まず、DNase及びChIP-seqのデータをRDDとしてロードします。

```
val dnaseRDD = sc.adamNarrowPeakFeatureLoad(
  s"/user/ds/genomics/dnase/$cellLine.DNase.narrowPeak")
val chipseqRDD = sc.adamNarrowPeakFeatureLoad(
  s"/user/ds/genomics/chip-seq/$cellLine.ChIP-seq.CTCF.narrowPeak")
```

そして、DNaseの特徴に対し "binding" あるいは "not binding" のいずれかを、ターゲットのラベルとして生成する関数を定義します。この関数は、すべてのChIP-seqピーク領域にまとめてアクセスできなければならないので、生のChIP-seqデータをメモリ内のデータ構造に取り込み、それをブロードキャスト変数bBindingDataとして全ノードにブロードキャストします。

```
val bBindingData = sc.broadcast(
  chipseq
    // 染色体でピーク群をグループ化
    .groupBy(_.getContig.getContigName.toString) ❶
    // 各chr及び各ChIP-seqピークに対して開始／終了を取り出す
    .map(p => (p._1, p._2.map(f =>
```

```
        (f.getStart: Long, f.getEnd: Long)))) ❷
    // 各 chr に対してピーク群をソート（重複なし）
    .map(p => (p._1, p._2.toVector.sortBy(x => x._1))) ❸
    // ブロードキャストするためにローカルのインメモリデータ構造に
    // collect する
    .collect().toMap)
```

❶ RDD[(String, Iterable[Feature])]

❷ RDD[(String, Iterable[(Long, Long)])]

❸ RDD[(String, Vector[(Long, Long)])]

この操作によって、染色体名をキーとし、位置でソートされた重複しない (start, end) のペアの Vector を値とする Map が得られます。ここで、実際のラベルづけの関数を定義します。

```
def generateLabel(f: Feature) = {
  val contig = f.getContig.getContigName
  if (!bBindingData.value.contains(contig)) {
    false
  }else{
    val testInterval = (f.getStart: Long, f.getEnd: Long)
    isOverlappingLoci(bBindingData.value(contig), testInterval)
  }
}
```

保存性の特徴を計算するには（phyloP のデータを使います）、DNase のピーク群を、phyloP のデータと結合しなければなりません。インターバルを結合するので、ADAM の BroadcastRegionJoin 実装を使います。この実装は、結合の一方（ここでは小さい方である DNase のデータ）を collect し、重複していない領域を計算し、collect されたデータをブロードキャストすることによって、データ結合の複製機能を実装します。

```
val dnaseWithPhylopRDD = (
  BroadcastRegionJoin.partitionAndJoin(sc, dnaseRDD, phylopRDD)
    // 保存性の値 DNase ピークでグループ化
    .groupBy(x => x._1.getFeatureId)
    // 各ピークの保存性の統計を計算
    .map(x => {
      val y = x._2.toSeq
      val peak = y(0)._1
      val values = y.map(_._2.getValue)
      // phylop の特徴を計算
      val avg = values.reduce(_ + _) / values.length
      val m = values.max
```

```
    val M = values.min
    (peak.getFeatureId, peak, avg, m, M)
}))
```

そして、ターゲット変数を含む各 DNase ピーク領域における最終的な特徴の集合を計算します。

```
// 最終のタプルの集合を生成する
dnaseWithPhylopRDD.map(tup => {
  val peak = tup._2
  val featureId = peak.getFeatureId
  val contig = peak.getContigName.getContigName
  val start = peak.getStart
  val end = peak.getEnd
  val score = scorePWM(
    bHg19Data.value.extract(ReferenceRegion(peak))) val avg = tup._3
  val m = tup._4
  val M = tup._5
  val closest_tss = min(
    distanceToClosest(bTssData.value(contig), peak.getStart),
    distanceToClosest(bTssData.value(contig), peak.getEnd))
  val tf = "CTCF"
  val line = cellLine
  val bound = generateLabel(peak)
  (featureId, contig, start, end, score, avg, m, M, closest_tss,
    tf, line, bound)
})
```

この最終の RDD は、細胞株に対するループの各パスで計算されます。最後に、それぞれの細胞株の RDD の和を取り、そのデータをモデルのトレーニングに備えてメモリ中にキャッシュします。

```
val preTrainingData = dataByCellLine.reduce(_ ++ _)
preTrainingData.cache()

preTrainingData.count() // 801263
preTrainingData.filter(_._12 == true).count() // 220285
```

この時点で、4章で説明したように、分類器のトレーニングのために preTrainingData 内のデータを正規化して RDD[LabeledPoint] に変換できます。クロス検証は、分割ごとに細胞株の 1 つを確保してから実行するべきであることに注意してください。

10.4　1000ゲノムプロジェクトからのGenotypesに対するクエリ

この例では、1000 Genomes の遺伝子型のデータセットをすべて取り込みます。まず、生のデータを HDFS にダウンロードし、その過程で unzip してから、ADAM のジョブを実行して、このデータを Parquet に変換します。以下のサンプルのコマンドは、すべての染色体に対して実行す

べきであり、クラスタ上で並列に処理できます。

```
curl -s -L ftp://.../1000genomes/.../chr1.vcf.gz \ ❶
  | gunzip \
  | hadoop fs -put - /user/ds/genomics/1kg/vcf/chr1.vcf ❷

export SPARK_JAR_PATH=hdfs:///path/to/spark.jar
adam/bin/adam-submit --conf spark.yarn.jar=$SPARK_JAR_PATH \
  vcf2adam \ ❸
  -coalesce 5 \
  /user/ds/genomics/1kg/vcf/chr1.vcf \
  /user/ds/genomics/1kg/parquet/chr1
```

❶ 実際の curl のコマンドについては、本書のコードリポジトリを参照

❷ テキスト形式の VCF ファイルを Hadoop にコピー

❸ VCF から ADAM（Parquet）への変換をクラスタ上で実行

-coalesce 5 を指定していることに注意してください。こうすることで、map タスクはデータを少数の大きな Parquet ファイル群にまとめてくれます。そして、以下のように ADAM シェルからオブジェクトをロードして調べます。

```
import org.bdgenomics.adam.rdd.ADAMContext._
import org.bdgenomics.formats.avro.Genotype

val genotypesRDD = sc.adamLoad[Genotype, Nothing](
  "/user/ds/genomics/1kg/parquet")
val gt = genotypesRDD.first()
...
```

CTCF の結合領域と重複しているマイナーアレルの頻度を、各多型についてゲノム全体の全サンプルに渡って計算したいとしましょう。基本的には、前セクションの CTCF データを 1000 Genomes プロジェクトの遺伝子型のデータと結合しなければなりません。

```
val ctcfRDD = sc.adamNarrowPeakFeatureLoad(
  "/user/ds/genomics/chip-seq/GM12878.ChIP-seq.CTCF.narrowPeak")
val filtered = (BroadcastRegionJoin.partitionAndJoin(
  sc, ctcfRDD, genotypesRDD) ❶
  .map(_._2)) ❷
```

❶ BroadcastRegionJoin の内部結合は、フィルタリングも行ってくれる

❷ 最終的にこの map が RDD[Genotype] を生成する

また、Genotype を引数に取り、リファレンスまたはリファレンスと異なる対立遺伝子数を計算する関数も必要になります。

```
def genotypeToAlleleCounts(gt: Genotype): (Variant, (Int, Int)) = {
  val counts = gt.getAlleles.map(allele match {
    case GenotypeAllele.Ref => (1, 0)
    case GenotypeAllele.Alt => (0, 1)
    case _ => (0,0)
  }).reduce((x, y) => (x._1 + y._1, x._2 + y._2))
  (gt.getVariant, (counts._1, counts._2))
}
```

最後に RDD[(Variant, (Int, Int))] を生成し、集計を行います。

```
val counts = filtered.map(genotypeToAlleleCounts)
val countsByVariant = counts.reduceByKey(
  (x, y) => (x._1 + y._1, x._2 + y._2))
val mafByVariant = countsByVariant.map(tup => {
  val (v, (r, a)) = tup
  val n = r + a
  (v, math.min(r, a).toDouble / n)
})
```

このデータセット全体をトラバースするのは、かなりの量の操作になります。アクセスするのは遺伝子型のデータのいくつかのフィールドだけなので、述語プッシュダウンや射影のメリットは確実に活かせるでしょう。これは読者のみなさまへの課題とします。

10.5 今後に向けて

ゲノミクスにおける多くの演算処理は、Spark の演算パラダイムにうまく適合します。アドホックな分析を実行する場合、ADAM のようなプロジェクトの最も価値ある貢献は、下位層の分析対象のオブジェクトを表現する Avro のスキーマの集合（及び変換ツール群）でしょう。本章では、いったんデータを対応する Avro のスキーマに変換してしまえば、多くの大規模な演算処理の表現と分配が、比較的容易になることを見ました。

Hadoop/Spark 上で科学的研究を行うためのツールはまだ十分とは言えませんが、車輪の再発明を避ける助けになるかも知れないプロジェクトは、いくつも存在しています。本章では、ADAM に実装されたコアの機能を調べましたが、このプロジェクトはすでに GATK のベストプラクティスのパイプラインを実装しています。これには、BQSR、インデルの再アライメント、重複排除が含まれます。ADAM に加えて、ゲノム解析のための独自のスキーマを作成し始めた Global Alliance for Genomics and Health には、多くの組織が加盟しています。マウントサイナイ医科大学の Hammerbacher 研究室もまた、主に癌のゲノミクスのための体細胞変異検出を目的とするツール集の Guacamole を開発しました。これらのツールはすべて寛大な Apache v2 ライセンスの

下でオープンソース化されているので、読者のみなさまが自分の仕事で使い始めるのであれば、改善のために貢献することをぜひ考えてみてください！

11章
PySparkとThunderを使った神経画像データの分析

Uri Laserson

> 私たちは、脳の硬さが朝がゆと同程度だという事実には興味がない。
> ——Alan Turing

　イメージング機器と自動化の進歩によって、脳の機能に関する大量のデータがもたらされるようになりました。過去の実験では、脳内のほんのひと握りの電極から時系列データが生成されたり、少数の脳の断面の静的な画像が得られたりしたかも知れませんが、今日の技術を利用すれば、脳の組織が活発に動作している際に、広い領域で大量のニューロンから脳の活動をサンプリングすることができます。実際のところ、オバマ政権が支持しているBRAINイニシアティブは、例えば長時間に渡ってマウスの脳の全ニューロンの電気的な活動をすべて同時に記録できるようにするといった、非常に高い技術開発目標を掲げています。計測技術におけるブレークスルーが必要なことは間違いありませんが、生成されるデータの量も、生物学におけるまったく新たなパラダイムを生み出すことになるでしょう。

　本章では、Pythonを通じてSparkを扱うためのPySpark API（http://spark.apache.org/docs/latest/api/python/）と共に、PySpark上で大量の時系列データ全般と、そして特に神経画像データを処理するために開発されたThunderプロジェクトを紹介します。PySparkは、ビッグデータの探索的な分析のためのきわめて柔軟なツールです。これは、可視化のためのmatplotlibや、さらには、実行可能ドキュメントのためのIPython Notebook（Jupyter）を含む、PyDataエコシステムとうまく統合されていることによります。

　本章では、これらのツールをまとめ、ゼブラフィッシュの脳の構造の一部を解明するというタスクのために使います。Thunderを使うことによって、脳の中のさまざまな領域（これらはニューロンのグループを表します）をクラスタ化し、時間の経過とともにゼブラフィッシュの振る舞いに応じて生ずる活動のパターンを発見しましょう。

11.1　PySparkの概要

　Pythonは、その高レベルの構文と、とりわけ広範囲のパッケージライブラリのおかげで、多くのデータサイエンティストが好むツールとなっています（http://bit.ly/186ShId）。Sparkエコシステムは、データ分析の世界におけるPythonの重要性を認識しており、歴史的な経緯からPythonをJVMと結合することが難しいにもかかわらず、Sparkを使うためのPython APIへの投

資を始めました。

科学技術計算とデータサイエンスにおける Python

Python は、科学技術計算とデータサイエンスにおいて、よく使われるツールになりました。これまでは MATLAB、R、Mathematica が使われてきたような多くのアプリケーションで、今日では Python が使われています。それは、以下のような理由によるものです。

- Python は高レベルの言語であり、利用や学習の敷居が低い。
- Python には、ニッチな数値演算から、Web スクレイピングやデータビジュアライゼーションツールに至るまで、広い範囲にわたるライブラリシステムがある。
- Python は C/C++ のコードと組み合わせることが容易なので、BLAS/LAPACK/ATLAS といったハイパフォーマンスライブラリを利用することができる。

特に覚えておくべきライブラリとしては、以下のようなものがあります。

numpy/scipy/matplotlib
　これらのライブラリは、高速な配列演算、科学演算の関数、といった典型的な MATLAB の機能と、MATLAB に着想を得た広く使われているグラフ作成ライブラリを再現しています。

pandas
　このライブラリは、R の `data.frame` に似た機能を提供しており、しばしばはるかに高速に動作します。

scikit-learn/statsmodels
　これらのライブラリは、機械学習のアルゴリズム群（例えば分類/回帰、クラスタリング、因子分解）と、統計モデルの高品質の実装を提供します。

nltk
　広く使われている自然言語処理のライブラリです。

https://github.com/vinta/awesome-python には、上記以外の大量のライブラリ群のリストがあります。

PySpark を、Spark と同じように立ち上げてください。

```
export IPYTHON=1 # PySpark は IPython のシェルも利用できる
pyspark --master ... --num-executors ... ❶
```

❶ PySpark は、spark-submit や spark-shell と同じ引数を取る

spark-submit を使って Python のスクリプトを投入することもできます。spark-submit は、スクリプトの拡張子が .py になっていることをきちんと見てくれます。PySpark では、環境変数をIPYTHON=1 として設定すれば、シェルとして IPython の利用がサポートされるので、常にそうしておくと良いでしょう。Python のシェルが起動すると、Python の SparkContext オブジェクトが生成され、このオブジェクトを通じてクラスタとやり取りできるようになります。SparkContext が利用できるようになってしまえば、PySpark API は Scala の API に非常に似ています。例えば、CSV データをロードするには以下のようにします。

```
raw_data = sc.textFile('path/to/csv/data') # RDD[string]
# フィルタをかけた後、カンマで切り分けて、浮動小数点数としてパースし、RDD[list[float]] を得る
data = (raw_data
    .filter(lambda x: x.startswith("#"))
    .map(lambda x: map(float, x.split(','))))
data.take(5)
```

Scala の API と同様に、テキストファイルをロードし、# で始まる行を除外し、CSV のデータを float の値のリストへとパースします。例えば filter や map に渡された Python の関数は、とても柔軟です。これらの関数は、Python のオブジェクトを引数として取り、Python のオブジェクトを返します (filter の場合、返された値は論理値として解釈されます)。従わなければならない制約は、これらの Python の関数オブジェクトが cloudpickle でシリアライズできなければならないということと、このクロージャの中で参照されている必要なモジュールが、すべてエグゼキュータの Python のプロセスの PYTHONPATH 上になければならないということだけです。参照されているモジュール群が間違いなく利用できることを保証するには、それらのモジュールがクラスタ全体でインストールされており、エグゼキュータの Python のプロセスの PYTHONPATH 上にあるようにするか、対応するモジュールの ZIP/EGG ファイルを Spark の環境を利用して明示的に分配し、それらが PYTHONPATH 上に追加されるようにします。後者の方法を取るには、sc.addPyFile() を呼びます。

PySpark の RDD は、単に Python のオブジェクトからなる RDD に過ぎません。Python のリストと同様に、PySpark の RDD にはさまざまな型のオブジェクトを混ぜて保存できます (これは、舞台裏を見てみれば、すべてのオブジェクトは PyObject のインスタンスだからです)。

Scala の API に比べると、PySpark の API はある程度後れを取っているので、Scala のほうが新しい機能を早く使えるようになることがあります。とはいえ、コアの API に加えて、例えば MLlib にもすでに Python の API があります。Thunder は、この API を利用しているのです。

11.1.1 PySparkの内部

デバッグをシンプルにしたり、はまりかねないパフォーマンス上の落とし穴を意識しておけるようにするためには、PySpark がどのように実装されているのかを、少々理解しておくと良いでしょう (図 11-1 参照)。

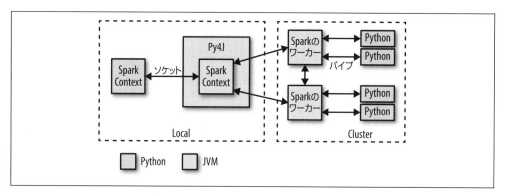

図11-1　PySparkの内部アーキテクチャ

　PySparkのPythonインタープリタが起動すると、PySparkはソケットを通じて通信する相手となるJVMも起動します。PySparkは、Py4Jプロジェクトを使ってこの通信を扱います。実際にSparkのドライバとして機能するのはこのJVMであり、このJVMはクラスタ上のSparkのエクゼキュータ群と通信するJavaSparkContextをロードします。このSparkContextを呼び出すPython APIは、このJavaSparkContextのJava APIの呼び出しに変換されます。例えば、PySparkのsc.textFile()の実装は、JavaSparkContextの.textFileメソッドへのディスパッチを行います。そして最終的には、HDFSからテキストデータをロードするSparkのエクゼキュータのJVM群とやり取りすることになります。

　クラスタ上のSparkのエクゼキュータ群は、CPUコアごとにPythonインタープリタを起動し、ユーザーのコードを実行する際にはパイプを通じてデータをやり取りします。ローカルのPySparkクライアント中のPythonのRDDは、ローカルのJVM中のPythonRDDオブジェクトに対応します。このRDDに関連づけられているデータは、実際にはSparkのJVM中に、Javaのオブジェクトとして存在しています。例えば、Pythonのインタープリタでsc.textFile()を実行すると、JavaSparkContextのtextFileメソッドが呼ばれ、このメソッドはデータをJavaのStringオブジェクトとしてクラスタ内にロードします。同様に、Parquet/AvroのファイルをnewAPIHadoopFileでロードすれば、オブジェクト群はJavaのAvroのオブジェクトとしてロードされます。

　PythonのRDDのAPIが呼ばれた場合、関連するコード（例えばPythonのラムダ関数）はcloudpickleでシリアライズされ、エクゼキュータに分配されます。そして、データはJavaのオブジェクトからPythonと互換性のある表現（例えばpickleのオブジェクト）に変換され、エクゼキュータに関連づけられているPythonのインタープリタにパイプを通じて流されます。必要なPythonの処理はインタープリタで実行され、結果のデータは（デフォルトではpickleのオブジェクトになり）再びRDDとしてJVM中に保存されます。

　Pythonには、実行可能なコードのシリアライズ機能が組み込まれていますが、これはScalaの場合ほど強力ではありません。そのため、PySparkの作者達は、"cloudpickle"というカスタムモ

ジュールを使わなければなりませんでした。このモジュールは PiCloud によって構築されたものですが、PiCloud はすでに無くなってしまっています。

> **PySpark を IPython Notebook（Jupyter）と合わせて使う場合のセットアップ**
>
> IPython Notebook は、探索的な分析のための素晴らしい環境であり、コンピュータ上での研究ノートとして使うことができます。IPython Notebook にはさまざまな機能がありますが、中でもユーザーはテキスト、画像、実行可能なコード（今では Python だけでなく、他の言語も使えます）を統合でき、さらにはホストされたプラットフォームまでサポートされています。IPython Notebook は Spark ともうまく動作しますが、PySpark の初期化を特定のやり方で行わなければならないため、設定を正しくするために注意が必要です。詳細については、http://bit.ly/186UflE の blog ポストを参照してください。

11.2　Thunderライブラリの概要とインストール

> **Thunder のサンプルとドキュメンテーション**
>
> Thunder のパッケージには、素晴らしいドキュメンテーションとチュートリアルがあります。以下のサンプルは、Thunder のパッケージで提供されているデータセットとチュートリアルから引用したものです。

　Thunder は、大量の空間／時系列データセット（例えば大規模な多次元行列）を Spark で処理するための Python のツールセットです。Thunder は行列演算のために NumPy を、そして一部の統計的な手法の分散処理の実装には MLlib を広く使っています。Thunder は、Python のおかげで非常に柔軟で、多くの人々に使いやすいものになっています。以下のセクションでは、Thunder API を紹介するとともに、Thunder と PySpark によってラップされた MLlib の K 平均法の実装を使い、神経痕跡をいくつかのパターンに分類してみます。

　Thunder には、Spark と共に NumPy、SciPy、matplotlib、scikit-learn といった Python のライブラリが必要になります。Thunder のインストール自体は `pip isntall thunder-python` とするだけで済みますが、Spark 1.1 と Hadoop 1.x 以外を使うためには、Git リポジトリから Thunder をチェックアウトする必要があります（この後のコラムを参照してください）。Thunder には、Amazon EC2 へのデプロイを簡単にしてくれるスクリプトも含まれており、通常の HPC 環境でも動作することが紹介されています[†]。

[†] 訳注：Thunder を動作させるには、Python の画像処理ライブラリである PIL のインストールも必要になります。pip の依存関係が Thunder 側で設定されていないので、別途インストールしておかなければなりません。

> ### さまざまなバージョンの Hadoop/Spark での Thunder の利用
>
> 本書の執筆時点では、デフォルトでは Thunder は Hadoop 1.x の API に対してビルドされており、Hadoop 2.x の API（例えば YARN 上で動作させる場合にはこれが必須です）に対するビルドは直接的にはサポートされていません。pip でインストールした Thunder には、Hadoop 1.x 及び Spark 1.1 に対してビルドされた Thunder の JAR が含まれています。Hadoop 2.x に対してビルドするには、Thunder のリポジトリに含まれている scala/build.sbt ファイルを変更し、対象にしたい Hadoop のバージョンを反映させます。Thunder が対応する Hadoop のバージョンは、Spark が対応する Hadoop のバージョンと一致していなければなりません（こちらも同じ SBT のファイルで変更できます）。

インストールが終わり、環境変数の SPARK_HOME を設定したら、以下のようにして Thunder のシェルを起動できます。

```
$ export IPYTHON=1 # いつも通りにこうしておくのが良いでしょう
$ thunder
[... しばらくログが出力されます ..]
Welcome to
      ____              __
     / __/__  ___ _____/ /__
    _\ \/ _ \/ _ `/ __/  '_/
   /__ / .__/\_,_/_/ /_/\_\   version 1.5.1
      /_/

Using Python version 2.7.10 (default, Aug 22 2015 20:33:39)
SparkContext available as sc, HiveContext available as sqlContext.

      IIIII
      IIIII
 IIIIIIIIIIIIIIIII
 IIIIIIIIIIIIIIIII
    IIIII
    IIIII
    IIIII           Thunder
   IIIIIIII         version 0.5.1
    IIIIII

A Thunder context is available as tsc
In [1]:
```

ここからは、thunder コマンドが基本的に PySpark シェルをラップしていることがわかります。PySpark と同様に、ほとんどの演算処理は ThunderContext の変数である tsc を起点とすることになります。ThunderContext は、Python の SparkContext を Thunder 固有の機能でラップしたもの

です。

11.3　Thunderでのデータのロード

　Thunderは、特に神経画像のデータセットを念頭に置いて開発されています。そのためThunderは、しばしば時間の経過と共にキャプチャーされるような大規模な画像群のデータ分析に対して便利なように作られています。

　さあ、まずは https://github.com/thunder-project/thunder/tree/master/thunder/utils/data/fish/images にあるThunderのリポジトリのゼブラフィッシュの脳の画像をいくつかロードしてみましょう。ここでのサンプルはデモンストレーション用なので、極端にダウンサンプリングされたデータになっています。フルスケールのデータセットは、例えば**ThunderContext.loadExampleEC2()** という関数を使ってAWSから入手できます。ゼブラフィッシュは、生物学の研究でモデル生物として広く使われます。ゼブラフィッシュは小さく、繁殖が早いため、脊椎動物の発生のモデルとして使われます。ゼブラフィッシュが興味深い理由には、きわめて高い再生能力を持っているということもあります。透明であることと、個々のニューロンを識別するのに十分な高解像度で脳全体の画像を得られる程度に脳が小さいことから、神経科学の分野ではゼブラフィッシュは素晴らしいモデルなのです。データセットをロードするためのコードは以下の通りです。

```
path_to_images = (
    'path/to/thunder/python/thunder/utils/data/fish/images')
imagesRDD = tsc.loadImages(path_to_images,
    inputformat='tif-stack')  ❶

print imagesRDD
print imagesRDD.rdd
...
<thunder.rdds.images.Images object at 0x109aa59d0>
PythonRDD[8] at RDD at PythonRDD.scala:43
```

❶ tif-stackは、各ファイルのz次元に複数の平面を格納するフォーマット

　生成されたこの**Images**オブジェクトは、突き詰めればRDDをラップしており、そのRDDは**imagesRDD.rdd**としてアクセスできます。この**Images**オブジェクトは、RDDと同じような機能も提供しています（例えばcount、takeなど）。**Images**に保存されているオブジェクト群は、キー−値ペアです。

```
print imagesRDD.first()
...
(0, array([[[26, 25],
        [26, 25],
        [26, 25],
```

```
       ...,
       [26, 26],
       [26, 26],
       [26, 26]],

      ...,
      [[25, 25],
       [25, 25],
       [25, 25],
       ...,
       [26, 26],
       [26, 26],
       [26, 26]]], dtype=uint8))
```

キー 0 は、データセット中の 0 番目の画像だということを示しており（画像はデータのあるディレクトリ中の辞書順に並んでいます）、値は画像に対応する NumPy の配列です。Thunder の中核にあるデータ型は、すべて最終的にはキー – 値ペアの Python RDD が基盤になっており、キーは通常何らかのタプルで、値は NumPy の配列です。PySpark における RDD は、一般に型が混在しているコレクションになっていてもかまいませんが、Thunder におけるキーと値は、それぞれ RDD 全体で必ず同じ型になっています。この均一性のおかげで、Images オブジェクトは下位層の画像の情報である .dims プロパティを公開しています。

```
print imagesRDD.first()[1].shape ❶
...
(76, 87, 2) ❸

print imagesRDD.dims ❷
...
min=(0, 0, 0), max=(75, 86, 1), count=(76, 87, 2)

print imagesRDD.nrecords
...
20
```

❶ 最初のキー - 値ペアの NumPy 配列の shape の値
❷ この RDD 中のデータに対応する Thunder の Dimensions オブジェクト
❸ RDD 中の各画像は、実際には 76 × 87 の画像が 2 つ重なったスタック

ここで扱っているデータセットには、それぞれが 76 × 87 × 2 というスタックの画像が 20 個含まれています。Thunder は、この RDD 中のデータの形式を追跡するための Dimensions オブジェクトを提供しています。

> **ピクセル、ボクセル、スタック**
>
> 　ピクセル（Pixel）は、画素（picture element）を縮めた言葉です。デジタル画像は、輝度のシンプルな2次元（2D）配列としてモデル化でき、ピクセルはその配列中の各要素です（カラー画像では、赤、緑、青のチャネルとして、この配列が3つ必要になります）。ただし、脳は3次元の物体なので、その活動をとらえるためには1つの2次元の断面ではまったく不足です。この問題に対応する手法として、さまざまな平面で複数の2D画像を重ね合わせる（zスタック）方法や、あるいは3Dの情報を直接生成するような方法もあります（例えばライトフィールドマイクロスコピー）。これは、最終的には輝度の3D行列を生成します。この行列の各要素は体積要素、すなわち「ボクセル」を表します。これと歩調を合わせて、Thunderはすべての画像をデータ型に応じて2Dもしくは3Dの行列としてモデル化し、3Dスタックを直接表現できる.tiffのようなフォーマットのファイルを読み取ることができます。

　Pythonで作業をする際に特徴的なことの1つは、RDDで作業をしながらデータを簡単に可視化できることです。ここでは由緒正しきライブラリのmatplotlibを使っています（**図11-2参照**）。

```
import matplotlib.pyplot as plt
img = imagesRDD.values().first()
plt.imshow(img[:, : ,0], interpolation='nearest', aspect='equal',
    cmap='gray')
```

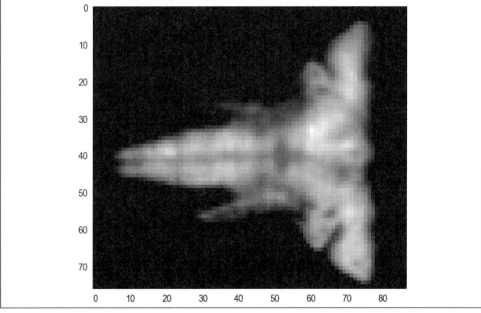

図11-2　ゼブラフィッシュの生データのスライスの1つ

Images APIは、画像データを分散処理するのに役立つメソッド群を提供しています。例えば、以下のようにすれば各イメージをサブサンプリングできます（図11-3参照）。

```
subsampled = imagesRDD.subsample((5, 5, 1))  ❶
plt.imshow(subsampled.first()[1][:, : ,0], interpolation='nearest',
      aspect='equal', cmap='gray')
print subsampled.dims
...
min=(0, 0, 0), max=(15, 17, 1), count=(16, 18, 2)
```

❶ 各次元を一気にサブサンプリングする。これはRDDの操作なので、すぐに制御が返ってくることに注意。演算処理は、RDDのアクションを待って始まる。

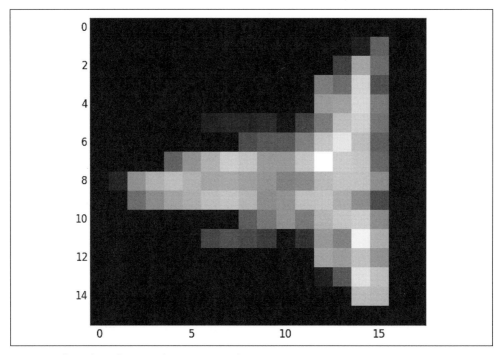

図11-3　サブサンプリングされたゼブラフィッシュのデータのスライスの1つ

画像の集合を分析するのは、ある種の操作に対しては有益ですが（例えば何らかの方法で画像を正規化するのがそうです）、画像の時間的な関係性を考慮に入れるのは難しいことです。そのためには、画像データを、ピクセル／ボクセルの時系列集合として扱う方が良いでしょう。ThunderのSeriesオブジェクトはまさにそのためのもので、変換は簡単に行えます。

```
seriesRDD = imagesRDD.toSeries()
```

この操作は、データを大々的に再編成して Series オブジェクトに変換します。Series オブジェクトは、キー-値ペアの RDD で、キーは各画像の座標のタプル（例えばボクセルの識別子）であり、値はその場所の時系列の値を表す NumPy の 1 次元の配列です。

```
print seriesRDD.dims
print seriesRDD.index
print seriesRDD.count()
...
min=(0, 0, 0), max=(75, 86, 1), count=(76, 87, 2)
[ 0  1  2  3  4  5  6  7  8  9 10 11 12 13 14 15 16 17 18 19]
13224
```

imageRDD は 20 枚の（76 × 87 × 2）という次元の画像からなるコレクションでしたが、seriesRDD は、13,224（= 76 × 87 × 2）個の長さ 20 の時系列からなるコレクションです。また、seriesRDD.dims を実行するとジョブが走ることに注意してください。これは、次元を計算するためには、Series オブジェクトのすべてのキーの値を分析しなければならないためです。seriesRDD.index プロパティは、Pandas 形式のインデックスで、配列の各要素を参照するために使うことができます。オリジナルの画像群は 3 次元だったので、キーは 3 要素のタプルです。

```
print seriesRDD.rdd.takeSample(False, 1, 0)[0]
...
((30, 84, 1), array([35, 35, 35, 35, 35, 35, 35, 35, 34, 34,
       34, 35, 35, 35, 35, 35, 35, 35, 35], dtype=uint8))
```

Series の API は、時系列に対する演算処理を、系列ごと、あるいは全系列に対して行うメソッドを数多く提供しています。例をご覧ください。

```
print seriesRDD.max()
...
array([158, 152, 145, 143, 142, 141, 140, 140, 139, 139, 140, 140,
       142, 144, 153, 168, 179, 185, 185, 182], dtype=uint8)
```

これで、それぞれの時点での全ボクセル中の最大値が計算されます。また、

```
stddevRDD = seriesRDD.seriesStdev()
print stddevRDD.take(3)
print stddevRDD.dims ❶
...
[((0, 0, 0), 0.4), ((1, 0, 0), 0.0), ((2, 0, 0), 0.0)]
min=(0, 0, 0), max=(75, 86, 1), count=(76, 87, 2)
```

これで、各自系列の標準偏差が計算され、その結果が RDD として返されます。このとき、すべてのキーはそのまま保たれます。

❶ このプロパティは親のRDDからうまく引き継がれるので、ここではSparkによる演算は生じません。これは以前にseriesRDDのDimensionを計算したことがあるためです。

また、Dimensionの形式にこのSeriesをローカルでパッキングし直すこともできます（ここでは76 × 87 × 2です）。

```
repacked = stddevRDD.pack()
plt.imshow(repacked[:,:,0], interpolation='nearest', cmap='gray',
    aspect='equal')
print type(repacked)
print repacked.shape
...
<type 'numpy.ndarray'>
(76, 87, 2)
```

こうすることで、各ボクセルの標準偏差を、同じ空間的な関係性を使ってプロットできます（図11-4参照）。クライアントに返すデータが多すぎると、大量のネットワーク及びネットワークリソースを消費することになるので、そうならないように気を配らなければなりません。

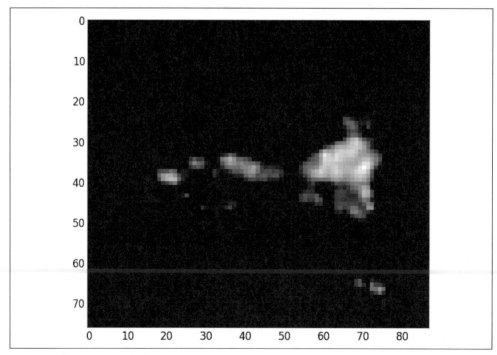

図11-4　ゼブラフィッシュの生データの各ボクセルの標準偏差

あるいは、一部をプロットすることによって、中心化された時系列データを直接見てみることもできます（図 11-5 参照）。

```
plt.plot(seriesRDD.center().subset(50).T)
```

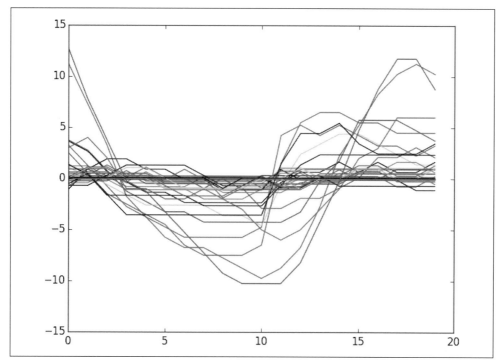

図11-5　ランダムに抜き出した50の中心化された時系列データ

また、apply メソッドを使えば、ユーザーが定義した任意の関数を各系列に適用することも簡単です（ラムダ関数を使うこともできます）。この場合、舞台裏では RDD の .values().map() が呼ばれることになります。

```
seriesRDD.apply(lambda x: x.argmin())
```

11.3.1　Thunderの中核のデータ型

より一般的に言えば、Thunder の中核にある2つのデータ型である Series と Images は、いずれも Python RDD オブジェクトをラップした Data を継承したものであり、RDD API の一部を公開しています。Data クラスはキー－値ペアの RDD をモデル化したもので、キーは何らかの意味を持つ識別子（例えば空間内の座標を表すタプル）であり、値は実際のデータである NumPy の配列です。Image オブジェクトの場合、例えばキーが時間軸上の点で、値は NumPy の配列として

フォーマットされた、その時点での画像になることあります。Series オブジェクトでは、キーが対応するボクセルの座標を示す n 次元のタプルで、値はそのボクセルでの計測値の時系列を表す 1 次元の NumPy の配列になるといったことがあります。Series 中のすべての配列の次元は、すべて同じでなければなりません。このオブジェクトの API の便利なところを、以下にまとめておきます。

```
class Data:
    property dtype:
        # この RDD の値のスロット中の NumPy の配列の dtype

        # first(), count(), cache() といった RDD のメソッド多数

        # mean(),variance() といった配列に対する集計メソッド
        # dtype は変化しない

class Series(Data):
    property dims:
        # この RDD のキーにエンコードされた空間の次元に
        # 関する情報を遅延計算する

    property index:
        # 各配列のインデックス群
        # Pandas の Series オブジェクト形式

    # normalize(), detrend(), select(),apply() など、
    # 1 次元の配列の全要素をクラスタ内で並列に処理するメソッド多数
    # dtype は変化しない

    # seriesMax(),seriesStdev() などの並列集計メソッド
    # dtype は変更される

    def pack():
        # データをクライアントに収集し、RDD の疎な表現から、
        # NumPy の配列としての密な表現にパッキングし直す
        # shape は dims に対応する値になる

class Images(Data):
    property dims:
        # 各値配列の NumPy の shape パラメータに対応する
        # 次元オブジェクト

    property nimages:
        # RDD 内の画像数
        # RDD の count 操作を遅延実行する

    # maxProjection(), subsample(), subtract(), apply() など、
    # 画像をまたぐ集計や処理を並列に行うメソッド群
```

```
def toSeries():
    # データを Series オブジェクトとして構成し直す
```

通常、同じデータセットを Images オブジェクトとして表現することもできれば、Series オブジェクトとして表現することもできます。この両者は、（おそらくは高くつくであろう）シャッフルの操作（行を主体とする表現と、列を主体とする表現を切り替えるのに似ています）によって変換できます。

Thunder のデータは、個々の画像のファイル名を辞書順にすることによって順序づけされた一連の画像として永続化できます。あるいは、Series オブジェクトのためのバイナリの 1 次元配列の集合として永続化することもできるでしょう。詳細については、Thunder のドキュメンテーションを参照してください。

11.4　Thunderを使った神経の分類

この例では、アルゴリズムとして K 平均法を使い、さまざまなゼブラフィッシュの時系列画像をクラスタリングし、神経の動きのクラスを示すことを目的として、複数のクラスタに分類します。今回は、先ほど使った画像データよりも大きい、リポジトリ内に Series のデータとしてパッケージ化され、保存されているデータを使います。ただし、このデータの空間的な解像度は、個々のニューロンを識別するにはやはり低すぎます。

まずデータをロードします。

```
import numpy as np
import seaborn as sns
from thunder import KMeans

seriesRDD = tsc.loadSeries(
    path/to/thunder/python/thunder/utils/data/fish/bin )
print seriesRDD.dims
print seriesRDD.index
...
Dimensions: min=(0, 0, 0), max=(75, 86, 1), count=(76, 87, 2)
[  0   1   2   3   4   5   6 ...  234 235 236 237 238 239]
```

以前と同様、これが同じ次元を持つ画像群を示していることはわかりますが、今回は時間軸上の点は 20 ではなく 240 あります。クラスタリングの最高の結果を得るには、特徴を正規化しなければなりません。

```
normalizedRDD = seriesRDD.toTimeSeries().normalize(baseline='mean')  ❶
```

❶ ここで指定している baseline=mean というオプションは、ドキュメントには書かれていない。Thunder のコードは非常にクリアに書かれており、欲しい機能が隠されていることがいくつもある。

いくつかの系列をプロットして、様子を見てみましょう。Thunder では、RDD のランダムな部分集合を取り、デフォルトで最小標準偏差になるような、特定の条件を満たすコレクションの要素だけを残すことができます。閾値として適切な値を選択するために、まず各系列の標準偏差を計算し、その値の 10% のサンプルのヒストグラムをプロットしてみましょう（**図 11-6** 参照）。

```
stddevs = (normalizedRDD
    .seriesStdev()
    .values()
    .sample(False, 0.1, 0)
    .collect())
plt.hist(stddevs, bins=20)
```

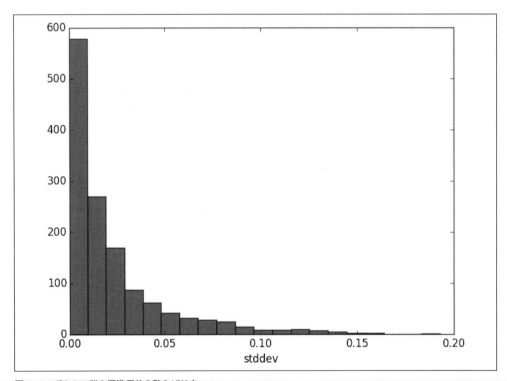

図11-6　ボクセル群の標準偏差の散らばり方

この様子を念頭に置いて、最も活発な系列を見るために、0.1 を閾値としましょう（**図 11-7** 参照）。

```
plt.plot(normalizedRDD.subset(50, thresh=0.1, stat='std').T)
```

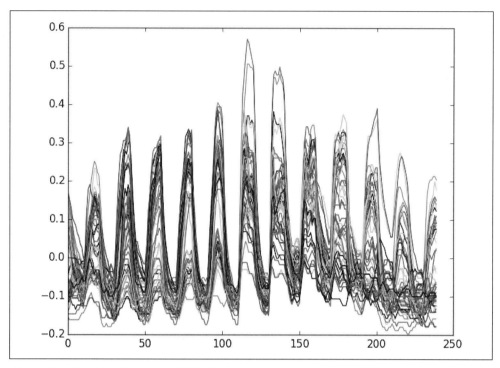

図11-7　標準偏差に基づく最も活発な時系列のうちの50個

　これでデータの様子がつかめたので、最終的にボクセル群をさまざまな活動パターンにクラスタリングしてみましょう。Thunderには、RDDを扱うscikit-learnのようなスタイルのAPIが実装されています。場合によっては、Thunderそのものに独自の実装が含まれていることもあります（例えば行列の因子分解のコード）。ここでは、Thunderの持つK平均法の抽象化層は、MLlibのPython APIを呼んでいます。K平均法を、複数のkの値に対して実行してみましょう。

```
from thunder import KMeans
ks = [5, 10, 15, 20, 30, 50, 100, 200]
models = []
for k in ks:
    models.append(KMeans(k=k).fit(normalizedRDD))
```

　次に、2つのシンプルなエラー行列を各クラスタに対して計算します。1つめの行列は、すべての時系列に渡って、クラスタの中心点からの時系列のユークリッド距離の単純な合計です。2つめの行列は、`KMeansModel`オブジェクトに組み込まれている行列です。

```
def model_error_1(model):
    def series_error(series):
```

```
            cluster_id = model.predict(np.asarray(series[1]))
            center = model.centers[cluster_id]
            diff = center - np.asarray(series[1])
            return diff.dot(diff) ** 0.5
    return (normalizedRDD
        .apply(series_error)
        .rdd.sum())

def model_error_2(model):
    return 1. / model.similarity(normalizedRDD).sum()
```

これらのエラー行列をkのそれぞれの値に対して計算し、プロットします（図11-8参照）。

```
import numpy as np
errors_1 = np.asarray(map(model_error_1, models))
errors_2 = np.asarray(map(model_error_2, models))
plt.plot(
    ks, errors_1 / errors_1.sum(), 'k-o',
    ks, errors_2 / errors_2.sum(), 'b:v')
```

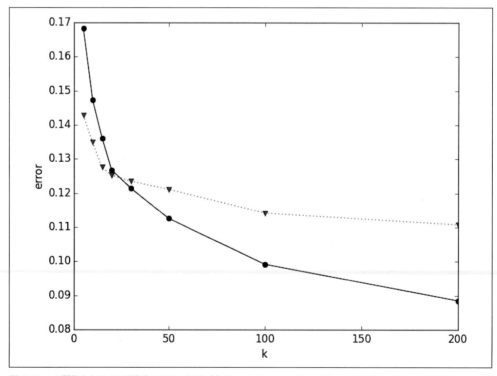

図11-8　kの関数としてのK平均法のエラー行列（丸はmodel_error_1で、△はmodel_error_2）

これらの行列は、概してkに対して単調であることが期待されます。この曲線では、k=20の部分が急角度で折れ曲がっているように見えます。データから学習したクラスタの中心点を可視化してみましょう（**図11-9** 参照）。

```
model20 = models[3]
plt.plot(model20.centers.T)
```

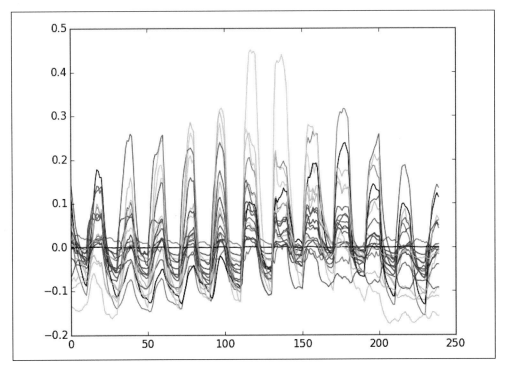

図11-9　k=20の場合のモデルの中心群

画像そのものを、割り当てられているクラスタに基づいてボクセルのカラーを決めてプロットすることも簡単です（**図11-10** 参照）。

```
from matplotlib.colors import ListedColormap
by_cluster = model20.predict(normalizedRDD).pack()
cmap_cat = ListedColormap(sns.color_palette("hls", 10), name='from_list')
plt.imshow(by_cluster[:, :, 0], interpolation='nearest',
    aspect='equal', cmap='gray')
```

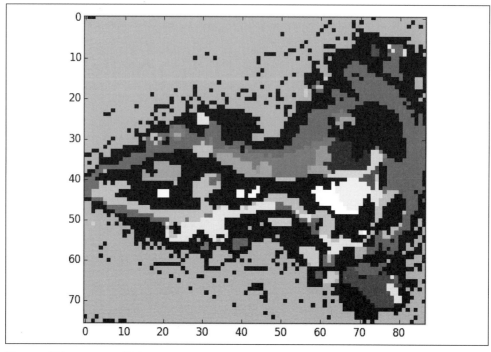

図11-10 属するクラスタに基づいてカラーリングされたボクセル群

　学習結果のクラスタは、ゼブラフィッシュの脳の解剖学の何らかの要素を示していることは明らかです。オリジナルのデータが、細胞内の構造まで分析できるほどの解像度を持っていたなら、まず画像の面積内のニューロン数の推定値に等しいkを用いてボクセルをクラスタリングすることもできるでしょう。そうすれば、効率的にニューロンの細胞体の全体を把握できるでしょう。そして、各ニューロンに対する時系列を定義すれば、その時系列を使ってクラスタリングをやり直し、さまざまな機能の分類を識別できるかも知れません。

11.5　今後に向けて

　Thunderはまだまだ新しいプロジェクトではありますが、すでにとても豊富な機能を備えています。時系列に対する統計処理やクラスタリングに加えて、因子分解、回帰／分類、可視化ツールといったモジュールもあります。Thunderには素晴らしいドキュメンテーションとチュートリアルがあり、Thunderの機能が幅広く取り上げられています。Thunderが動作している様子を見たいのであれば、Thunderの作者による **Nature Methods** 中の最近（2014年7月）の記事をご覧ください（http://bit.ly/186YPqi）。

付録A
Sparkの詳細

Sandy Ryza

　変換、アクション、RDDといったレベルでSparkを理解することは、Sparkのプログラムを書く上で欠かせないことです。そして、**優れたSparkのプログラムを書く**ためには、Sparkを支える実行モデルを理解することが欠かせません。すなわち、Sparkのプログラムのパフォーマンスの特性をつかみ、障害や速度低下に対するデバッグを行い、ユーザーインターフェイスの表示を理解しなければならないのです。

　Sparkのアプリケーションには、**ドライバ**のプロセスと**エクゼキュータ**のプロセス群が含まれます。ドライバのプロセスは、`spark-shell`の場合であればユーザーとのやり取りを行うプロセスであり、エクゼキュータのプロセスは、クラスタ上のノード群に分散配置されます。ドライバは、実行すべき処理の高レベルでのコントロールフローを受け持ちます。エクゼキュータのプロセス群は、この処理を**タスク**という形で実行し、ユーザーが**キャッシュ**するよう指定したデータの保存を受け持ちます。ドライバとエクゼキュータ群は、通常アプリケーションが実行される間、共に動き続けることになります。1つのエクゼキュータは、タスクを実行するためのスロットを大量に持っており、動作している間に、多くのタスクを並行に実行することができます。

　実行モデルの頂点にあるのは**ジョブ**です。Sparkアプリケーション内でアクションを呼べば、そのアクションのためのSparkジョブが起動されます。そのジョブがどのようなものになるかを判断するために、Sparkはそのアクションが利用するRDDのグラフを調べ、最も遠いRDDの演算から始まる実行計画を作成し、アクションの結果を生成するために必要なRDDまでたどっていきます。この実行計画には、ジョブの変換が組み合わさった**ステージ**が含まれます。1つのステージには複数の**タスク**が含まれます。タスクは、同じコードをデータの別々のパーティションに対して実行します。各ステージには、データ全体のシャッフルをすることなく実行可能な一連の変換が含まれます。

　データをシャッフルする必要があるかは、どう決まるのでしょうか？ **狭い変換**と呼ばれる`map`などの変換が返すRDDの場合、1つのパーティションの演算処理を行うのに必要なデータは、親のRDDの1つのパーティションに含まれています。それぞれのオブジェクトは、親の1つのオブジェクトにのみ依存します。しかし、Sparkは`groupByKey`や`reduceByKey`といった、**広い依存性**

を持つ変換もサポートしています。これらの変換の場合、1つのパーティションの演算処理に必要なデータは、親のRDDの多くのパーティションに含まれているかも知れません。同じキーを持つタプル群は、同じパーティションにまとめなければなりません。こうした処理を実行するためには、Sparkはシャッフルを実行しなければなりません。シャッフルはクラスタ内でデータを転送する処理であり、新しいステージと、新しいパーティション群が生成されることになります。

例えば、以下のコードは3つの処理がすべて入力データと同じパーティションのデータにのみ依存していることから、1つのステージで実行できるでしょう。

```
sc.textFile("someFile.txt").
  map(mapFunc).
  flatMap(flatMapFunc).
  filter(filterFunc).
  count()
```

以下のコードは、テキストファイル中に1,000回以上現れるすべての単語中のそれぞれのキャラクタの出現回数を調べます。このコードは、3つのステージに分割されます。reduceByKeyの操作は、出力を計算するためにキーに基づくデータの再パーティショニングが必要になることから、ステージを切り分けることになります。

```
val tokenized = sc.textFile(args(0)).flatMap(_.split(' '))
val wordCounts = tokenized.map((_, 1)).reduceByKey(_ + _)
val filtered = wordCounts.filter(_._2 >= 1000)
val charCounts = filtered.flatMap(_._1.toCharArray).map((_, 1)).
  reduceByKey(_ + _)
charCounts.collect()
```

ステージの境界では、データは**親**ステージ内のタスク群によってディスクに書き出され、**子**ステージ内のタスク群によってネットワーク越しに読み取られます。従って、ステージの境界の処理は高コストであり、可能な限り避けるべきものです。親のステージ内のデータパーティション数と子のステージ内のパーティション数は、異なることがあります。通常、ステージの境界となる変換は、子のステージでのデータのパーティション数を指定するnumPartitionsという引数を受け付けます。reducer数がMapReduceのジョブのチューニングにおいて重要であるのと同様に、アプリケーションのパフォーマンスの善し悪しは、ステージの境界におけるパーティション数のチューニングに左右されます。パーティション数が少なすぎれば、それぞれのタスクが扱うデータが多くなりすぎた場合に、速度が低下してしまうかも知れません。集計の操作においてデータがメモリに収まらなかった場合には、ディスクへのスピルが生じるために、タスクを完了させるために必要な時間は、しばしば割り当てられたデータのサイズに対して、非線形に増加することになります。一方でパーティション数が多すぎれば、ターゲットのパーティションに基づいて親側のタスクがレコードをソートする際のオーバーヘッドが増加します。加えて、子の側でのタスクのスケジューリングや起動に伴うオーバーヘッドも増加することになります。

A.1 シリアライゼーション

　Sparkは分散システムであり、処理を行うJavaの生のオブジェクトをシリアライズしなければならないことが頻繁にあります。データをシリアライズされた形式でキャッシュする場合や、シャッフルのためにネットワーク越しに転送する場合、SparkはRDDの内容を表現するバイトストリームを必要とします。Sparkでは、シリアライズとデシリアライズを規定するプラガブルな `Serializer` を使うことができます。デフォルトでは、SparkはJava Object Serializationを使用します。これは、`Serializable` インターフェイスを実装した任意のJavaのオブジェクトをシリアライズできます。ただし、ほとんどの場合SparkはKryoシリアライゼーションを使うように設定するべきです。Kryoは、Java Object Serializationよりもコンパクトな形式であり、シリアライズ及びデシリアライズがはるかに高速です。落とし穴は、その効率性を実現するために、Kryoではアプリケーション中で定義されているカスタムのクラスは**事前に登録**しておかなければならないということです。登録しなくてもKryoは動作するものの、その場合はシリアライゼーションに領域も時間もかかることになります。これは、クラス名を各レコードの前に書き出しておかなければならなくなるためです。Kryoを使えるようにして、クラスを登録するコードは以下のようになります。

```
val conf = new SparkConf().setAppName("MyApp")
conf.registerKryoClasses(
  Array(classOf[MyCustomClass1], classOf[MyCustomClass2]))
```

　Kryoへのクラスの登録は、設定で行うこともできます。spark-shellを使う場合は、これがKryoへのクラスの登録を行う唯一の方法です。以下のような内容を、spark-defaults.confに書いてください。

```
spark.kryo.classesToRegister=org.myorg.MyCustomClass1,org.myorg.MyCustomClass2
spark.serializer=org.apache.spark.serializer.KryoSerializer
```

　GraphXやMLlibといったSparkのライブラリは、独自のカスタムクラス群と、その登録のためのユーティリティメソッドを持っていることがあります。

```
GraphXUtils.registerKryoClasses(conf)
```

A.2 アキュムレータ

　アキュムレータは、Sparkのジョブの実行中に「現地」で統計情報を収集するための機構です。各タスク中で実行されるコードは、アキュムレータに加算をすることができ、ドライバはアキュムレータの値にアクセスできます。アキュムレータが役立つのは、ジョブに出現した不正なレコード数をカウントしたり、最適化の過程のあるステージでのエラー数の合計を計算したいような場合です。

　後者の例としては、SparkのMLlibのK平均法によるクラスタリングの実装におけるアキュムレータの利用があります。このアルゴリズムの各イテレーションでは、クラスタの中心群を置いて

処理を始め、データセット中の各ポイントを最も近い中心点に割り当て、その割り当て状況を基に新たなクラスタの中心群を求めます。このアルゴリズムが最適化しようとするクラスタリングの**コスト**は、各ポイントから最も近いクラスタの中心点への距離の合計です。アルゴリズムの実行を終えるべき時を知るには、ポイントをクラスタに割り当てた後のコストを計算することが役立ちます。

```
var prevCost = Double.MaxValue
var cost = 0.0
var clusterCenters = initialCenters(k)
while (prevCost - cost > THRESHOLD) {
  val costAccum = sc.accumulator(0, "Cost")
  clusterCenters = dataset.map {
    // ポイントに最も近い中心点を見つけ、
    // そこからの距離を求める
    val (newCenter, distance) = closestCenterAndDistance(_,
      clusterCenters)
    costAccum += distance
    (newCenter, _)
  }.aggregate( /* average the points assigned to each center */ )

  prevCost = cost
  cost = costAccum.value
}
```

このサンプルでは、整数の加算としてアキュムレータの add 関数を定義していますが、アキュムレータはそれ以外にも、集合の和のような結合性のある関数をサポートできます。

タスクがアキュムレータに影響を及ぼすことができるのは、初回の実行の時だけです。例えば、あるタスクの実行が成功したものの、その出力結果が失われ、同じタスクを再実行しなければならなくなった場合は、そのタスクはアキュムレータを再びインクリメントすることはありません[†]。

アキュムレータと同じことは、キャッシュされた RDD に対してアクションを実行して計算してもできるという点で、アキュムレータは最適化の1つと考えることもできます。アキュムレータを使えば、この処理はデータをキャッシュすることなく、別のジョブを実行することもなく、はるかに効率的に実現できます。

A.3 Sparkとデータサイエンティストのワークフロー

Spark の変換とアクションの中には、新しいデータセットを調べて、その感触をつかもうとしているときに特に役立つものがいくつもあります。そういった操作の中には、ランダム性を利用するものもあり、タスクの結果が失われて再計算が必要になった場合や、複数のアクションがキャッシュされていない同じ RDD を利用する場合に、決定性を保証するためにシードを使います。

[†] 訳注:厳密には、これは RDD のアクション中でアキュムレータが使われた場合にのみ当てはまります。RDD の変換中で使われたアキュムレータは、ノードの障害発生時などに、複数回呼ばれてしまうことが起こりえます。

take を使えば、負荷をかけずに RDD の先頭のいくつかの要素を見ることができます。シャッフルを必要とする操作が先行して指定されていなければ、計算されるのは先頭のパーティションの要素だけです。

```
myFirstRdd.take(2)
14/09/29 12:09:13 INFO SparkContext: Starting job: take ...
14/09/29 12:09:13 INFO SparkContext: Job finished: take ...
res1: Array[Int] = Array(1, 2)
```

グラフを作成したり、ローカルでいじってみたり、Spark 外の R のような非分散環境へエクスポートしたりするために、データの代表的なサンプルをドライバに取得したい場合には、takeSample が役立ちます。最初の引数である withReplacement は、サンプル中に同じ内容のレコードが含まれることを許すかどうかを指定します。

```
myFirstRdd.takeSample(true, 3)
14/09/29 12:14:18 INFO SparkContext: Starting job: takeSample ...
14/09/29 12:14:18 INFO SparkContext: Job finished: takeSample ...
res11: Array[Int] = Array(2, 1, 1)

myFirstRdd.takeSample(true, 5)
14/09/29 12:14:18 INFO SparkContext: Starting job: takeSample ...
14/09/29 12:14:18 INFO SparkContext: Job finished: takeSample ...
res11: Array[Int] = Array(2, 1, 1, 2, 4)

myFirstRdd.takeSample(false, 3)
14/09/29 12:14:18 INFO SparkContext: Starting job: takeSample ...
14/09/29 12:14:18 INFO SparkContext: Job finished: takeSample ...
res11: Array[Int] = Array(2, 1, 4)
```

top は、指定された Ordering に基づき、上位 k 個のレコードをデータセットから収集します。これは、各レコードにスコアを与えた後に上位のスコアのレコードを調べるといったような、さまざまな状況で役に立ちます。takeOrdered はその逆で、下位のレコードを探します。以下のコードは、0 から 100 の乱数を生成し、出現回数が最も多いものと少ないものを見つけます。

```
import scala.util.Random

val randNums = Seq.fill(10000)(Random.nextInt(100))
val numberCounts = sc.parallelize(randNums).map(x => (x, 1)).
  reduceByKey(_ + _)

numberCounts.top(3)(Ordering.by(_._2))
14/09/30 23:38:42 INFO SparkContext: Starting job: top ...
14/09/30 23:38:42 INFO SparkContext: Job finished: top ...
res6: Array[(Int, Int)] = Array((58,127), (25,120), (28,120))
```

```
numberCounts.takeOrdered(3)(Ordering.by(_._2))
14/09/30 23:39:54 INFO SparkContext: Starting job: takeOrdered ...
14/09/30 23:39:54 INFO SparkContext: Job finished: takeOrdered ...
res7: Array[(Int, Int)] = Array((74,78), (92,79), (8,80))
```

top 関数は、まず各パーティション内における上位 k 個の値の検索を、分散処理します。そして見つかった値をドライバに持ってきて、その中から上位 k 個の値を見つけます。この方法は k が小さい場合にはうまくいきますが、k が 1 つのパーティション内のデータのサイズと同等、あるいはそれ以上になった場合、データセット全体をドライバに持ってくることになってしまいます。そういった場合には、sortByKey を使ってデータセット全体のソートを分散処理し、それから take を使って先頭の k 個の要素を取得すると良いでしょう。

```
numberCounts.map(_.swap).sortByKey().map(_.swap).take(5)  ❶
14/10/06 13:19:08 INFO SparkContext: Starting job: sortByKey ...
14/10/06 13:19:08 INFO DAGScheduler: Job 2 finished: take ...
res3: Array[(Int, Int)] = Array((87,73), (19,76), (75,76), (25,81), (22,81))
```

❶ カウントではなく数字でソートしたい場合には、タプルの順序を入れ替える

このコードはデータをドライバに持ってきますが、パイプライン中の 1 つのステップとして分散データセットを生成するには、サンプリングが便利なことがよくあります。sample は、親の RDD のサンプリングによって RDD を生成します。takeSample と同様に、withReplacement を指定することもできます。sample は、サンプルとして取得する要素数を決める引数を、親の RDD に対するサイズの比率として取ります。withReplacement を指定してサンプリングを行う場合、Spark は 1 よりも大きい値を受け付けることができ、これはパイプラインのストレステストのためにデータセットのサイズを爆発的に大きくしたい場合に便利です。また、sample はデータの順序を入れ替える役にも立ちます。これは、そのデータに対して確率的勾配降下法のようなオンラインのアルゴリズムを実行する前にやっておくと良いでしょう。

```
val bootstrapSample = rdd.sample(true, .6)

val permuted = rdd.sample(false, 1.0)
```

randomSplit は、組み合わせることによって親を再現できる複数の RDD を返します。これは特に、例えばトレーニング用とテスト用にデータを分割するような処理をするのに便利です。

```
fullData.cache()
val (train, test) = fullData.randomSplit(Array(0.6, 0.4))
```

A.4 ファイルフォーマット

　Spark のサンプルでは、一般的に textFile が使われますが、大規模なデータセットを保存する際には、通常バイナリフォーマットを使うべきです。これは、占める領域を減らすためと、型付けを強制するためです。**Avro** 及び **Parquet** は、Hadoop クラスタでデータを保存する際に標準的に使われる、それぞれ行指向と列指向のファイルフォーマットです。**Avro** はまた、これら 2 つのフォーマットのディスク上のデータをメモリ内に読み込んだ際の表現形式を指すこともあります。

　以下のサンプルでは、name と favorite_color という Avro のフィールドを読み取っています。

```
import org.apache.hadoop.io.NullWritable
import org.apache.hadoop.mapreduce.Job
import org.apache.hadoop.mapreduce.lib.input.FileInputFormat
import org.apache.avro.generic.GenericRecord
import org.apache.avro.mapred.AvroKey
import org.apache.avro.mapreduce.AvroKeyInputFormat

val conf = new Job()
FileInputFormat.setInputPaths(conf, inPaths)
val records = sc.newAPIHadoopRDD(conf.getConfiguration,
  classOf[AvroKeyInputFormat[GenericRecord]],
  classOf[AvroKey[GenericRecord]],
  classOf[NullWritable]).map(_._1.datum)

val namesAndColors = records.map(x =>
  (x.get("name"), x.get("favorite_color")))
```

　以下の例は、同じことを Parquet で行っています。

```
import org.apache.hadoop.mapreduce.Job
import org.apache.hadoop.mapreduce.lib.input.FileInputFormat
import org.apache.avro.generic.GenericRecord
import parquet.hadoop.ParquetInputFormat

val conf = new Job()
FileInputFormat.setInputPaths(conf, inPaths)
val records = sc.newAPIHadoopRDD(conf.getConfiguration,
  classOf[ParquetInputFormat],
  classOf[Void],
  classOf[GenericRecord]).map(_._2)

val namesAndColors = records.map(x =>
  (x.get("name"), x.get("favorite_color")))
```

　Avro は、メモリ内での表現形式を 2 種類サポートしていることに注意してください。

- Avro generics は、レコードを String 型のキーから Object 型の値へのマッピングとして表現します。これは、新しいデータセットを探求し始めるときには最も簡単ですが、プリミティブ型をオブジェクトにラップしなければならないといったような、いくつかの非効率的な部分を抱えています。

- Avro specifics は、コード生成を使って Avro の型に対応する Java のクラスを生成します。紙面の都合上、Avro specifics については省略しますが、本書の GitHub リポジトリには Avro specifics のサンプルがあります。

A.5 Sparkのサブプロジェクト群

Spark Core という名前は、Spark の分散実行エンジンと、コアの Spark API を指します。Spark Core に加えて、Spark にはコアのエンジン上で機能を提供する、多種多様なサブプロジェクト群があります。これらのサブプロジェクト群についてはこの後述べていきますが、開発の段階はそれぞれに異なっています。Spark Core の API は安定しており、互換性が保たれていますが、アルファやベータとされているサブプロジェクトの API は、変更されることがあります。

A.5.1 MLlib

MLlib は、Spark 上で書かれた一連の機械学習のアルゴリズムを提供するものです。このプロジェクトが目標としているのは、標準的なアルゴリズムの高品質な実装を幅広く提供しながらも、メンテナンス性と一貫性に焦点を置くことです。本書の執筆時点では、MLlib は **表A-1** に示すアルゴリズム群をサポートしています。

表A-1　MLlibのアルゴリズム群

	離散	連続
教師あり	決定フォレスト、ナイーブベイズ、線形サポートベクタマシン、ロジスティック回帰、正則化	線形回帰、正則化（リッジ /L2、ラッソ /L1）決定フォレスト
教師なし	K平均クラスタリング	特異値分解、交互最小二乗法による UV 分解

MLlib は、データを Vector オブジェクトとして表します。このオブジェクトは、疎であることも、密であることもあり、Matrix オブジェクト及び RowMatrix オブジェクトに対する操作のための軽量な線形代数の機能を多少含んでいます。Matrix オブジェクトはローカルの行列を、RowMatrix オブジェクトは、ベクトルの分散コレクションを表します。RowMatrix オブジェクトは、舞台裏でのデータの配置や操作については、Scala の線形代数ライブラリである **Breeze** に依存しています。

本書の執筆時点では、MLlib はベータのコンポーネントです。これはつまり、API が将来のリリースでは変更される場合もあり得るということです。

MLlib のアルゴリズム群は、本書のいくつかの章で使われています。

- 3章は、MLlibの交互最小二乗法の実装を使ってレコメンデーションを行っています。
- 4章は、MLlibのランダムフォレストの実装を使って分類を行っています。
- 5章は、MLlibのK平均法によるクラスタリングの実装を使って、異常検出を行っています。
- 6章は、MLlibの特異値分解の実装を使って、テキストの分析を行っています。

A.5.2　Spark Streaming

　Spark Streamingは、データを連続的に処理するためのSparkの実行エンジンとなることを意図したものです。Sparkの通常のバッチ処理は、ジョブを大規模なデータセットに対して1度に実行しますが、Spark Streamingは低レイテンシ（数百ミリ秒以内）での動作を目標としています。利用できるようになったデータは、ほぼリアルタイムに転送され、処理されなければなりません。Spark Streamingは、短いインターバルの間に蓄積された小さなデータのまとまりに対してジョブを実行することで動作します。Spark Streamingが役に立つ場面は、即時性のあるアラートや、ダッシュボードへの最新情報提供、あるいはさらに複雑な分析にまで至ります。例えば、異常検出における一般的な利用法には、データのバッチ群に対してK平均法によるクラスタリングを行い、クラスタの中心群が通常の位置から離れたときに警告を発するといったものがあります。

A.6　DataFrame（Spark SQL）

　Spark 1.4から登場したDataFrame[†]を使うと、Sparkのエンジンを使ってSQLクエリを実行できます。クエリは、HDFS上で永続的に保存されたデータセットに対しても、既存のRDDに対しても実行でき、Sparkのプログラムの中から、SQL文でデータを操作できます。

```
import org.apache.spark.sql.hive.HiveContext

val sqlContext = new HiveContext(sc)

val dataFrame = sqlContext.sql("FROM sometable SELECT column1, column2, column3")
dataFrame.collect().foreach(println)
```

　DataFrameのコアのデータ構造は、各列に対して名前と型を与えるスキーマ情報付きのRDDであるDataFrameです。上の例にあるように、DataFrameは、既存のRDDに対して型情報を与えることによってプログラムから生成するか、Hiveに保存されているスキーマ付きのデータにアクセスすることによって生成できます。

[†] 訳注：DataFramaはSpark 1.3のSpark SQLの後継機能です。DataFrameはRDDを基盤としていますが、より豊富なデータ操作のAPIやキャッシュ効率の高さなど、さまざまな長所を持っており、今後はさらに重要性が増していくものと思われます。

A.7 GraphX

Sparkには、グラフ処理のためにコアのエンジンを活用できるGraphXというサブプロジェクトが含まれています。コンピュータサイエンスでは、**グラフ**という言葉は、**辺**で接続された**頂点**の集合からなる構造体を指します。グラフアルゴリズムは、ソーシャルネットワーク内のユーザーのつながりを調べたり、リンクされているページを元にインターネット上のページの重要性を理解したり、エンティティ間の接続構造に基づくなんらかの分析を実行したりする場合に役立ちます。GraphXは、頂点を表すRDDと、辺を表すRDDのペアでグラフを表現します。GraphXには、Googleのグラフ処理システムである**Pregel**に似たAPIがあり、PageRankのような一般的なアルゴリズムを、わずかな行数のコードで表現できます。

GraphXは、本書の執筆時点ではアルファのコンポーネントであり、将来のリリースでAPIが変更されるかも知れません。**6章**では、引用のグラフを分析するために、GraphXのさまざまな機能を利用しています。

付録B
MLlib Pipelines API

Sean Owen

　Sparkプロジェクトはどんどん動いています。本書の執筆を始めた2014年8月の時点では、1.1.0がリリース間近でした。本書が出版された2015年4月には、Spark 1.2.1が出たばかりでした。このバージョンだけをとっても、ほとんど1000項目に及ぶ改善やフィックスが加えられています。

　Sparkプロジェクトにおいては、マイナーリリースでの安定版APIのバイナリ及びソースの互換性が注意深く守られており、MLlibの大部分も安定版とみなされています。従って、本書のサンプルはSpark 1.3.0以降の1.xリリースでも動作するはずであり、それらの中で使われている実装がどこかへ失われてしまうことはないでしょう。とはいえ、新しいリリースでは、experimentalや開発者のみをターゲットにしたAPI群が追加されたり、それらが変更されたりすることがあります。これらのAPIは、進化の過程にあるものなのです。

　もちろんこれらの章ではSpark MLlibが広く使われており、Spark 1.2.1を取り上げている本書としては、MLlibの新しい、大きな方向性について触れておかないわけにはいきません。この新しい方向性の一部は、experimentalなAPIであるパイプラインAPIとして登場しています。

　Pipelines APIは、公式にリリースされてからまだ1ヵ月程度であり、まだまだ変更されるはずであり、完成には程遠いので、このAPIに基づいて本書を書き上げることはできませんでした。とはいえ、現時点でMLlibにできることを把握した上で、Pipelines APIについて知っておくことには価値があります。

　この付録では、新登場したPipelines APIの概要を説明します。このAPIは、Sparkプロジェクトの課題管理システムのSPARK-3530（https://issues.apache.org/jira/browse/SPARK-3530）での議論を受けての成果です。

B.1　単なるモデリングを超えて

　MLlibは、その目的と範囲において、他の機械学習のライブラリと似ています。MLlibは、機械学習のアルゴリズムの実装を提供していますが、その範囲はコアの実装に限定されています。それぞれのアルゴリズムは、前処理された入力を、例えばLabeledPointやRatingのオブジェクト

の RDD として受け取り、結果のモデルを何らかの表現形式で返します。以上。これはこれでとても役立ちますが、実世界の機械学習の問題を解決するために必要なことは、アルゴリズムを実行することだけではありません。

気がついているかもしれませんが、本書の各章のソースコードのほとんどは、なんらかの方法で生の入力から特徴を取り出し、変換し、モデルを評価するためのものです。MLlib のアルゴリズムの呼び出しは、中ごろにある、短くて簡単な部分にすぎません。これらの追加作業は、あらゆる機械学習の問題に共通するものです。実際のところ、実働環境に機械学習を投入する場合には、さらに多くのタスクが必要になるでしょう。

1. 生のデータをパースして特徴化する
2. 特徴を他の特徴に変換する
3. モデルを構築する
4. モデルを評価する
5. モデルのパイパーパラメータをチューニングする
6. モデルの再構築とデプロイを継続的に行う
7. モデルをリアルタイムに更新する
8. クエリに対してモデルからリアルタイムに回答する

こうした見方をすると、MLlib が提供しているのは、わずかに 3. の部分にすぎません。新しい Pipelines API は、1. から 5. までのタスクに取り組むためのフレームワークになるよう、MLlib の拡張を始めるものです。まさにこれらのタスクは、本書全体を通じ、さまざまな方法で私たちが手作業で行ってきたものです。

その他の部分も重要ではありませんが、恐らくは MLlib の対象範囲外でしょう。こういった部分 は、Spark Streaming、JPMML（https://github.com/jpmml）、REST（https://ja.wikipedia.org/wiki/REST）API、Apache Kafka（http://kafka.apache.org）などといったツール群を組み合わせることによって実装できるでしょう。

B.2 Pipelines API

新しい Pipelines API は、機械学習に関するこれらのタスクの、シンプルで整然とした見方をカプセル化したものです。データは、各ステージにおいて他のデータに変換され、最終的にはモデルに変換されます。そしてこのモデル自体も、あるデータ（入力）から他のデータ（予測）を生成します。

ここでのデータは、常に特別な RDD で表現されます。これは、Spark SQL の org.apache.

spark.sql.DataFrame クラスです。その名の通り、このクラスは表形式のデータを持つもので、それぞれの要素は Row です。それぞれの Row は、同じ列を持ちます。この列のスキーマは事前にわかっているものであり、名前や型などが含まれます。

これによって、SQL に似た操作で、データの変換、射影、フィルタリング、結合が便利に行えます。Spark のその他の API とあわせれば、先ほどのタスクのリストの 1 にはほぼ答が出せるでしょう。

最も重要なのは、スキーマ情報があることで、機械学習のアルゴリズムが、正確かつ自動的に量的特徴と質的特徴を識別できるようになることです。入力は、単なる Double の値の配列ではなくなり、実際にどの入力が質的なものなのかを示すのは、呼び出し側の責任となります。

新しい Pipelines API の他の部分、あるいは少なくともその一部は、experimental API として、すでにプレビューリリースされています。現在の安定版 API が org.apache.spark.mllib パッケージにあるのに対し、Pipelines API は org.apache.spark.ml の下に置かれています。

抽象クラスの Transformer は、データを他のデータに変換するロジックを表現するものです。これはすなわち、DataFrame を DataFrame に変換するということです。Estimator は、機械学習のモデルである Model を DataFrame から構築できるロジックを表現します。そして、Model そのものも Transformer です。

org.apache.spark.ml.feature には、TF-IDF における語の出現頻度を計算するための HashingTF や、シンプルなパースを行う Tokenizer といった、便利な実装が含まれています。こうしたことによって、Pipelines API はタスクの 2 を支援します。

そして、抽象クラスの Pipeline は、Transformer と Estimator のオブジェクトの並びを表現します。この並びは、入力の DataFrame に順次適用され、Model が出力されるようなことになります。従って、Model を生成することから、Pipeline そのものは Estimator なのです！

この設計のおかげで、おもしろい組み合わせが可能になります。Pipeline に Estimator を含められるということは、内部的に Model を構築し、それを Transformer として使えるということです。これはすなわち、より大きなフローの一部として、Pipeline がアルゴリズムによる予測を内部的に利用できるということです。実際のところ、これは Pipeline が他の Pipeline のインスタンスを内部に持てるということでもあります。

タスク 3 への回答としては、少なくとも実際にモデル構築アルゴリズムが 1 つ、すでにパイプライン API に org.apache.spark.ml.classification.LogisticRegression として用意されています。既存の org.apache.spark.mllib の実装をラップして Estimator とすることもできますが、すでに Pipelines API には、例えばロジスティック回帰の書き換えられた実装が提供されています。

抽象クラスの Evaluator は、モデルの予測の評価を支援します。このクラスは、org.apache.spark.ml.tuning 内の CrossValidator クラス内で、1 つの DataFrame から多くの Model のインスタンスを生成し、評価するために使われます。従って、これもまた Estimator です。org.apache.spark.ml.params にある支援 API は、CrossValidator で使うハイパーパラメータとグリッド検索パラメータを定義します。このパッケージはタスクの 4 と 5、すなわち大きなパイプライン中でのモデルの評価とチューニングを支援します。

B.3 テキストの分類の例

以下の Spark のサンプルモジュールには、実際に動作する新 API のシンプルな例が含まれています。これは `org.apache.spark.examples.ml.SimpleTextClassificationPipe` クラスにあり、図 B-1 のように動作します。

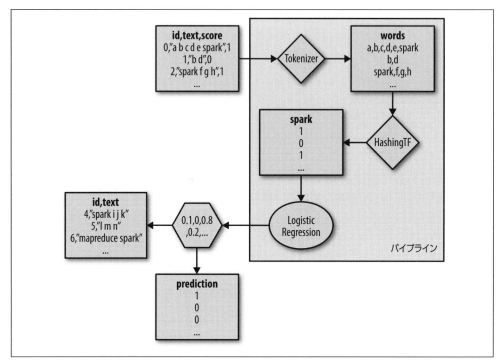

図B-1 テキストの分類のシンプルなパイプライン

入力は文書を表すオブジェクトで、ID とテキスト、そしてスコア（ラベル）を持ちます。

```
val training = sqlContext.createDataFrame(Seq(
  (0L, "a b c d e spark", 1.0),
  (1L, "b d", 0.0),
  (2L, "spark f g h", 1.0),
  (3L, "hadoop mapreduce", 0.0)
)).toDF("id", "text", "label")
```

以下の `Pipeline` は、2つの `Transformer` の実装を適用します。まず、`Tokenizer` は、テキストを空白を区切りとして単語に切り分けます。そして、`HashingTF` は、各語の出現頻度を計算します。最後に、`LogisticRegression` は、これらの語の出現頻度を特徴入力として、分類器を生成します。

```
val tokenizer = new Tokenizer().
  setInputCol("text").
  setOutputCol("words")
val hashingTF = new HashingTF().
  setNumFeatures(1000).
  setInputCol(tokenizer.getOutputCol).
  setOutputCol("features")
val lr = new LogisticRegression().
  setMaxIter(10).
  setRegParam(0.01)
```

これらの操作は組み合わされてPipelineとなり、このPipelineがトレーニングの入力からモデルを生成します。

```
val pipeline = new Pipeline().
  setStages(Array(tokenizer, hashingTF, lr))
val model = pipeline.fit(training)
```

これで、このモデルを使って新しい文書を分類できるようになります。このmodelは、実際にはすべての変換ロジックを含むPipelineであり、単なる分類器のモデルの呼び出しではないことに注意してください。

```
val test = sqlContext.createDataFrame(Seq(
  (4L, "spark i j k"),
  (5L, "l m n"),
  (6L, "mapreduce spark"),
  (7L, "apache hadoop")
)).toDF("id", "text")

model.transform(test)
  .select("id", "text", "probability", "prediction")
  .collect()
  .foreach { case Row(id: Long, text: String, prob: Vector, prediction: Double) =>
    println(s"($id, $text) --> prob=$prob, prediction=$prediction")
  }
```

パイプライン全体を見ると、Pipelines APIを使わずにMLlibで同じ機能を手作りした場合に比べて、コードがシンプルになり、整理され、再利用しやすくなっています。

今後も、org.apache.spark.mlには新たな機能の追加や変更が行われていくことを、楽しみに待ちましょう。

付録C
SparkRについて

高柳 慎一
（株式会社リクルートコミュニケーションズ 兼
株式会社リクルートライフスタイル）
牧山 幸史
（ヤフー株式会社）

C.1 SparkRとは

SparkR は、R 言語から Spark を使用するためのフロントエンドを提供する R のパッケージです。SparkR パッケージはカリフォルニア大学バークレー校の AMPLab [†] のチームによって、Spark とは独立したプロジェクトとして開発が進められてきました。SparkR パッケージは Spark 1.4.0 から正式に Spark プロジェクトに統合されたため、Spark1.4.0 以降では、特別なインストールなしに使うことができます[‡]。

SparkR の特徴としては

- DataFrame を扱うことに特化
- dplyr ライクなインターフェイス

が挙げられます。

SparkR の大きな特徴として、Spark1.3.0 から導入された DataFrame（旧 SchemaRDD）を扱うことに特化されており、RDD を操作することはできないという点があります。DataFrame は R 言語においてなじみの深いデータフレーム (`data.frame`) に相当するものであり、RDD よりもデータ操作の記述を簡潔に書くことができます。

Spark は、これまで中心としてきた RDD から DataFrame へ重点をシフトしているため[§]、今後 SparkR に RDD を操作するための関数が加えられることは考えにくい状況です。

実は、SparkR には RDD を操作するための関数が、Spark プロジェクトに統合される前の名残として存在します。ただし、それらの関数はエクスポートされていません。R にはエクスポートされていない関数を使う方法があるので、これらの関数を無理やり使うことはできます。しかし、これらの関数が正しく動作する保証はないと考えたほうが良いでしょう。

[†] https://amplab.cs.berkeley.edu/
[‡] https://databricks.com/blog/2015/06/09/announcing-sparkr-r-on-spark.html
[§] 『初めての Spark』（オライリー）の付録 B を参照。

SparkRのもう一つの特徴として、dplyrライクなインターフェイスを持つことが挙げられます。dplyrは、ggplot2などの作者として知られるHadley Wickham氏が開発した、データハンドリングを行うためのRパッケージです。dplyrのインターフェイスはデータ操作を簡潔かつ容易に行うことができるように設計されており、モダンな書き方を好むRユーザーの間で広く使われています。dplyrの大きな特徴として、パイプ・フォワード演算子（%>%）を使った関数の連鎖によって、流れるようにデータ操作の記述ができることが挙げられます。しかし、このような書き方は従来のRと大きく異なるため、dplyrに慣れていないユーザーにとっては読みにくいものになってしまいます。この点に配慮して、SparkRでは従来の書き方についても一部サポートしています。

2015年9月9日にリリースされたSpark1.5.0においては、数学関数、文字列操作関数、日時データ操作関数など、便利な関数が大量に追加され、MLlibの機能から、一般化線形モデルを扱う関数[†]が使えるようになったりとその開発・統合は急速に進められています[‡]。

C.2 はじめてのSparkR

C.2.1 SparkRを使用するための準備

さて、早速SparkRを使用していきましょう。SparkRを使用する方法としては、次の2つがあります。

- sparkRスクリプトにより、RのシェルをSparkRを使用可能な形で起動する
- Rを起動して`library()`でSparkRライブラリをロードする

SparkRを使用する最も簡単な方法は、sparkRスクリプトによりシェルを起動することです。これは、Scalaのspark-shell、Pythonのpysparkと同様で、Sparkのホームディレクトリにおいて、

```
bin/sparkR
```

を実行することでシェルが起動します。起動後には次のようなメッセージが表示されます。

```
Welcome to SparkR!
 Spark context is available as sc, SQL context is available as sqlContext
```

シェルが起動した時点で、Spark contextオブジェクト`sc`とSQL contextオブジェクト`sqlContext`が生成されます。これらのオブジェクトを使うことでRからSparkを利用することができます。

SparkRを使用するもう一つの方法として、Rパッケージとしてロードする方法があります。こ

[†] R内では`glm()`として扱える。パラメータに関する正則化が行えるElastic Netというモデルも含む。
[‡] https://github.com/apache/spark/blob/master/R/pkg/R/mllib.R

の方法は特に、RStudio上でSparkRを使うために利用されます。RStudioを起動し、新しいプロジェクトを作成して次のコマンドを実行してください。

```
# Rの環境変数にSparkのホームディレクトリのパスを指定します。
Sys.setenv(SPARK_HOME="/path/to/spark/home")
# ライブラリのサーチパスにSparkRのパスを追加します。
.libPaths(c(file.path(Sys.getenv("SPARK_HOME"), "R", "lib"), .libPaths()))
# SparkRパッケージをロードします。
library(SparkR)
# Spark Contextオブジェクトを生成します。
sc <- sparkR.init(master="local")
# SQL Contextオブジェクトを生成します。
sqlContext <- sparkRSQL.init(sc)
```

"/path/to/spark/home"には実際のSparkのホームディレクトリのパスを指定してください。これにより、sparkRスクリプトによってシェルを起動したときと同じ状態をRの実行環境上に作ることができます。また、これらのコマンドを.Rprofileに記述しておくことで、RStudioでプロジェクトを開いたときに自動的にSparkRの使用環境を整えることができます。

C.2.2　DataFrameの内容の確認

実際にR上でDataFrameを操作してみるために、まずは操作対象となるDataFrameを用意して、その内容を確認してみましょう。SparkRには、RのデータフレームをSparkのDataFrameに変換する関数createDataFrame()があります。これを使って、Rの組み込みデータセットであるirisデータをDataFrameに変換します。

irisデータは3種類のあやめの品種の、各々50個の花の、センチメートル単位での、がく片の長さと幅、花弁の長さと幅を記録したものです。品種はsetosa、versicolor、virginicaの3種類です。

irisデータにはSepal.Lengthなど、ドット(.)を含むカラム名がありますが、SparkのDataFrameではカラム名にドットが使えないため、警告メッセージと共にアンダーバー(_)に変換されます。このような警告を出さないために、あらかじめカラム名のドットをアンダーバーに置換しておくと良いでしょう。

```
names(iris) <- gsub("\\.", "_", names(iris))
df_iris <- createDataFrame(sqlContext, iris)
```

DataFrameの内容を確認する方法として、通常のRと同様にhead()及びsummary()が使えます。
head()はDataFrameの先頭から数行を取得する関数です。summary()はDataFrameの要約を行う関数で、行数、平均値、標準偏差、最小値、最大値を算出します。

```
head(df_iris)

  Sepal_Length Sepal_Width Petal_Length Petal_Width Species
1          5.1         3.5          1.4         0.2  setosa
2          4.9         3.0          1.4         0.2  setosa
3          4.7         3.2          1.3         0.2  setosa
4          4.6         3.1          1.5         0.2  setosa
5          5.0         3.6          1.4         0.2  setosa
6          5.4         3.9          1.7         0.4  setosa

summary_df_iris <- summary(df_iris)
collect(summary_df_iris)

  summary            Sepal_Length       Sepal_Width        Petal_Length       Petal_Width        Species
1 count              150                150                150                150                150
2 mean               5.843333333333335  3.057333333333334  3.7580000000000027 1.1993333333333334 <NA>
3 stddev             0.8253012917851231 0.43441096773547977 1.7594040657752978 0.7596926279021587 <NA>
4 min                4.3                2.0                1.0                0.1                setosa
5 max                7.9                4.4                6.9                2.5                virginica
```

ScalaやPythonでそうだったように、SparkRの関数も、変換とアクションにわかれます。変換関数を実行しても、その操作を記憶した新たなSpark DataFrameが作成されるだけで、実際の計算は行われません。一方、アクションを実行すると、DataFrameに記憶された全ての処理が実行され、その結果はRのデータフレームとして返されます。

head()はアクションなので、その結果はRのデータフレームとなります。summary()は変換関数なので、結果を見るためにはアクションであるcollect()を使います。また、SparkRのsummary()は数値カラムの要約にしか対応していないということに注意が必要です。

上記2つの関数は、SparkのDataFrameをRのデータフレームと同じように扱う方法として紹介しましたが、SparkRには、ScalaやPythonと同様に、SparkのDataFrameとしての情報を取得するための関数も用意されています。

printSchema()は、DataFrameのスキーマを表示するための関数です。

```
printSchema(df_iris)

root
 |-- Sepal_Length: double (nullable = true)
 |-- Sepal_Width: double (nullable = true)
 |-- Petal_Length: double (nullable = true)
 |-- Petal_Width: double (nullable = true)
 |-- Species: string (nullable = true)
```

showDF()関数は、DataFrameの指定した行数を整形して表示します[†]。

[†] デフォルトは20行。

```
showDF(df_iris, numRows=6)

+------------+-----------+------------+-----------+-------+
|Sepal_Length|Sepal_Width|Petal_Length|Petal_Width|Species|
+------------+-----------+------------+-----------+-------+
|         5.1|        3.5|         1.4|        0.2| setosa|
|         4.9|        3.0|         1.4|        0.2| setosa|
|         4.7|        3.2|         1.3|        0.2| setosa|
|         4.6|        3.1|         1.5|        0.2| setosa|
|         5.0|        3.6|         1.4|        0.2| setosa|
|         5.4|        3.9|         1.7|        0.4| setosa|
+------------+-----------+------------+-----------+-------+
only showing top 6 rows
```

C.2.3 SparkRによるデータ操作

SparkR によるデータ操作関数は、Spark 流、dplyr 流、R 流の 3 種類がサポートされています（**表 C-1**）。Spark 流は、Scala や Python で使用する関数と同じ関数名が使用できます。dplyr 流は、dplyr パッケージのデータ操作関数と同じ関数名で操作ができます。R 流は、特別なパッケージを使わない、基本的な R のデータフレーム操作と同じやり方で Spark の DataFrame を操作できます。ただし、バージョン 1.5.0 の段階では、R 流のサポートはまだ不完全です。

主なデータ操作関数について、対応表を下記に示します。これらはすべて変換なので、結果を取得するには showDF() や collect() のようなアクションを使って処理を実行する必要があります。

表C-1

操作	Spark 流	dplyr 流	R 流
特定のカラムを取り出す	select	select	df[,"colName"]
条件を満たす行の抽出	filter	filter	df[condition,]
新しいカラムの追加	withColumn	mutate	df$colName <- col
並べ替え	orderBy	arrange	なし
グループ化	groupBy	group_by	なし
集約	agg	summarize	なし
結合	join	join	merge

ここでは、次のデータ操作をそれぞれの書き方で行ってみます。

- df_iris データから Sepal_Length と Sepal_Width のカラムだけを取り出す
- Sepal_Length の値が 5 以上の行のみを抽出する
- Sepal_Length から Sepal_Width を減算した値を diff という新たなカラムとして追加する

まずはSpark流の書き方でデータ操作します。

```
df_iris2 <- select(df_iris, "Sepal_Length", "Sepal_Width")
df_iris3 <- filter(df_iris2, df_iris2$Sepal_Length >= 5.0)
df_iris4 <- withColumn(df_iris3, "diff",
                       df_iris3$Sepal_Length - df_iris3$Sepal_Width)
showDF(df_iris4, numRows=6)
```

```
+------------+-----------+------------------+
|Sepal_Length|Sepal_Width|              diff|
+------------+-----------+------------------+
|         5.1|        3.5|1.5999999999999996|
|         5.0|        3.6|               1.4|
|         5.4|        3.9|1.5000000000000004|
|         5.0|        3.4|               1.6|
|         5.4|        3.7|1.7000000000000002|
|         5.8|        4.0|1.7999999999999998|
+------------+-----------+------------------+
only showing top 6 rows
```

　Spark流のデータ操作では、ScalaやPythonと同じ関数名を使えますが、流れるようなデータ操作を再現することはできません。一方、dplyr流の操作関数は、magrittrパッケージのパイプ・フォワード演算子(%>%)と共に用いることで、流れるようなデータ操作を記述できるように設計されています。上記と同じデータ操作をdplyr流で書くと、次のようになります（結果は上記と同じになります）。

```
library(magrittr)

df_iris %>%
  select("Sepal_Length", "Sepal_Width") %>%
  filter(df_iris$Sepal_Length >= 5.0) %>%
  mutate(diff = df_iris$Sepal_Length - df_iris$Sepal_Width) %>%
  showDF(6)
```

　dplyrは、モダンなRの書き方を好むユーザーに広く使われています。しかし、この書き方は従来のRと大きく異なるため、知らない人にとっては読みにくいものになってしまいます。そこで、SparkRでは、従来のRの書き方もサポートしています。上記と同じデータ操作を従来のR流で書くと次のようになります(結果は同じになります)。

```
df_iris2 <- df_iris[df_iris$Sepal_Length >= 5.0,
                    c("Sepal_Length", "Sepal_Width")]
df_iris2$diff <- df_iris2$Sepal_Length - df_iris2$Sepal_Width
showDF(df_iris2, 6)
```

このように、SparkRでは、データ操作に対してさまざまな書き方がサポートされています。Spark流はScalaやPythonでのDataFrame操作に慣れた人向け、dplyr流はdplyrパッケージでのデータ操作に慣れた人向け、R流は従来のRでの書き方に慣れた人向け、という風に考えることができます。

以降では、最も一般的に用いられると考えられるdplyr流の書き方を使用します。

SparkRで使える演算子について

上記のデータ操作において、df_iris$Sepal_Length >= 5.0という条件式や、df_iris$Sepal_Length - df_iris$Sepal_Widthのような演算を行いました。SparkRでは、ScalaやPythonと同様に、DataFrameのカラムに対して、

- 比較演算 (<, >, <=, >=, ==, !=)
- 四則演算、剰余、累乗 (+, -, *, /, %%, ^)

を行うことができます。また、バージョン1.5.0からは、

- 数学関数 (sin(), cos(), log(), exp() など)
- 文字列操作関数 (concat(), format_string(), regexp_extract() など)
- 日時データ操作関数 (date_add(), date_format(), datediff() など)

といった便利な関数が多数導入されました。これらの関数については、**付録C.6**で紹介します。

集約関数

次に、DataFrameの集計の例として、SpeciesごとにSepal_Lengthの行数と平均値を計算してみます。

```
df_iris %>%
  group_by("Species") %>%
  summarize(count=n(df_iris$Sepal_Length),
            mean=mean(df_iris$Sepal_Length)) %>%
  collect

     Species count  mean
1 versicolor    50 5.936
2     setosa    50 5.006
3  virginica    50 6.588
```

group_by() はカラム名を指定することで、そのカラムに含まれる異なった値ごとに DataFrame をグループ化します。ここでは、Species カラムに含まれる、あやめの品種ごとに df_iris がグループ化されています。

グループ化された DataFrame に summarize() を適用すると、グループごとの集計ができます。ここでは、グループごとの行数 (n()) 及び平均値 (mean()) を算出しています。このように、summarize() の中で使用できる、複数の値から1つの値を算出する関数を集約関数と言います。SparkR で使用できる集約関数については、C.6 にまとめています。

collect() は、DataFrame 全体を取得するためのアクションです。summarize() で集約した結果を R のデータフレームとして取得するために使っています。集約していない DataFrame 全体を取得することもできますが、メモリに載らないほど大きなデータを collect() した場合、R がハングアップしてしまうため、注意が必要です。Spark で扱うデータは大規模なものとなるため、集約していないデータは head() や showDF() で一部分のみを取得するだけにして、collect() は行わないようにした方が良いでしょう。

C.3　SparkRとRStudioサーバーをAWS上で使用する方法

Spark 1.5.0 では RStudio(R のための統合開発環境 (IDE)) のサーバー版が同梱されるようになりました。直感的なユーザーインターフェイスと、その強力なコーディング補助機能は、SparkR を使用する際にも是非とも活用したいものです。

本節では SparkR の環境を AWS(Amazon Web Services) の EC2 上に構築、更に RStudio サーバー版から SparkR にアクセスするまでを紹介します。書かれているコードを実際に写経される際には、あらかじめ AWS のアカウントを作成し、実際に Spark クラスタへの操作を行うための EC2 のサーバーを別途建て、そのサーバーにおいて、下記のように環境変数としてアクセスキー及びシークレットアクセスキーを設定して下さい。

```
export AWS_ACCESS_KEY_ID=<YOUR_AWS_ACCESS_KEY_ID>
export AWS_SECRET_ACCESS_KEY=<YOUR_AWS_SECRET_ACCESS_KEY>
```

(<> にご自身のキーを入力してください)

以下では、AWS の EC2 上に 1 台サーバー (OS:Amazon Linux) を建てておき、そこから Spark が使用できる環境を構築します。以下の操作はその EC2 インスタンス上のシェルから実行しています。

まず、Spark の公式サイトから Pre-build された圧縮ファイルを取得します。それを解凍し、解凍したディレクトリに移動します。

```
# ミラーサイトから spark をダウンロード
wget http://ftp.kddilabs.jp/infosystems/apache/spark/spark-1.5.0/spark-1.5.0-bin-hadoop2.6.tgz
# 解凍 & 移動
tar zxvf spark-1.5.0-bin-hadoop2.6.tgz
cd spark-1.5.0-bin-hadoop2.6/ec2/
```

次に、AWSで起動するために以下のようにオプションを設定したうえで、起動スクリプトを実行します。みなさんのAWS環境で試される際には、ssh用の秘密鍵に相当する <> 内の値を自身の環境・設定に応じて適宜読み替えてください。

```
./spark-ec2 --key-pair=<key-pair-name> --identity-file=<identity-file> --slaves 4 --zone=us-east-1c
--instance-type m4.large launch FirstSparkR
```

この後、master/slave となる EC2 のプロビジョニングが実行されます。プロビジョニングには 10分程度かかり、また途中で ssh の接続エラー（255）

```
Warning: SSH connection error. (This could be temporary.)
```

が表示されることもありますが、画面に This could be temporary と表示されていることからもわかるように、Spark クラスタの ssh サーバーの起動がまだ完了していないというだけであって、暫くの後、処理が継続されます。

ここで、設定している状況・オプションについて、いくつか言及すると、

- public ネットワークにクラスタを作成している（AWSからだけではなく外からのアクセスが可能な状態としている。必要ならば private ネットワーク内に Spark クラスタを構築する。その際には --private-ips オプションを付けて起動する必要がある）
- リージョンはデフォルトの米国東部ヴァージニア (us-east-1)・アベイラビリティゾーンは us-east-1c を指定（--zone）
- スレーブノードは4つ作成（--slaves）
- インスタンスは m4.large で構成（--instance-type）
- FirstSparkR という名前で Spark クラスタを作成

という設定をしています。プロビジョニング終了後、マスターノードへログインする際には、同様に spark-ec2 スクリプトを使い、作成した Spark クラスタの名前を指定したうえで

```
# マスターノードにログイン
./spark-ec2 -i <identity-file> login FirstSparkR
```

とします。これにより、マスターノードへとログインすることが出来ます。

この状態で、既に RStudio サーバー、及びそれを扱うためのデフォルトのユーザーとして rstudio ユーザーが作成されています。この rstudio ユーザーのパスワードを passwd コマンドで設定しておきましょう。

```
#rstudio ユーザーの password を設定する
passwd rstudio
```

その後、手元の端末のブラウザから、下記 URL を開きます。

- http://<master-node>:8787/

ここで、<master-node> はマスターノードに割り当てられた（IP アドレス | パブリック DNS）です。これは AWS コンソールから確認することもできますが、ssh でログインしたマスターノード上のシェルから

```
curl icanhazip.com
```

として確認することも可能です[†]。
出てきた RStudio のログイン画面にて

- UserName: rstudio

- Password: <先ほど変更したパスワード>

を入力後、RStudio にサインインすると、R ユーザーには馴染みのある RStudio の画面がブラウザ上に表示されます（図 C-1）。さあ、これで Spark のクラスタを AWS の EC2 上に生成し、RStudio から実際に分析をする用意ができました。次に実際の分析をやっていきましょう。

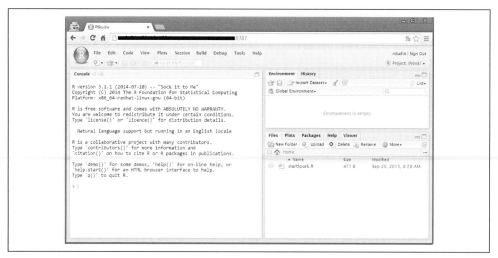

図C-1　RStudioサーバーの画面

[†] icanhazip.com はサーバーの現在の外部 IP アドレスを知ることができるサービスです。

C.4　SparkRを活用したデータ分析(一般化線形モデル)

ここでは、上述したEC2環境に構築したSparkクラスタでの分析を実施してみましょう。起動したRStudioにはテンプレートのRファイルとしてstartSparkR.Rというファイルがあります。これはその名の通り、SparkRを起動するための設定が書かれており、実行することで、RからSparkを利用するためのオブジェクトである、Spark contextオブジェクトscとSQL contextオブジェクトsqlContextが生成されます。このファイルを自身の解析用コードを書いたRファイルからsource()を用いて読み込むか、あるいは、あらかじめRStudio上で実行しておく必要があります。ここではstartSparkR.RをRStudio上で直接実行し、分析を進めます。

```
# startSparkR.R の内容
print('Now connecting to Spark for you.')

spark_link <- system('cat /root/spark-ec2/cluster-url', intern=TRUE)

.libPaths(c(.libPaths(), '/root/spark/R/lib'))
Sys.setenv(SPARK_HOME = '/root/spark')
Sys.setenv(PATH = paste(Sys.getenv(c('PATH')), '/root/spark/bin', sep=':'))
library(SparkR)

sc <- sparkR.init(spark_link)
sqlContext <- sparkRSQL.init(sc)

print('Spark Context available as \"sc\". \\n')
print('Spark SQL Context available as \"sqlContext\". \\n')
```

ついでにモダンなRの書き方であるパイプ・フォワード演算子(%>%)を活用した書き方を行うためにmagrittrパッケージも従前同様にインストールしておきます。

```
install.packages("magrittr")
library(magrittr)
```

なお、以下では分析用のサンプルデータとしては、Rに組み込まれているデータを使用しますが、もし、AWS上のS3に保存したファイル(以下ではcsvファイルを例にします)からデータを読み込みたい場合、上述のstartSparkR.R内において、

```
sc <- sparkR.init(spark_link)
```

としている箇所を

```
sc <- sparkR.init(spark_link, sparkPackages = "com.databricks:spark-csv_2.10:1.0.3")
```

と変更し（csv用のライブラリを追加）、DataFrame形式でデータを読み込むread.df()の引数

として、アクセスキー及びシークレットアクセスキーを付加したS3のパスを与えます[†][‡]。

```
address <- "s3n://<YOUR_AWS_ACCESS_KEY_ID>:<YOUR_AWS_SECRET_ACCESS_KEY>@/path/to/csv_file"
ddf <- read.df(sqlContext, address, "com.databricks.spark.csv", header="true")
```

C.4.1　SparkRで線形回帰分析

まずは、データ分析の例としてしばしば用いられるあやめのデータ iris を使用して、線形回帰分析を実行してみましょう。線形回帰分析のためには glm()[§] の family 引数を "gaussian" とします。

```
# 列名を変更しておく。変更しない場合、
# Use Petal_Length instead of Petal.Length  as column name
# なる警告が出る
names(iris) <- gsub("\\.", "_", names(iris))
# DataFrame を作成し、線形回帰を実行
ddf <- createDataFrame(sqlContext, iris)
glm_spark <- glm(Sepal_Length ~ Sepal_Width + Species, data=ddf, family="gaussian")
```

結果として得られた PipelineModel オブジェクトである glm_spark に対して summary() を適用することで、回帰係数を取得できます。

```
# 係数の表示
summary(glm_spark)

$coefficients
                    Estimate
(Intercept)         2.2513930
Sepal_Width         0.8035609
Species__versicolor 1.4587432
Species__virginica  1.9468169
```

Species 列は factor として与えられているのですが、Species__versicolor や Species__virginica として各品種ごとに係数が出ていることからわかるように、これを自動でダミー変数へと変換してくれていることもわかります。上記の結果を、確認の意味を込めて、通常の R における glm() を用いて同じ計算を実行してみましょう。

```
# 同じ内容を通常の R で行う
# これは右記に同じ：coef(lm(Sepal_Length ~ Sepal_Width + Species, data=iris))
glm_r <- glm(Sepal_Length ~ Sepal_Width + Species, data=iris, family="gaussian")
```

[†]　s3 ではなく s3n とする点に注意してください。
[‡]　Spark クラスタ起動時に --copy-aws-credentials オプションを与えて環境変数をコピーしておく方法や、マスターノード上で環境変数として AWS_ACCESS_KEY_ID, AWS_SECRET_ACCESS_KEY を別途設定する方法も可能です。
[§]　stats パッケージではなく SparkR パッケージの glm() 関数になります。

glm() の返却値である glm_r オブジェクトに coef() を適用することで、回帰係数を取得することができます。

```
coef(glm_r)

 (Intercept)      Sepal_Width  Speciesversicolor  Speciesvirginica
   2.2513932        0.8035609          1.4587431         1.9468166
```

この結果を上の SparkR で算出した結果と比較するとほぼ一致していることがわかります。

C.4.2 SparkRでロジスティック回帰分析

次に線形回帰ではなく、ロジスティック回帰分析を行います。ここではデータとして mtcars データを例にします。このデータは、下記の論文に掲載されているもので、1974 年の Motor Trend US magazine から抜粋された、32 種類の自動車における 11 の特徴量からなるデータです。

- Henderson and Velleman (1981), Building multiple regression models interactively. Biometrics, 37, 391-411.

このデータに対して、SparkR の 1.5.0 から追加された一般化線形モデルの 1 つであるロジスティック回帰を実行してみましょう。まだロジスティック回帰の機能が追加されてから日が浅いということもあり、不十分な点もあります。2015 年 9 月末日現在、以下の点に特に注意してください。

- 多クラスでのロジスティック回帰は SparkR ではサポートされておらず、目的変数を 0, 1 にキャスト可能な形（boolean、または元々 {0,1} となっているデータ）で定義しておく必要がある
- ロジスティック回帰の結果を summary() に適用することができず、説明変数の各係数を取得できない

では、ロジスティック回帰を実行してみましょう。SparkR でロジスティック回帰を実行するには glm() の family 引数を binomial と設定します。ここでは mtcars データにある、エンジンの種類 vs(直列型 (1) or V 型 (0)) を目的変数とし、mpg(1 ガロン辺りの走行距離数 (マイル単位)) と hp(馬力) で予測するというモデルです。

```
# DataFrame の作成
ddf <- createDataFrame(sqlContext, mtcars)
# ロジスティック回帰の実行＆予測結果の表示
glm_spark <- glm(vs ~ mpg + hp, family="binomial", data=ddf)
yhat_spark <- predict(glm_spark, newData=select(ddf, "vs", "mpg", "hp"))
```

この結果は

```
showDF(yhat_spark, numRows=10)
```

```
+---+----+-----+------------+-----+--------------------+--------------------+----------+
| vs| mpg|   hp|    features|label|       rawPrediction|         probability|prediction|
+---+----+-----+------------+-----+--------------------+--------------------+----------+
|0.0|21.0|110.0|[21.0,110.0]|  0.0|[-0.8633692234588...|[0.2966358993005,...|       1.0|
|0.0|21.0|110.0|[21.0,110.0]|  0.0|[-0.8633692234588...|[0.2966358993005,...|       1.0|
|1.0|22.8| 93.0| [22.8,93.0]|  1.0|[-2.0321356978244...|[0.11586995285682...|       1.0|
|1.0|21.4|110.0|[21.4,110.0]|  1.0|[-0.8498278255593...|[0.29946897629139...|       1.0|
|0.0|18.7|175.0|[18.7,175.0]|  0.0|[3.76057242799344...|[0.97725878168469...|       0.0|
|1.0|18.1|105.0|[18.1,105.0]|  1.0|[-1.3232216420281...|[0.21028279555269...|       1.0|
|0.0|14.3|245.0|[14.3,245.0]|  0.0|[8.67509902427140...|[0.99982924312482...|       0.0|
|1.0|24.4| 62.0| [24.4,62.0]|  1.0|[-4.2203692657742...|[0.01448045334570...|       1.0|
|1.0|22.8| 95.0| [22.8,95.0]|  1.0|[-1.8874647843051...|[0.13153380344226...|       1.0|
|1.0|19.2|123.0|[19.2,123.0]|  1.0|[0.01605542386832...|[0.50401376974611...|       0.0|
+---+----+-----+------------+-----+--------------------+--------------------+----------+
only showing top 10 rows
```

となり、ロジスティック回帰の結果（prediction 列が予測値）が得られます。上述したように summary() が使用できないため、各説明変数(特徴量)の係数を取得することができません。結果の一部を select() で抽出し、R で操作しやすいよう head()（あるいは全体が欲しい場合は collect()）を使って data.frame に変換してみましょう。

```
head(select(yhat_spark, "vs", "prediction"))

  vs prediction
1  0          0
2  0          1
3  1          1
4  1          1
5  0          0
6  1          1
```

これで正解となる目的変数（vs）と予測値（prediction）を抽出することが出来ました。結果をクロステーブルで欲しい場合には crosstab() 関数を用い、集計することも可能です。

```
crosstab(yhat_spark, "vs", "prediction")

vs_prediction 1.0 0.0
1               1.0  13   1
2               0.0   3  15
```

更に、こちらも線形回帰分析の例同様、通常の R で算出した結果と比べてみましょう。

C.4 SparkRを活用したデータ分析 (一般化線形モデル)

```
# 通常のRで一般化線形モデル (ロジスティック回帰) を実行
glm_r <- glm(vs ~ mpg + hp, family="binomial", data=mtcars)
yhat_r <- predict(glm_r, newData=mtcars, type="response")
```

通常のRで計算されるのは、予測値そのものではなく、"あるクラスに所属する確率" であるため (今の場合はエンジンが直列型かV型かの2クラス)、SparkRでの計算結果 yhat_spark 変数から probability 列を抽出してくる必要があります。vs, prediction のケース同様 select() を用いれば良さそうですが、1.5.0 の Spark だと、

```
head(select(yhat_spark, "probability"))

 as.data.frame.default(x[[i]], optional = TRUE) でエラー :
  cannot coerce class ""jobj"" to a data.frame
```

となりエラーとなります。これは対応した型に対する select() の処理がまだ実装されていないからです。ここでは若干 Hack 的になりますが、以下のような関数を作成し対処します。

```
# まだ SparkR ではサポートされていないベクトルの抽出を行う関数を作成
extract_vector <- function(x){
  col <- SparkR:::callJStatic("org.apache.spark.sql.api.r.SQLUtils", "dfToCols", x@sdf)
  if(length(col) != 1){stop("Only one column case is supported. Sorry!")}
  objRaw <- rawConnection(col[[1]])
  numRows <- SparkR:::readInt(objRaw)
  y <- SparkR:::readCol(objRaw, numRows)
  close(objRaw)
  data.frame(t(sapply(y, function(x){SparkR:::callJMethod(x, "toArray")})))
}
```

この関数を用いることで、

```
#extract_vector 関数を用いて、Spark と R の結果を比較する
head(cbind(extract_vector(select(yhat_spark, "probability")), yhat_r))

                        X1         X2     yhat_r
Mazda RX4        0.2966359  0.7033641 0.70336409
Mazda RX4 Wag    0.2966359  0.7033641 0.70336409
Datsun 710         0.11587    0.88413 0.88413005
Hornet 4 Drive    0.299469   0.700531 0.70053101
Hornet Sportabout 0.9772588 0.02274122 0.02274121
Valiant          0.2102828  0.7897172 0.78971722
```

と、yhat_spark 変数から、各々のクラスに所属する確率を表す列 probability の値を抽出できます。またここでは、通常のRの結果もあわせて表示するように cbind() で結合しています。この結果から X2 列と yhat_r 列を比較することで、SparkR の結果と通常の R のロジスティック回帰

の結果がほぼ一致していることが確認できます。

最後に、モデルの当てはまり具合を表す指標の1つとして、「全体のうち、どの程度の割合を間違って予測してしまったのか」を表すエラー率を計算してみましょう。SparkRでの集計の復習もかねて、2通りの方法を示します。

1つ目は、一時的なテーブルを作成し、そこからSQLで計算する方法です。

```
# 間違った箇所の特定
yhat_spark$error <- abs(yhat_spark$vs - yhat_spark$prediction)
# SQLで集計するために一旦テーブルを作成 & errorの個数をカウント
registerTempTable(yhat_spark, "yhat")
count_error <- collect(sql(sqlContext, "select count(error) from yhat WHERE error = 1"))
```

結果のエラー率は

```
# エラー率
count_error / nrow(yhat_spark)

    _c0
1 0.0625
```

となり、6%程度となりました。2つ目の方法は、SparkRパッケージが提供する関数を用いてそのまま集計処理する方法です。

```
# 同様のことをR上の集計処理で実施
count_error <- yhat_spark %>%
  filter(.$error == 1) %>%
  count
```

結果は

```
# エラー率
count_error / nrow(yhat_spark)

[1] 0.0625
```

となり、SQLで算出したものと同じ結果になりました。

なお、ここでは紹介しませんでしたが、SparkRのglm()には

- オーバーフィッティングを防ぐための正則化項の強さを表すlambda
- Elastic NetモデルにおけるL1, L2正則化項の混合比率を表すalpha

という2つのモデルパラメータも設定できます。これらのパラメータを設定すると、通常のR

でいう glmnet パッケージなどが提供している Lasso・Ridge 回帰、及びその混合である Elastic Net というモデルも使用することができます。

C.5 まとめ

本付録では SparkR の導入に始まり、その集計関数の使用法、AWS 上での Spark クラスタ構成法、RStudio サーバー使用法、また Spark 1.5.0 から導入された回帰手法についての紹介を行いました。

SparkR はまだ発展途上ではありますが、日進月歩な Spark の開発に合わせ、その機能も充実してくることでしょう。まだまだ足りない機能はありますが、Utility 関数開発や機械学習ライブラリ MLlib との連携拡充など、OSS としての Spark に貢献するチャンスもたくさんあると言えるでしょう。

C.6 SparkRで使用できる関数一覧

SparkR で使用できる関数のうち、DataFrame の Column を操作する関数を機能別に一覧にしました。これらの関数は基本的に、Column を入力すると新たな Column を作成します。`mutate()` で新たな Column を追加するときや、`filter()` の中の条件式で使用することができます。

C.6.1 集約関数

集約関数は、`summarize()` 及び `agg()` の中で使用できる関数です。グループ化 (`group_by()`) した後に `summarize()` を行うと、グループごとに集計されます（**表 C-2**）。

表C-2

関数名	引数1	引数2	説明
approxCountDistinct	col	rsd	col 中の異なる要素の数の近似値を計算します
avg, mean	x		平均値を返します
countDistinct, n_distinct	col	…	col 中の異なる要素の数を返します
count, n, nrow	col		行数を返します
first	col		col の最初の要素を返します
last	col		col の最後の要素を返します
max	x		最大値を返します
min	x		最小値を返します
sumDistinct	x		異なる要素の合計値を返します
sum	x		合計値を返します

C.6.2 標準関数

標準関数は Column を操作する基本的な関数です（表 C-3）。

表C-3

関数名	引数1	引数2	引数3	説明
abs	x			絶対値
bitwiseNOT	x			補数
expr	str			str で指定された表現式を評価して Column にする。表現式内で Column を使う場合、DataFrame 名は省略できる
greatest	x	…		引数に入力された Column のうち、各 Row に対して最大の値を返す。引数は2つ以上必要。すべて null の場合は null
ifelse	test	yes	no	test で指定された条件が真なら yes、偽なら no を返す
isNaN	x			NaN であるかどうか
least	x	…		引数に入力された Column のうち、各 Row に対して最小の値を返す。引数は2つ以上必要。すべて null の場合は null
lit	any			R のリテラルを Cloumn に変換。 例：lit(1), lit("hoge"), lit(0x123), today<-as.character(Sys.Date());lit(today)
nanvl	col1	col2		col1 が NaN でなければ col1 を、NaN ならば col2 を返す。両方とも小数点型 (double or float) でなければならない
negate	x			マイナス演算子と同じ。-lit(1) と negate(lit(1)) は同じ
randn	seed			正規乱数
rand	seed			[0, 1] の一様乱数
when	condition	value		condition が真なら value を返す。偽なら null。 例：when(randn() >= 0, 1)

C.6.3 数学関数

数学関数は Column に対して数学操作を行う関数です。入力可能な Column の型は、数値型及び数値に変換可能な文字列です。数値に変換できない文字列要素に対しては null を返します（表C-4）。

表C-4

関数名	引数1	引数2	引数3	説明
acos	x			アークコサイン。値域は $0 \sim \pi$
asin	x			アークサイン。値域は $-\pi/2 \sim \pi/2$
atan2	x	y		atan(y/x)。ただし、x=0 可。y は数値でも Column でも可。
atan	x			アークタンジェント
bin	x			数値をバイナリ値に変換。出力は string。例：bin(lit(12)) → 1100
cbrt	x			cube-root
ceil	x			ceiling
conv	x	fromBase	toBase	x を fromBase 進数から toBase 進数に変換。例：conv(lit(8), 10, 8) → 10
cosh	x			ハイパボリックコサイン
cos	x			コサイン
expm1	x			exp(x)-1
exp	x			exp(x)
factorial	x			階乗
floor	x			floor
hex	x			x の 16 進表示。出力は string。例：hex(lit(10)) → A
hypot	x	y		sqrt(x^2 + y^2)。y は数値でも Column でも可。
log10	x			基数 10 の対数
log1p	x			log(1+x)
log2	x			基数 2 の対数
log	x			自然対数
pmod	x	y		x を y で割った余り。返り値は正。y は Column
rint	x			x を整数値に丸める。結果は double 型。例：rint(lit(3.5)) → 4, rint(lit(4.5)) → 4
round	x			x を整数値に丸める。結果は double 型。例：round(lit(3.5)) → 4, round(lit(4.5)) → 5
shiftLeft	x	numBits		x の整数部を numBits 左シフトする。返り値は integer。入力が long の場合は long
shiftRightUnsigned	x	numBits		x の整数部を numBits 右シフトする。左端は 0 埋め。返り値は integer。入力が long の場合は long
shiftRight	x	numBits		x の整数部を numBits 右シフトする。左端は符号ビットを引き継ぐ。返り値は integer。入力が long の場合は long

表C-4（続き）

関数名	引数1	引数2	引数3	説明
signum	x			xが正なら1、負なら-1を返す。返り値はdouble
sinh	x			ハイパボリックサイン
sin	x			サイン
sqrt	x			平方根
tanh	x			ハイパボリックタンジェント
tan	x			タンジェント
toDegrees	x			radianをdegreeに変換
toRadians	x			degreeをradianに変換
unhex	x			16進数表示を2文字ずつ10進数に変換。返り値はbinary。例：unhex(lit("0A0C")) → [10, 12]

C.6.4 文字列操作関数

文字列操作関数は、文字列型のColumnから、新たな文字列型のColumnを作成する関数です（表C-5）。

表C-5

関数名	引数1	引数2	引数3	説明
ascii	str			strの最初の文字のASCIIコード
base64	binary			バイナリカラムをBASE64エンコードする。unbase64()の逆
concat_ws	sep	str	…	複数カラムをセパレータsepで結合する
concat	str	…		複数カラムを結合する
format_number	x	d		数値xを小数点以下d桁で#,###,###.##の形式の文字列にする
format_string	format	col	…	colを指定されたformatの文字列にする。formatはprintfの形式。複数カラム使用可
initcap	str			strの単語の最初を大文字にする。例：hello world → Hello World
instr	str	substr		strの中でsubstr(character)が含まれる位置を返す。含まれなければ0。nullならnullを返す
length	str			strの長さを返す
levenshtein	str1	str2		str1とstr2のレーベンシュタイン距離を返す
locate	substr	str	pos	strの位置pos以降にsubstr(character)が含まれる位置を返す。含まれなければ0。posのデフォルトは0(先頭)

表C-5（続き）

関数名	引数1	引数2	引数3	説明
lower	str			str をすべて小文字にする。関連：upper
lpad	str	len	pad	文字列の長さが len になるように文字 pad で str の左側を埋める。関連：rpad
ltrim	str			str の左側の空白文字を消す。関連：rtrim, trim
regexp_extract	str	pattern	idx	正規表現 pattern に一致する部分文字列を str から取り出す。idx=0 は全体、グループがある場合は、1,2,… で取れる
regexp_replace	str	pattern	replacement	正規表現 pattern に一致する str の部分文字列を replacement で置換する
reverse	str			文字列を反転させる
rpad	str	len	pad	文字列の長さが len になるように文字 pad で str の右側を埋める。関連：lpad
rtrim	str			str の右側の空白文字を消す。関連：ltrim, trim
soundex	str			soundex コードを返す
substring_index	str	delim	count	str の中で count 回目に現れた delim よりも前の文字列を返す。count がマイナスの場合は末尾から数えて右側を返す。delim は大文字と小文字を区別する
translate	str	matchingString	replaceString	str 中の文字 matchingString を文字 replaceString で置き換える。2文字以上も可能だが予想外の動きをするので1文字推奨
trim	str			str の両端の空白文字を消す。関連：ltrim, rtrim
unbase64	str			str を BASE64 デコードする。返り値は binary。base64() の逆
upper	str			str をすべて大文字にする。関連：lower

C.6.5　日時操作関数

日時操作関数は、日付型 (date) 及びタイムスタンプ型 (timestamp) の Column を入力とし、日付型 (date) の Column を返す関数です。日付もしくはタイムスタンプに変換可能な文字列型 (string) の Column も入力可能です。変換できない文字列要素に対しては null を返します（表C-6）。

表C-6

関数名	引数1	引数2	説明
add_months	startDate	numMonths	startDate から numMonths 後の日付
date_add	start	days	start から days 後の日付
date_format	date	format	date(date/timestamp/string) を format で指定されたフォーマットの文字列に変換。フォーマット例：dd.MM.yyyy

表C-6（続き）

関数名	引数1	引数2	説明
date_sub	start	days	start から days 前の日付
datediff	start	end	start から end までの日数
dayofmonth	date		date(date/timestamp/string) に対して日付を抽出。例：2015-07-27 から 27 を抽出
dayofyear	date		date(date/timestamp/string) がその年の何日目かを出力。例：2015-06-27 の場合 178
from_unixtime	seconds	format	seconds(integer) を UNIX エポック (1970-01-01 00:00:00 UTC) からの秒数として format に基づいた日付文字列に変換。format のデフォルトは yyyy-MM-dd HH:mm:ss
from_utc_timestamp	timestamp	timezone	timestamp を UTC とみなしてタイムゾーン変換。timezone には JST, Asia/Tokyo, Japan などが使える
hour	date		date(date/timestamp/string) の時間を返す。date 型に対しては 0 を返す
last_day	date		date の月の最終日を返す。例：2015-07-27 に対しては 2015-07-31 を返す
minute	date		date(date/timestamp/string) の分を返す。date 型に対しては 0 を返す
months_between	date1	date2	date1 と date2 の月の差を返す。返り値は実数 (double 型)
month	date		date(date/timestamp/string) の月を返す。
next_day	date	dayOfTheWeek	date の次の指定した曜日 (dayOfTheWeek) の日付。例：next_day(lit("2015-07-27"), "Sunday") は 2015-08-02 を返す。なぜなら 2015-07-27 の次の日曜日は 8/2 だから
quarter	date		date(date/timestamp/string) が第何四半期かを返す。例:2015-06-27 は 2、2015-07-27 は 3
second	date		date(date/timestamp/string) の秒を返す。date 型に対しては 0 を返す
to_date	column		column(date/timestamp/string) を date 型に変換する。変換できない場合は null
to_utc_timestamp	timestamp	timezone	timestamp のタイムゾーンを timezone とみなして UTC タイムゾーンに変換する。timezone には JST, Asia/Tokyo, Japan などが使える
unix_timestamp	timestamp	format	timestamp を UNIX タイム秒数 (long) に変換。string の場合は format を基に timestamp に変換してから UNIX タイム秒数に変換。format のデフォルトは yyyy-MM-dd HH:mm:ss。引数に何もない場合、現在時刻の UNIX タイム秒数
weekofyear	date		date(date/timestamp/string) がその年の第何週かを返す
year	date		date(date/timestamp/string) の年を返す

C.7 参考

- SparkR (R on Spark) - Spark 1.5.0 Documentation [†]
- Spark SQL and DataFrames - Spark 1.5.0 Documentation [‡]
- Documentation of the SparkR package [§]
- Spark 1.4 for RStudio | RStudio Blog [¶]

[†] http://spark.apache.org/docs/latest/sparkr.html
[‡] http://spark.apache.org/docs/latest/sql-programming-guide.html
[§] http://spark.apache.org/docs/latest/api/R
[¶] http://blog.rstudio.org/2015/07/14/spark-1-4-for-rstudio/

高柳 慎一（たかやなぎ しんいち）

株式会社リクルートコミュニケーションズ兼株式会社リクルートライフスタイル所属。北海道大学大学院理学研究科物理学専攻修士課程修了・総合研究大学院大学複合科学研究科統計科学専攻博士課程 2 年。現職にて、データ分析・機械学習環境の構築や分析・開発業務を担当。材料科学系の財団法人にてソフトウェアエンジニア、金融技術開発会社にてクオンツ業務に従事した後、現在に至る。著書『R パッケージガイドブック』東京図書 (2011)、著書『金融データ解析の基礎』共立出版 (2014)、翻訳書『みんなの R』マイナビ (2015)。

牧山 幸史（まきやま こうじ）

ヤフー株式会社所属。九州大学大学院システム情報科学研究院情報学専攻修士課程修了。バイオインフォマティクス企業および EC サイト運営企業におけるデータ分析業務を経て現在に至る。現職では大規模 Web サイトのデータ分析業務に従事。翻訳書『みんなの R』マイナビ (2015)。

付録D

SparkのJVM、OSレベルのチューニングによる高速化

千葉 立寛、小野寺 民也
(日本アイ・ビー・エム株式会社 東京基礎研究所)

D.1 はじめに

　本節では、Sparkアプリケーションをより高速に実行させるため、Sparkを実行するシステム側(JVM、OS)からのパフォーマンスチューニングについて説明します。Sparkアプリケーションの性能を向上させるためのアプローチとして、Sparkの内部的な動作を理解した上で、アプリケーションコードレベルでの変更や、SparkConfを通じたSparkランタイムの動作の変更を行うことは重要ですが、もう一歩進んだチューニングとしてJVMやOSレベルでのチューニングを行うことで、さらなる性能の向上が期待できます。Spark SQLを用いたTPC-Hベンチマーク及びMLlibを用いたKmeansを題材に、JVMオプションやExecutor JVM数などを調整するJVM側からの最適化、NUMAやラージページを用いたOS側からの最適化を通じて、Sparkのアプリケーションの性能がどのように向上するかについて紹介します。

D.2 実験環境とベンチマークアプリケーション

　それぞれのチューニングの効果を調べるため、本検証では1ノード上でStandaloneモードで動作させたSparkにて実験を行っていきます。使用したハードウェア／ソフトウェアの設定を**表D-1**にまとめました。ノード内トータルで用いるワーカースレッド数は48、ヒープメモリは192GBとします。Sparkでは出来るだけ多くのヒープメモリをアプリケーションに割り当てることが望ましいですが、チューニングによる効果を評価するため、最大値を定めてリソースの割り当てを制限しています。

　本検証では以下の2つのアプリケーションを用いて実験を行いました。1つ目はクラスタリングのアルゴリズムとして広く使われているKmeansです。BigDataBench[†]にて公開されているデータ生成プログラムを使って、6,500万のデータ点を含む約6GB程度のデータを入力データとして生成し実験に用いました。サンプルプログラムを**リストD-1**に示します。同じ入力データに対してKの値を変化させて、どのクラスタリング数が最適かを探索しています。最初のイテレーション(K=2のとき)は、入力データをRDDとしてメモリ上にロードする時間が必要になるため、多

[†] http://prof.ict.ac.cn/

くの実行時間を必要としますが、後に続くイテレーションでは、RDD が persist() を呼び出すことでキャッシュされているため、高速にクラスタリングが実行されます。

2 つ目は Spark SQL 上での TPC-H ベンチマークです。TPC-H は、主に RDBMS に対する性能評価に用いられていますが、Hive や Presto、Impala といった SQL on Hadoop システムの評価にもしばしば用いられています。Spark SQL では、JDBC サーバーとして Thrift Server（HiveServer2 とも呼ばれる）を、JDBC クライアントとして Beeline コマンドを用いることで、Hive QL を直接 Spark 上で実行する機能が備わっています。本実験では、ベースとなるクエリとして Hive 用として公開されている TPC-H クエリ[†]を用います。データは、TPC-H で提供される DBGEN を用いて 100GB のテーブルデータを生成し、Hive テーブルとして HDFS 上に保存しています。それぞれのテーブルは、Parquet フォーマットで保存し、Snappy 形式で圧縮しています。TPC-H には全部で 22 種類のクエリが存在していますが、いくつかのクエリ（Q1、Q3、Q5、Q9）についてのみ紹介します。

表D-1　実験環境

項目	構成
プロセッサ	POWER8(R)　3.3GHz
物理 CPU コア数	24cores（2 x 12 cores）
論理 CPU コア数	192（SMT8）
メモリ	1TB
ストレージ	1TB
OS	Ubuntu 14.10（kernel 3.16.0-31）
Java	1.8.0（IBM J9 JVM、SR1FP10）
Hadoop（HDFS）	2.6.0
Spark	1.4.1

リストD-1　Kmeansプログラムの例

```
// テキストデータをVector[Double]に変換してインメモリにキャッシュ
val data = sc.textFile( "file:///tmp/kmeans-data" , 2)
val parsedData = data.map(s => Vectors.dense(
                    s.split(' ').map(_.toDouble))).persist()

// クラスタ数Kを2から11(計10回)まで調整してクラスタリングを実行
val bestK = (100,1)
for (k <- 2 to 11) {
  val clusters = new KMeans()
              .setK(k).setMaxIterations(5)
              .setRuns(1).setInitializationMode("random")
              .setEpsilon(1e-30).run(parsedData)
```

[†]　https://github.com/rxin/TPC-H-Hive

リストD-1（続き）

```
  // クラスタリング結果の評価
  val error = clusters.computeCost(parsedData)
  if (bestK._1 > error) {
    bestK = (errors,k)
  }
}
```

それぞれのベンチマークをSpark上で実行した際の簡単な特徴を**表D-2**にまとめました。Kmeansはメモリ上のRDDに対して繰り返し計算を行う計算インテンシブなワークロードなのに対し、TPC-Hはデータのロードが全体の実行時間の多くを占めるのでI/Oインテンシブなワークロードであると言えます。TPC-Hは、さらにシャッフルデータ量が多いクエリと少ないクエリの2つのグループに分けています。Sparkでは複数のステージに分けてデータのシャッフルを行うことでテーブルのJOINを実現していますが、基本的にはJOINの段数に応じてシャッフルデータ量が増えていき、Q5とQ9では、それぞれ3段4段のJOINが実行されるため、非常にシャッフルデータ量が多くなります。

表D-2　Spark上で実行したときのKmeansとTPC-H各クエリの特徴

ベンチマーク	カテゴリ	Input	Shuffle	Stages/Tasks
KMeans	CPU Heavy	6.0GB	2MB	120/22680
TPC-H Q1	Shuffle Light	4.8GB	2MB	2/793
TPC-H Q3	Shuffle Medium	7.3GB	5.0GB	6/1345
TPC-H Q5	Shuffle Heavy	4.2GB	14.1GB	8/1547
TPC-H Q9	Shuffle Heavy	11.8GB	34.4GB	10/1838

D.3　JVMレベルのチューニング

まずはJVMレベルでのどのようなチューニングが可能かについて紹介していきます。Sparkでは、spark-defaults.confやspark-submit時の引数としてパラメータアプリケーション及びSparkランタイムのパラメータを変更できます。また、spark.executor.extraJavaOptionsを編集することでさまざまなJVMオプションをExecutor JVMに追加することができます。Standaloneモードにおいて1ホスト内で起動するExecutor JVMの数やそれぞれのJVMのヒープサイズ、ワーカースレッドの数は、spark-env.sh内のSPARK_WORKER_INSTANCESなどの環境変数を調整することで変更可能です。

D.3.1　ガベージコレクション（GC）

Spark上でアプリケーションを実行した際、SparkのUIなどで確認可能なオーバーヘッドで最も大きいものがGCであり、大量のデータをRDDとして生成するアプリケーションほど、GCによる性能低下に悩まされることになります。一般的に、GCによる停止時間は、ヒープのサイズと

ヒープ内のオブジェクト数が増えるに従って増加する傾向があるため、Spark では、いかにして GC のオーバーヘッドを減らすかがアプリケーションの性能向上にとって重要な要素の一つです。

GC の性能は、GC アルゴリズムの変更、GC スレッド数の調整、ヒープサイズの調整などを行うことで可能ですが、本検証では主にヒープサイズの調整に着目してみます。最近の主な JVM では、世代別 GC が一般的に使われており、Young 領域と Old 領域の 2 つの領域にヒープを分割して、それぞれで Minor GC と Major GC をバランスよく実行することで、アプリケーション全体の GC 停止時間を減らすことを目指しています。デフォルトでは、ヒープメモリ全体の 1/4 が Young 領域に、残りの 3/4 が Old 領域に割り当てられています。

Spark では、通常の Java や Scala のアプリケーションに比べて、イミュータブルなオブジェクトを内包する RDD を大量に生成するため、Young 領域を使い尽くして常に Minor GC が発生する傾向があります。Young 領域が小さすぎる場合、Minor GC のたびに多くのオブジェクトが Old 領域に移動し、より長い停止時間が必要な Major GC が発生します。逆に Young 領域が大きすぎる場合、Old 領域まで到達するオブジェクト数が少ないため Major GC の頻度と停止時間は小さくなりますが、例えば Persist() によってメモリ上に巨大な RDD をキャッシュすることによって、Old 領域を使い尽くしてしまい、大量の Full GC や OOM エラーが発生する危険もあります。

図 D-1 は、Young 領域をデフォルトの 48GB から 96GB、144GB と変化させたときの Kmeans と TPC-H Q9 の実行性能です。どちらのベンチマークにおいても、Young 領域を増やすにつれて性能が向上しており、およそ 30% 程度の性能向上を確認しました。また、Q9 で実際にどの程度 GC に費やされているかを表 D-3 にまとめています。Young 領域が 48GB の場合、非常に多くの時間を GC に費やしていることがわかります。今回のベンチマークでは、Kmeans でのみ RDD のキャッシュを行っており、またそのサイズはヒープサイズに比べて十分小さいため、Old 領域を使い尽くすことはありません。アプリケーションがキャッシュするデータサイズが正しく見積もられている場合は、Old 領域を超えない範囲で出来るだけ Young 領域を増やすことで性能が改善できます。

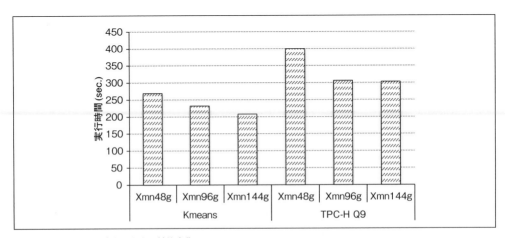

図D-1　Young領域を変えたときの性能変化

表D-3　TPC-H Q9でのGCの傾向（1JVM、48WT、-Xmx192g）

Young 領域（-Xmn）	実行時間	GC 停止時間（%）	Minor GC 平均停止時間	Minor GC の発生回数	Major GC の発生回数
48g	400 s	20%	2.1 sec	39	1
96g	306 s	18%	3.4 sec	22	1
144g	300 s	14%	3.6 sec	14	0

D.3.2　JVMオプション

次に GC 以外に関連する JVM オプションについて説明していきます。JVM に指定可能なオプションは非常に多岐に渡っており、ここで全てについて紹介することはできないため、いくつかの注目すべきオプションに絞って検証していきます。

1つ目は、Just-in-Time（JIT）コンパイラに関する制御です。JIT コードキャッシュ及び JVM 間でのコードの共有／階層的コンパイルレベルの調整／ JIT コンパイルスレッド数の調整／ハードウェアカウンタに基づいた JIT コンパイルレベルの調整などがあります。多くの場合、これらを変更する必要はありませんが、意図しない挙動を抑制するため、これらの機能をオフにすることも検討します。

2つ目は、スレッドのメモリ割り当てや同期に関する制御です。Executor JVM では、実際にタスクを処理するワーカースレッドの他に、モニタや Just-in-Time（JIT）コンパイラ、GC などのシステムスレッド、Spark ランタイム側での通信を行うスレッドなど非常にたくさんのスレッドが動いています。スレッドローカルヒープ（TLH、TLAB とも呼ばれる）サイズの調整、ロックや同期に関する設定を検討します。

評価に用いた JVM オプションの一覧を表 D-4 に示します。Option 0 はヒープサイズの調整時にも適用していたオプションで、1 から 4 まで順にオプションを調整していきます。それぞれのオプションを適用したときの実行時間と、Option 0 での結果を基準とした相対的な性能向上率を図 D-2 に示しました。Executor JVM 数は 1 で 192GB のヒープ、48 ワーカースレッドを使っています。この結果から、シャッフルデータが少ない Q1 では表 D-4 で示したオプションはあまり効果がなかったものの、シャッフルデータが多い Q5 では、特に lockReservation の有効化と RuntimeInstrumentation を無効化した場合に大きく性能が改善することを確認しました。

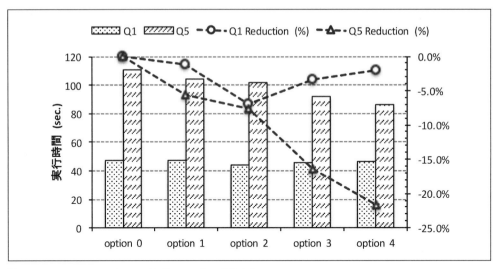

図D-2　TPC-H Q1、Q5でのJVMオプションごとの性能変化

表D-4　評価に用いたJVMオプションの一覧

リスト	JVMオプション
オプション0（ベースライン）	-Xmn96g -Xdump:heap:none -Xdump:system:none -XX:+RuntimeInstrumentation -agentpath:/path/to/libjvmti_oprofile.so -verbose:gc -Xverbosegclog:/tmp/gc.log -Xjit:verbose={compileStart,compileEnd},vlog=/tmp/jit.log
オプション1（モニタ関連）	オプション0+"-Xtrace:none"
オプション2（GC関連）	オプション1+"-Xgcthreads48 -Xnoloa -Xnocompactgc -Xdisableexplicitgc"
オプション3（Thread関連）	オプション2+"-XlockReservation"
オプション4（JIT関連）	オプション3+"-XX:-RuntimeInstrumentation"

RuntimeInstrumentationは、JVMがハードウェアカウンタの値に基づきJITコンパイルのヒューリスティクスを動的に変更してより早くピーク性能に近づけるためのオプションですが、今回の例ではあまり有効に機能していない場合もあることがわかりました。アプリケーション実行特性によっては必ずしもうまく有効になるとは限らず、今回のように無効にすることで性能が向上することがあります。

またLockReservation（バイアスロックとも呼ばれる）は、同一のスレッドからあるオブジェクトのロック取得要求が発生した場合に、ロック状態に遷移することなく、そのスレッドがロックを獲得できるようになるオプションです。多数のスレッドが動作しているSparkにおいて、さまざまな場面でロック取得を行う可能性がありますが、では、LockReservationオプションを付与することで、実際にどのコンポーネントでのオーバーヘッドを削減できたのでしょうか？ 図D-3は、Oprofileコマンドを用いてQ5を解析した結果です。LockReservationオプションの有無でどのコ

ンポーネントでの経過時間が減少したかを確認します。全体の実行時間に対するSparkやアプリケーションの実行（java）が占める割合は、73.6%から66.8%に減少していることが右の図からわかります。さらにjavaの項目をドリルダウンしたものが左の図になり、Sparkでのシリアライザ／デシリアライザ（デフォルトのKryoシリアライザを利用）に関わる計算においてオプションが有効であったことがわかります。

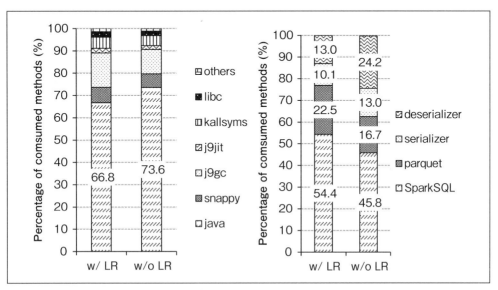

図D-3　LockReservationでのメソッドプロファイル結果の比較
　　　（左：プロセス全体での分類、右：アプリケーションコードのみでの分類）

D.3.3　Executor JVM数の調整

　最後にExecutor JVM数を変化させたときの性能を評価していきます。1ノード内で複数のExecutor JVMを用意することは、Executor間での通信やシリアライズ、デシリアライズなどオーバーヘッドが存在するため効果的ではないと思われるかもしれません。しかしながら、システム全体で利用可能なヒープサイズやワーカースレッド数が決まっている場合、複数のExecutor JVMにリソースを分割することによって、各Executor JVMにおけるGCのオーバーヘッドやOSによるワーカースレッドのスケジューリングの競合、キャッシュミスやTLBミスが減少するなどの効果により、結果的に複数Executor JVMを用いたほうが良いケースも多く見られます。さらに言えば、ヒープサイズが固定のときに、ワーカースレッドだけを増やしたとしても、1ワーカースレッドあたりが使えるヒープサイズは小さくなっていくため、全体としての性能は上がりにくい傾向にあります。

　図D-4では、JVM数を変化させたときのTPC-Hの各クエリとKmeansそれぞれの性能、及び1JVMに対する性能向上率を示しています。シャッフルデータ量が少ないQ1、Q3に関しては、およそ8%の性能向上が観測されました。シャッフルデータ量が多いQ5、Q9に関しては、2JVM

のときはオーバーヘッドによって4%程度ほど性能が低下していますが、4JVMにした場合でどちらも5%ほど性能が向上しています。さらに、Kmeansではより顕著にJVM数を増やす効果が観測され、2JVMのときで4%、4JVMのときで14%の性能向上を確認しました。Kmeansで同じ入力データに対して、連続して異なるクラスタ数K（k=2, 3, …11）でクラスタリングを行ったときの性能をまとめたものが図D-5です。この図からわかる通り、JVM数を変えたときの性能の違いの多くがK=2でクラスタリングする最初のイテレーションのときであることがわかります。多数のワーカースレッドを有する粒度の大きいJVMで実行した場合、リソースの負荷分散がうまく出来ておらず、またスレッド間の競合も発生しやすくなります。また最初のイテレーション時はJVM起動直後のため、多くのメソッドがJITコンパイルされた最適なコードで実行されていないことも原因の一つです。入力データがメモリ内にRDDとしてキャシュされている残りのイテレーションについては、実行時間の差は見られません。

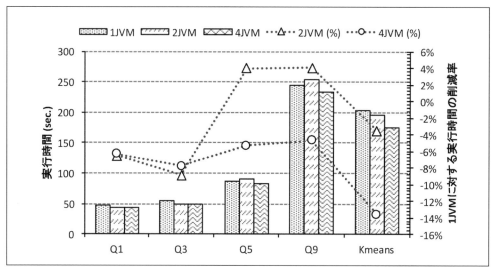

図D-4　Executor JVM数を変化させたときの性能

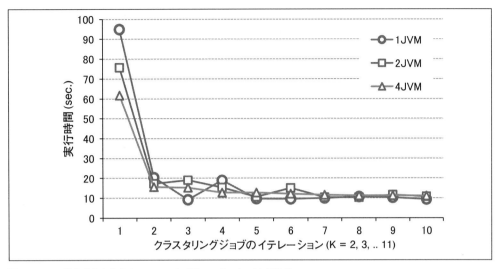

図D-5　JVM数を変えたときのKmeansのイテレーションごとの性能

D.4　OSレベルのチューニング

　メニーコア／マルチプロセッサのシステムが一般的となってきており、これらのプロセッサはNUMA（non-unified memory access）で結合されています。また、SMT（Simultaneous Multi Threading）技術により、システムが持つハードウェアスレッドの数は非常に多くなってきており、1物理コアに対して数倍（POWER8は最大で8倍）の並列度でスレッドを同時に実行可能です。タスクを実行するスレッドとアクセスしたいデータの局所性が乖離した場合、実行性能に大きく影響を与えることになりますが、Sparkのように計算インテンシブなワークロードであれば、より顕著に性能低下に繋がる恐れがあります。本節では、実行するシステムを意識したシステム／OSレベルでのチューニングをすることで、Sparkの性能がどの程度向上するのかを検証していきます。

D.4.1　NUMA

　NUMAノードをまたがったデータアクセスのオーバーヘッドは非常に大きいため、LinuxのCFS（Completely Fair Scheduler）では、NUMAの局所性をある程度考慮してスレッドをスケジューリングします。しかしながら、他のプロセス／スレッドのリソースの利用状況によっては、異なるNUMAノード上のコアに移動して実行するようスケジューリングされることがあります。Linuxにはnumactlやtasksetといったプロセスに対してアフィニティをセットするコマンドが用意されていますが、システム上に多数のNUMAノードがある場合、SparkのExecutor JVMに対してNUMAを考慮したアフィニティを設定することで、実行時間の大幅な改善に繋がります。

　評価に用いるシステム上には、1プロセッサ（12コア）につき2つのNUMAノードがあり、2プロセッサ合計で4つのNUMAノードが存在しています。OSからは論理的に192コア（24コ

ア x SMT8）認識され、コア0から47がNUMAノード1、コア48から95がNUMAノード2、コア96から143がNUMAノード3、コア144から191がNUMAノード4上のコアに相当します。Executor JVMを4つ用意して、それぞれが互いにオーバーラップしないように各NUMAノード上のコアのみを使うようアフィニティを設定します。

図D-6は、ベンチマークごとでのアフィニティを設定しない場合、した場合での性能を比較したものです。TPC-Hの各クエリでは3から4%の性能向上を、Kmeansにおいては10%以上の性能向上を達成しました。TPC-Hの各クエリのように全体の実行時間に対するI/Oの比率が高いワークロード、及び計算の比率が高いワークロードそれぞれでNUMAを考慮したアフィニティをセットする効果が得られることを確認しました。

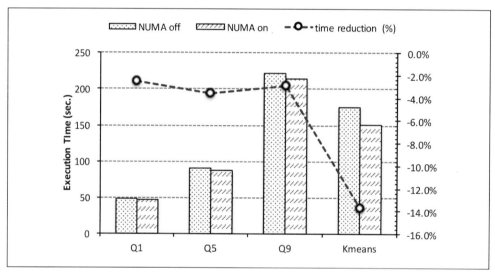

図D-6　NUMAを考慮したプロセスアフィニティによる性能の比較

さらにNUMAによる影響を確認するため、Kmeansを実行中の4つのExecutor JVMのうちの1つについて、そのJVM上で動作する計12個のワーカースレッドがNUMAノード上のどのコアで実行しているのかを調べたものが図D-7になります。5秒に1回ワーカースレッドがどのコアで動作しているかをダンプしてプロットしています。アフィニティを設定しない場合、初期状態ではNUMAノード4上で多くのスレッドが動作し、さらに時間の経過とともに7、8ダンプ目（35から40秒）までいくつかのスレッドがNUMAノード2でも実行されます。このとき、Kmeansで入力データをメモリ上にロードするジョブが動作しています。その後、ほぼ全てのワーカースレッドがNUMAノード2に移動して動作していますが、しばしばNUMAノード4に遷移するスレッドの存在を確認することができます。一方、アフィニティを設定したJVM上のワーカースレッドは、NUMAノード2のみで動作していることが確認できます。

あわせてLinuxのperfコマンドを用いてパフォーマンスカウンタの値やサイクル数、ストー

サイクル数を計測すると、NUMA 適用の前後でバックエンドパイプラインでのストールサイクルの比率が 60% から 57% と 3% 程度減少しており、データキャッシュミスが改善することにより、性能向上していることがわかります。

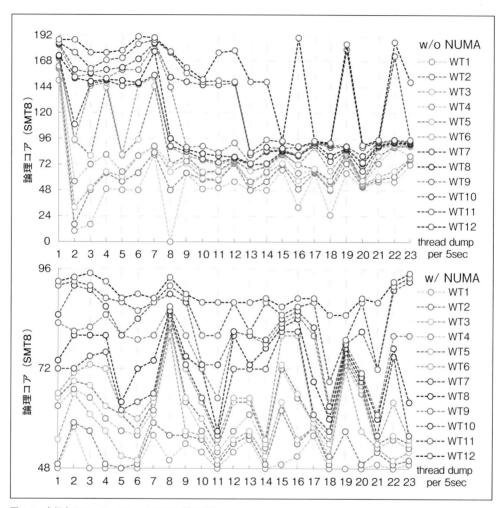

図D-7　実行中のワーカースレッドのコア間の推移

D.4.2　ラージページ

大量のメモリを消費する Spark では、必然的に TLB ミス及びそれに伴うページフォルトが増えていくため、ラージページを使って TLB ヒット率を向上させることでの性能向上が期待できます。検証に用いたシステムでは、64KB のページがデフォルトで使われていますが、sysctl コマンドを用いて Linux カーネルの設定を変更して 16MB のラージページを用意し、JVM オプションに -Xlp をつけることで有効になります。

図 D-8 は、ラージページを有効にした場合の性能を示しており、ラージページを使うことで NUMA のアフィニティをつけた場合とつけていない場合それぞれで比較しています。結果、3 ～ 5% 程度の性能向上が確認できました。さらに Perf で解析すると、ページフォルトの発生を約 1/3 まで減少しており、TLB ヒット率が上がることで性能向上することが確認できます。

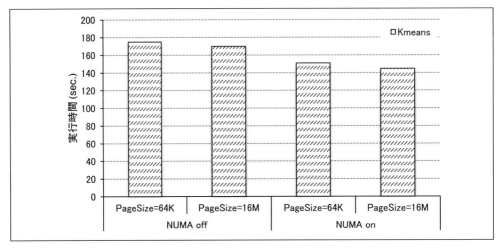

図D-8　ラージページを有効にした際のKmeansの性能

D.5　まとめ

JVM 及び OS レベルでのチューニングによって、Spark のワークロードがどれくらい性能向上するかについて紹介してきました。全チューニングを適用した場合、1Executor JVM かつ JVM オプションなどを設定しないときと比べて、図 D-9 に示す通り、Q9 や Kmeans では約 2 倍弱と、かなり大きな性能向上が達成できています。Q1 のように効果が限定的なアプリケーションもありますが、機械学習を含む多くのワークロードにおいて、今回紹介したチューニングは有効であるため、アプリケーションに合わせて紹介したチューニング方法の適用を検討してみてはいかがでしょうか。

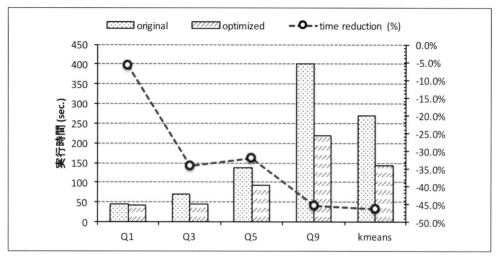

図D-9　全チューニングを適用した場合の性能比較

千葉 立寛（ちば たつひろ）

　2011年 東京工業大学大学院情報理工学研究科数理・計算科学専攻博士課程修了。同年、日本アイ・ビー・エム株式会社入社。以来、同社東京基礎研究所にて、並列分散処理基盤や並列分散プログラミング言語の研究開発に従事。最近では、HadoopやSparkなどのビックデータミドルウェアの高速化やJavaの最適化に興味を持つ。入社以前はスーパーコンピュータやグリッド環境など大規模並列分散環境でのデータ通信の最適化等の研究に従事。理学博士。

小野寺 民也（おのでら たみや）

　1988年東京大学大学院理学系研究科情報科学専門課程博士課程修了。同年日本アイ・ビー・エム株式会社入社。以来、同社東京基礎研究所にて、プログラミング言語及びミドルウェアおよびシステムソフトウェアの研究開発に従事。最近ではとくにApache Spark等Big Data基盤ソフトウェアの高速化に興味をもつ。現在、同研究所サービス型コンピューティング部長、同社シニア・テクニカル・スタッフ・メンバー。情報処理学会第41回（平成2年後期）全国大会学術奨励賞、同平成7年度山下記念研究賞、同平成16年度論文賞、同平成16年度業績賞、各受賞。理学博士。Association for Computing Machinery Distinguished Scientist、情報処理学会シニア会員、日本ソフトウェア科学会会員。

索 引

記号・数字

1-of-n エンコーディング 69
3次元プロットライブラリ（R言語）............................... 94-98

A・B・C

ADAM プロジェクト 203, 221-224
ALS アルゴリズム 43-46, 58-61, 75
ALS モデルのトレーニング 55
Amazon 127
　　　　〜 AWS 270-272
　　　　〜のレコメンデーション 41, 127
AMPLab 4, 263
Apache v-299
　　　　〜 Hadoop vii-6, 13, 203-212
　　　　〜 Spark v-299
apply（関数）... 21, 24
AUC（Area Under the Curve）........................... 54-58, 71, 75
Audioscrobbler 41-42
Avro 6, 203-205
AWS 270-272
　　　　Amazon 〜 270-272
BDG プロジェクト 203
BRAIN イニシアティブ 227
Breeze 254
breeze-viz 182, 191
BSP（Bulk-Synchronous Parallel）........................... 151, 154
Cassandra 6
Cloudera 3
collect メソッド 19
count アクション 19
Covtype データセット 69, 75
CSV 6
CVaR（Conditional Value at Risk）................... 181-182, 198
CV（Cross-validation）.. 54-55, 71, 78

D・E・F

DAG（Directed Acyclic Graph）.. 5
DataFrame 255, 263-270
DBSCAN 103
DNA シーケンシング 203
dplyr 263-264
Dremel システム 213
Dryad 5
EC2（AWS）... 270-271
EdgeTriplets 145
Elastic Net 279
Esri Geometry API 161-163, 165-166, 171
ETL 6
　　　　〜パイプライン vii
Facebook 127
filter メソッド 21
first メソッド 19
Flume 6
foreach メソッド（と println）................................... 20-21
for ループ 21

G・H・I

GeoJSON 161, 163-165
Gmail 41
Google 128, 151
GraphX 127-129, 136, 249-256
Hadoop vii-212
　　　　Apache 〜 vii-6, 13, 203-212
HBase 6, 60
HDFS（Hadoop Distributed File System）......... 5, 11-16, 20
Hive 6-7, 255
Impala 6
IPython 229

J・K・L

JAR 18
　〜地獄（Java） 159
Java 4-6, 18, 159
JDBC 16
JodaTime 159, 161, 165-166
Jupyter 231
JVM 6, 10
　〜オプション 291, 297
　〜数の調整 293
K-分割交差検証 56
Kafka 6
Kaggle 88
　〜コンペティション 69
KDD Cup 88
Kmeans 90-103, 241-243, 287-298
Kryo 249
Kupiec の proportion-of-failures test 200
K の選択 91
K 平均クラスタリング 85-86, 254
K 平均法 85-104, 231-243, 249-255
　〜 + ... 93
　〜 ‖ 93
lapply 21
Lasso・Ridge 回帰 279
LDA（Latent Dirichlet Allocation） 126
LinkedIn 127
LSA（Latent Semantic Analysis） 105, 119-120

M・N・O

MapReduce .... vii, 6, 128
　〜との比較 5
map 関数 25
Mathematica 228
Matlab 6, 228
Maven 18
MEDLINE 128-133, 143, 156
MeSH（Medical Subject Headings） 128-134, 156
Metastore 6
MLib .... ix, 7, 38-61, 249-257
　〜の制限 46
MPI .... vii, 2
NaN 31
Netflix 127
　〜 Prize 45
NGS 203
NoSQL 6, 61
NScalaTime 159

NUMA 287, 295-298
Octave 2
one-hot エンコーディング 69, 79

P・Q・R

PageRank 128, 256
Parquet 6, 203-213
PCA 126
PDF（確率密度関数） 183, 191
Pipelines API 257-261
POF（proportion-of-failures） 200
Pregel 128, 150-153, 256
PubGene 128
PySpark 10, 227-228
Python 6, 10-21, 227-229
　〜による科学技術計算 228
QR 分解 45
RDD（Resilient Distributed Dataset） 5, 16-33, 247-251
　ペア〜 31
　〜内のオブジェクト数 19
　〜に対するアクション 19
　〜のキャッシング 27-28
　〜のシリアライズ 28
　〜の生成 16
　〜の内容を返す 19
　〜の変換（結合） 16
REPL（Read-Evaluate-Print ループ） 4-5, 13-19, 24
　〜とコンパイル 18
ROC（Receiver Operating Characteristic）曲線 54
RPC フレームワーク 206
RStudio 265, 270-279
R（言語） 2-21, 94, 228, 251-277

S・T・U

S3（AWS） 273
Scala viii-32, 129, 229
　〜と XML の歴史 131
　〜によるパース 24-25
　〜の型推論 17
　〜のコレクションライブラリ 30
　〜の無名関数 22
SchemaRDD 263
SMT（Simultaneous Multi-Threading） 295
Spark v-299
　Apache 〜 v-299
　〜 Core 254
　〜 SQL 255, 287-288
　〜 Streaming 6, 255

～シェル	13-14
～の哲学	10
～のメソッド	15
～のワークフロー	250
SparkConf	287
SparkContext（オブジェクト）	13, 15-17
SparkR	263-286
～による線形回帰分析	274
～によるデータ分析	273
～によるロジスティック回帰分析	275-276
～の演算子	269
～の関数一覧	279-285
Spotify	41
Spray	161, 163, 165
SQL	1-11, 105, 255-259
SVD（Singular Value Decomposition）	106, 114
take メソッド	19
textFile メソッド	17
TF-IDF	106-113, 259
Thunder	227-231, 239-241
TLB ミス／ヒット率	297
toBoolean メソッド	24
toInt メソッド	24
TPC-H ベンチマーク	287-290
UV 分解	254

V－Z

VaR（Value at Risk）	181-182, 189, 194-201
Wikipedia の理解	105-108
XML のパース	108, 130
YARN	6, 13-14

あ行

アーティスト（音楽）	42-52
アキュムレータ	249
アクション	247, 266
RDD に対する～	19-20
～の呼び出し	11
アプリケーション	18
コンパイルされた～	18
～のクラッシュ	18
アルゴリズム	vii-viii
イテレーティブな～	vii
レコメンデーションの～	43
暗黙	25-204
～の型変換	25
～のスキーマ	204
～のフィードバック	42

異常検出	85-104, 255
サーバーの障害	86
詐欺	86
侵入	86-87
ネットワークトラフィックの～	85, 88
～器	102
依存関係	18
コンパイルと～	18
一般化線形モデル（SparkR）	273
イテレーション	3, 6-7
イテレーティブなアルゴリズム	vii
因子分解	44-57, 106-114, 246
因子分析	43
インタラクティブな探求	vii
インデックス	182
ソートの～	30
インメモリキャッシング	6
インメモリ処理	5
永続化	11-27
データの～	27
～ストレージ	11, 20
エクゼキュータ	49-50, 247
エラー率	278
エンティティリゾリューション	12
エンドウ豆の大きさ	63
エントロピー	75-76, 100-101
オーバーヘッド	10
パフォーマンスの～	10
オブジェクト数	19
RDD 内の～	19
オペレーショナル分析	4, 6
親ステージ	248
音楽のレコメンド	41, 49-61, 71

か行

カーディナリティ	30
変数の～	30
カーネル密度推定	182, 191
回帰	63-276
ロジスティック～	64, 84, 254-276
～／分類	246
～手法	279
～ツリー	184
～の問題	65
～分析	63
カイ二乗	144-148
～検定	144-145
～フィルタリング	148

概念空間	115	協調フィルタリング	43
概念の集合	105	行列	6-44
外部データソース	16	疎な〜	44
顔認識	106	〜演算	6
科学技術計算	228	〜補完アルゴリズム	44
〜と Python	228	許可	viii
過学習	57-58, 68, 76-80	再利用，配布の〜	viii
学習アルゴリズム	65	局所的クラスタ係数	149
確率的勾配降下法	3	距離	87-103
確率密度関数	192	マハラノビス〜	103
可視化	4-246	ユークリッド〜	87, 92
R での〜	94	金融	181
データの〜	4, 235	〜統計	181
リターンの分布の〜	198	〜リスクの推定	181
〜ツール（Thunder）	246	空間	114-115
画像圧縮	106	概念〜	115
型推論	17	語〜	114
Scala の〜	17	文書〜	114
型変換	25	クラスタ	1, 4-5, 22-23
暗黙の〜	25	〜上のフィルタリング演算	23
株式市場の崩壊	181	〜係数	129, 149-150
株式データ	185	〜のマシン群	16
ガベージコレクション（GC）	289	クラスタ係数	149
関係	119	局所的〜	149
語と文書の〜	119	クラスタ数	91
関係性	127	適切な〜	91
人々の間の〜	127	クラスタリング	85-149
患者の氏名	13	K 平均〜	85-86
関数型プログラミング	21	初めての〜	89
関数のクロージャ	50	〜係数	149
関連度	120-123	〜の実際	101
語と語の〜	120	〜の品質	100, 103
語と文書の〜	123	グラフ	256
文書と文書の〜	122	完全な〜	149
気温の予測	64	〜処理	6
機械学習	viii-10, 38-57, 85, 257-259	〜の構造	142
〜ライブラリ	38	〜の連結性	147
期待値最大化法	3	〜分析	10
逆文書頻度	106-108, 111-113	クリーク	149
キャッシュ	247	クリーニング	12
キャッシング	27-28	データの〜	12
RDD の〜	27-28	車の購入確率	64
共起	136-144	クレンジング	7
〜グラフ	136, 144	データの〜	viii, 9-10
〜ネットワーク	136	クロージャ	50
教師あり学習	64, 84-85, 254	関数の〜	50
教師なし学習	85-86, 254	ケースクラス	23, 26
偽陽性	30, 38, 212	結合	259

| データの〜 | 259 |

決定木	63-70, 75, 79-81
〜の情報ゲイン	76
決定フォレスト	254
ゲノム	viii-203
〜解析	203
〜学	2
〜情報の分析	viii
ゲノムデータ	1-203
〜の操作	1, 203
〜の分析	203
研究室での分析	4
現場での分析	4
語	106-260
〜 - 文書行列	106, 120
〜空間	114
〜と語の関連度	120
〜と文書の関係	119
〜と文書の関連度	123
〜の出現頻度	106-107, 113, 259-260
高階関数	21
攻撃	87
脆弱性に対する〜	87
ポートスキャン〜	87
交互最小二乗法	41-60, 254-255
交差検証用データセット	54-55, 71, 80
構造化されたデータ	105
構造化されていないテキストデータ	105
高速化	287
購入確率	64
車の〜	64
効率性	28
Scala と Spark API の〜	28
コード	viii-ix
〜サンプル	viii
〜例	ix
コーパス	105-107, 112
顧客	104
〜のセグメント化	104
コサイン類似度	119
子ステージ	248
コスト	250
クラスタリングの〜	250
子供の身長	63
固有値分解	194
コレクションライブラリ	30
Scala の〜	30
コレスキー分解	194

混合ガウスモデル	103
混同行列	72
コンパニオンオブジェクト	33-34

さ行

サーバーの障害	86
再現率	73
最大値, 最小値	30-31, 265
再パーティショニング	248
再利用可能な要約統計処理	32
詐欺	1, 86
サポートベクタマシン	64, 84
サンプリング	191
サンプルコード	viii
サンプルデータセット	13
ジオメトリ	162
閾値	38
ジグソーパズル	45-63
猫の〜	45, 63
時系列データ	161
次元	64
次元削減	95, 114
試行錯誤	4, 6
次数分布	129, 142
自然言語処理アプリケーション	50
質的特徴	65-80, 89, 99
〜の認識	259
質的変数	99
疾病と遺伝子の関連性検出	1
ジニ不純度	75-76, 100
射影	259
データの〜	259
シャッフル	247-248
データの〜	247-248
集計	28
住所	12
集約関数（SparkR）	269-270
受信者操作特性曲線	54
主成分分析	95, 126
出現頻度	106-260
語の〜	106-107, 113, 259-260
述語プッシュダウン	214, 224
障害	5, 247
タスクの〜	5
〜からの回復	3
条件付きバリューアットリスク	181
情報ゲイン	76
決定木の〜	76

情報抽出	105
賞味期限	66
ジョブ	247
シリアライザ	293
シリアライズ	28-33
RDDの〜	28, 33
シリアライゼーション	203-204, 206, 249
シルエット係数	103
神経画像データセット	233
神経画像データの分析	227
深層学習	64
侵入	86-87
森林被覆の予測	63, 69, 71
スキーマ情報	259, 266
優れた特徴	37
優れたルール	75
スクロピング	42
〜クライアント	59
スコアリングモデル	37
スタック（画像）	235
ステージ	247
親〜	248
子〜	248
ステミング	110
ストリーム処理	10
スパム	41, 60, 63-64
スペル訂正エンジン	174
スモールワールド	148
〜ネットワーク	148, 155-156
スレッド	295
〜数	295
〜のスケジューリング	295
正規化	254, 278
特徴の〜	96
正規分布	191, 193
正誤表	ix
生産性	5
分析の〜	5
脆弱性に対する攻撃	87
精度（＝適合率）	73
性能	287
Sparkアプリケーションの〜	287
生命科学	203
セカンダリソート	175
セグメント化	104
顧客の〜	104
セッション化	174, 176
狭い変換	247

線形	7-275
〜回帰	184, 254, 275
〜サポートベクタマシン	254
〜代数	7
線型モデル	184
潜在意味解析	105-106
潜在因子	43
相似性のランク付け	37
ソーシャルネットワーク	41, 148
ソート	29
〜のインデックス	30
〜の分散処理	252
速度低下	247
疎な行列	44
疎なデータ	43
損失を被る可能性	181

た行

ターゲット	65, 71-73
耐久性	5
耐障害性	5, 151
耐障害分散データセット	5, 16
タクシー	157-165
〜の移動データ	157, 165
〜の経済学	158
〜の利用率	158
タスク	247
〜の重心	87
〜の分割	5
タプル	23-26
多変量正規分布	182, 194
探索	7
データの〜	7
探索的な分析	6
誕生日	12
チューニング	287-299
JVMによる〜	287-294
OSレベルの〜	287, 295-299
パフォーマンス〜	287
重複排除	12
レコードの〜	12
地理空間	157-171
〜データの処理	159
〜分析	157, 171
低ランク近似	106
データ	viii-204
〜入力のミス	12
〜の永続化	27

〜のエラー	60
〜の可視化	4
〜のクリーニング	12
〜のクレンジング	viii, 9-10
〜の構造化	23
〜の探索	7
〜の特異性	2
〜分析	7
〜変換	6
〜モデルの分離	204
〜レコメンデーションエンジン	4
データサイエンス	vii-viii, 1, 41
〜のワークフロー	7
データセット	vii
交差検証用〜	54-55, 71, 80
サンプル〜	13
テスト用〜	54, 71
トレーニング用〜	54-56, 71
〜の正常性	19
適合率	71, 73
テキストの分類	260
デザインパターン	vii
デジタルデータの爆発	127
テスト用データセット	54, 71
等価判定	12
統計	2, 7
〜処理	6
〜分類	63
投資ポートフォリオ	181
ドキュメンテーション	viii, 13
特異値	115
〜分解	95, 105-126, 254-255
特徴	3-99
質的〜	65-80, 89, 99
優れた〜	37
量的〜	65-75, 80, 89
〜（群）	64
〜設計	3
〜選択	3-4
〜の正規化	96
〜ベクトル	51, 65
トピックモデル	126
トライアングルカウント	149
ドライバ	247
トレードオフ	28
領域と速度の〜	28
トレーニング	65, 78
ALS モデルの〜	55
〜セット	65, 80
〜用データセット	54-56, 71

な行

ナイーブベイズ	64, 84, 254
二値分類	73
ニューヨーク市	157, 165
ニューラルネットワーク	64
抜き取りによるレコメンデーション	51
猫のジグソーパズル	45, 63
ネットワーク	2-139
〜科学	127
〜構造の理解	139
〜越しの転送	29
〜侵入	87
〜の転送レート	2
〜パケットデータの集計	88
ネットワークトラフィック	49-88
〜の異常検出	85, 88
〜の節約	49
ノイズエッジのフィルタリング	144-147

は行

パージ	12
マージ＆〜	12
パース	23-130
Scala による〜	24-25
XML の〜	108, 130
文字列の〜	23-25, 47
パーティショニング	2
パーティション	16, 248, 252
〜数	16, 248
ハイパーパラメータ	4, 51-59, 71-78, 259
パイプ・フォワード演算子	264, 273
パイプライン	7, 11, 252
ETL 〜	vii
複雑な〜	5
〜 API	257
パス長	129
平均の〜	129
発見的	81
〜手法	81
バッチ処理	255
パフォーマンス	10-248
アプリケーションの〜	248
〜のオーバーヘッド	10
バルク同期並列	151
バンド幅（正規分布）	191

ピアソン相関	193
ピクセル	235
ヒストグラムの作成	29-30
〜のプロット	242
ヒストリカルシミュレーション法	183
ビッグデータ	v-viii, 1, 6
人々の間の関係性	127
非負値行列因子分解	43-44
標準偏差	30, 265
ファイルフォーマット	253
Avro	253
Parquet	253
ファイルへの書き出し	5
フィルタリング	259
データの〜	259
フィルタリング演算	23
クラスタ上の〜	23
複雑なパイプライン	5
不正検知システム	4
不正な購入	3
Web サイトでの〜	3
不正レコードの処理	167-169
プライバシーの保護	13
ブロイシュ・ゴッドフリー検定	191
ブロードキャスト変数	50, 195, 197
分散	5-183
〜演算処理	19
〜共分散法	183
〜ファイルシステム	5
文書空間	114
文書と文書の関連度	122
分析	4-5
研究室での〜	4
現場での〜	4
〜の生産性	5
分類	54-261
テキストの〜	260
統計〜	63
二値〜	73
〜器	54, 85, 260-261
〜の問題	65
ペア RDD	31
平均	30
〜値	265
〜回帰	63
〜のパス長	129
ベイズ	64-84
ナイーブ〜	64, 84
並列処理	16
ベクトル	21-65
R における〜	21
特徴〜	51, 65
〜と特徴	64
ペット	67
子供に適した〜	67
ペットショップ	67
風変わりな〜	67
変換	247, 266
データの〜	259
〜 API	7
〜の定義	11
変数	17-99
質的〜	99
予測〜	64
〜のカーディナリティ	30
〜の宣言	17
ベンチマークアプリケーション	187
ポートスキャン攻撃	87
ポートフォリオ	182
ボクセル	235
ホッケースティックグラフ	106, 126

ま行

マーケットファクター	182, 184
マージ＆パージ	12
前処理	7
マッチのスコア	13, 37
マッチング	13
マハラノビス距離	103
マルチグラフ	138
ミス	12
データ入力の〜	12
密度関数	183, 192
ミルクは傷んでいるか？	66
無名関数	22
Scala の〜	22
メソッド	15
Spark の〜	15
メモリの節約	49
文字列のパース	23-25
モデリング	7
モデルの構築	48
〜と評価	7
モンテカルロシミュレーション	181, 183

や行

有意差検定	4
有価証券	182
ユークリッド距離	87, 92
有向非循環グラフ	5
ユーザーインターフェイス	247
要約統計	30-31
連続変数の〜	30-31
要約統計処理	32
再利用可能な〜	32
予想最大損失額	181
予測	55-83
気温の〜	64
〜関数	55
〜の実行	83
〜変数	64
〜モデル	63

ら行

ラージページ	287, 297-298
ライブラリ	10-228
R言語による3次元プロット〜	94-98
RやPythonから使う〜	10
科学技術計算	228
機械学習〜	38
ラッパー	10
RやPythonから使う〜	10
ラベル	100
ラムダ関数	22
ランク	45, 57
ランク付け	37
相似性の〜	37
乱数	196
ランダム性	81
ランダムフォレスト	63-84, 255
〜の魅力	82
リアルタイム	4-255
〜処理	255
〜での構築	4
〜のレコメンデーション	61
リスト	12-21
Rにおける〜	21
〜洗浄	12
リスナー（音楽）	43
リターン	182
〜の分布の可視化	198
量的特徴	65-75, 80, 89
〜の認識	259
履歴データ分析	157
リンク	12
レコードの〜	12
ルール	75
最高の〜	75
優れた〜	75
レイテンシ	255
低〜	255
レーティング	42, 52
レコードのリンク	12-13
レコメンデーション	1, 41-61, 71, 127
抜き取りによる〜	51
リアルタイムの〜	61
〜エンジン	41-42, 54
〜のアルゴリズム	43, 46
〜の事前計算	61
〜の質（優劣）	53
レコメンド	41-71
音楽の〜	41, 49-61, 71
列指向ストレージ	213
連結グラフ	142
連結性	147
グラフの〜	147
連結成分	129, 139-140
練習問題	viii
連続的な変数	30
連続変数の要約統計	30
レンマ化	107, 110
ローカルモード	16
Sparkの〜	16
ロジスティック回帰	64, 84, 254-276
ロス（金融）	182
ロンドンタクシー	81

わ行

ワークフロー	7
データサイエンスの〜	7

● 著者紹介

Sandy Ryza（サンディ・ライザ）
Cloudera 社のデータサイエンティストであり、Apache Spark プロジェクトの活発なコントリビュータ。近年は Cloudera での Apache の開発をリードしており、Spark によるさまざまな分析のユースケースにおける顧客の支援に時間を費やしている。Hadoop Project Management Committee のメンバーでもある。

Uri Laserson（ユーリ・ラサーソン）
Cloudera 社のデータサイエンティスト。Cloudera では、Hadoop エコシステム中の Python にフォーカスしている。また、ライフサイエンスやヘルスケアを中心とする広範囲の問題に対して、Hadoop を導入する支援をしている。Uri は以前、MIT でバイオメディカルエンジニアリングで Ph.D の取得を目指す傍ら、次世代診断の企業である Good Start Genetics を共同設立した。

Sean Owen（ショーン・オーエン）
Cloudera 社でヨーロッパ、中東及びアフリカを担当するデータサイエンスのディレクター。2009 年以来、Apache の機械学習プロジェクトである Mahout に対して大きく貢献しており、そのレコメンデーションフレームワークである Taste を作成した。lambda アーキテクチャの原理の上に構築された、Hadoop 上の大規模リアルタイム学習のための Oryx（以前は Myrrix と呼ばれていた）プロジェクトを立ち上げた。Spark 及び Spark の MLlib プロジェクトにも貢献している。

Josh Wills（ジョシュ・ウィルス）
Cloudera 社のデータサイエンスのシニアディレクターであり、幅広い業界に渡って、Hadoop ベースのソリューションを開発するために顧客及びエンジニアと共に働いている。最適化された MapReduce 及び Spark のパイプラインを Java で構築するための Apache Crunch プロジェクトの創始者であり、VP でもある。Cloudera に入社する以前は、Google に勤めており、オークションのシステムの仕事をした後、Google+ の分析インフラストラクチャの開発をリードしていた。

● **監訳者紹介**
石川 有（いしかわ ゆう）
株式会社リクルートテクノロジーズのアドバンスドテクノロジーラボに所属。株式会社ミクシィ在籍時にHadoopやHiveなどの分散処理システムに興味を持ち、分析基盤構築からアプリケーション設計、データサイエンス業務まで幅広くこなす。現在は、Apache Sparkの特に機械学習コンポーネントMLlibの開発に従事している。

● **訳者紹介**
Sky株式会社 玉川 竜司（たまがわ りゅうじ）
本業はソフト開発。新しい技術を日本の技術者に紹介することに情熱を傾けており、その手段として翻訳に取り組んでいる。

● **カバーの説明**
表紙の動物はハヤブサ（Falco peregrinus）です。ハヤブサは世界でも最も一般的な猛きん類で、南極大陸以外のすべての大陸に生息しており、都市部、熱帯地方、砂漠、ツンドラ地帯などさまざまな地域で暮らしています。冬を過ごす場所と夏を過ごす場所は異なり、長い距離を移動します。
毎時320キロメートルで急降下するハヤブサは、最も速く飛べる鳥です。コウモリのようにスズメやカモなどの他の鳥を捕食しますが、その際は空中で捕まえて食べることもあります。
翼が青とグレイ、背はダークブラウン、腹部は薄黄色をしており、顔は白くほほには黒い縞模様があります。鉤状のくちばしと固い鉤爪を持っています。ハヤブサの英語名（peregrinus）はラテン語で「ぶらつく」という言葉に由来します。ハヤブサは鷹匠に好まれ、数世紀にわたりハンティングに用いられてきました。

Sparkによる実践データ解析——大規模データのための機械学習事例集

2016年1月25日　初版第1刷発行

著　　　者	Sandy Ryza（サンディ・ライザ）	
	Uri Laserson（ユーリ・ラサーソン）	
	Sean Owen（ショーン・オーエン）	
	Josh Wills（ジョシュ・ウィルス）	
監 訳 者	石川 有（いしかわ ゆう）	
訳　　　者	Sky 株式会社 玉川 竜司（たまがわ りゅうじ）	
編 集 協 力	株式会社ドキュメントシステム	
発 行 人	ティム・オライリー	
印刷・製本	日経印刷株式会社	
発 行 所	株式会社オライリー・ジャパン	
	〒160-0002　東京都新宿区四谷坂町 12 番 22 号　インテリジェントプラザビル 1F	
	Tel　（03）3356-5227	
	Fax　（03）3356-5263	
	電子メール　japan@oreilly.co.jp	
発 売 元	株式会社オーム社	
	〒101-8460　東京都千代田区神田錦町 3-1	
	Tel　（03）3233-0641（代表）	
	Fax　（03）3233-3440	

Printed in Japan（ISBN978-4-87311-750-8）
乱丁、落丁の際はお取り替えいたします。

本書は著作権上の保護を受けています。本書の一部あるいは全部について、株式会社オライリー・ジャパンから文書
による許諾を得ずに、いかなる方法においても無断で複写、複製することは禁じられています。